江沢 洋 選集 Ⅲ

量子力学的世界像

Hiroshi Ezawa　Takashi Kamijo
江沢 洋・上條隆志 編

日本評論社

凡 例

[1]　本選集は，江沢 洋の日本語による論説・解説・エッセイ等のなかから，編者の江沢 洋と上條隆志の協議により精選し，テーマによって全6巻にまとめたものである．

[2]　全巻の構成は次のとおりである．各巻には著者とゆかりの人による書き下ろしエッセイを収録し，各巻ごとの解説を上條隆志が担当した．

第 I 巻　物理の見方・考え方　　　　［エッセイ：田崎晴明］
第 II 巻　相対論と電磁場　　　　　　［エッセイ：小島昌夫］
第 III 巻　量子力学的世界像　　　　　［エッセイ：山本義隆］
第 IV 巻　物理学と数学　　　　　　　［エッセイ：中村 徹］
第 V 巻　歴史から見る物理学　　　　［エッセイ：岡本拓司］
第 VI 巻　教育の場における物理　　　［エッセイ：内村直之］

[3]　本文のテキストは，初出をもとに，のちに収録された単行本・雑誌別冊等を参照したが，本選集収録にあたり，さらに加筆がなされた．初出および収録単行本・雑誌別冊等の情報は，巻末解説の末尾に記載した．

　なお，江沢 洋のエッセイや解説記事などを集成した単行本には，次のものがある．

『量子と場——物理学ノート』ダイヤモンド社，1976 年．
『物理学の視点——力学・確率・量子』培風館，1983 年．
『続・物理学の視点——時空・量子飛躍・ゲージ場』培風館，1991 年．
『理科を歩む——歴史に学ぶ』『理科が危ない——明日のために』新曜社，2001 年．

[4]　本文は原文を尊重して組むことを原則としたが，読みやすさを重視する観点から，次のように多少の改変の手を加えた．

a. 明白な誤記・誤植の類を訂正した．
b. 漢字および送り仮名は可能なかぎり統一した．
c. 西洋人名は，本文中はカタカナ表記を原則とし，巻末に人名一覧を付して，欧文表記と生没年を記した．
d. 和文文献に関しては，書籍名は『 』，雑誌名・新聞名は「 」を用いた．雑誌・新聞・書籍に掲載された記事のタイトルは，文献表などで雑誌名・新聞名・書籍名と併記する場合は「 」を付けず，文章中に表記する場合は「 」を付けた．欧文文献に関しては，慣用に従って，書籍名も雑誌名もイタリック体を用いた．
e. 図版は，可能なかぎり，新たに描き直した．

目次

第1部　戦後の高校生が感じたいぶき

1.　朝永振一郎『量子力学 I』　　　　　　　　　　　　　　**2**

第2部　量子力学への道

2.　ボーアの原子模型　　　　　　　　　　　　　　　　　**8**
　　2.1　原子核をまわる電子の運動 ……………………………………… 8
　　2.2　ボーアの原子模型 ……………………………………………… 13
　　2.3　量子力学と比べる ……………………………………………… 23

3.　ハイゼンベルク ── 行列力学のはじまり　　　　　　　**31**
　　3.1　いとぐち ………………………………………………………… 31
　　3.2　対応原理 ………………………………………………………… 34
　　3.3　量子条件 ………………………………………………………… 37
　　3.4　運動方程式 ……………………………………………………… 38
　　3.5　エネルギー ……………………………………………………… 44
　　3.6　疑問 ……………………………………………………………… 47
　　3.7　その後の発展 …………………………………………………… 48

4.　ハイゼンベルクの訪日　　　　　　　　　　　　　　　**50**

5.　シュレーディンガー ── 問い続けた量子力学の意味　　**54**
　　5.1　物理学は科学哲学 ……………………………………………… 54
　　5.2　ボルツマン 対 マッハ ………………………………………… 55
　　5.3　量子力学の兆し ………………………………………………… 56

iv

5.4	波動方程式	57
5.5	波動とは何か	58

6. 波動方程式の創造 **62**

6.1	幾何力学から波動力学へ	62
6.2	水素原子のスペクトル	67
6.3	積分 (31) について	71

7. 量子力学形成の現場で学ぶ **73**

8. 量子力学の建設者たち —— ド・ブロイの死去に寄せて

伏見康治・江沢 洋・高林武彦・岡部昭彦 **91**

8.1	ド・ブロイの思い出	91
8.2	ド・ブロイと量子	95
8.3	量子物理学の「体験」	98
8.4	量子力学の建設者たち	105
8.5	物理学者・戦争・文学	111
8.6	近ごろの物理の教科書	113

第3部 量子力学の発展

9. ディラックの名著『量子力学』 **120**

9.1	行列力学と波動力学	120
9.2	量子力学の教科書	124
9.3	ディラックの『量子力学の諸原理』初版	125
9.4	重ね合わせの原理と確率	127
9.5	状態と観測量の記号的な代数	129
9.6	オブザーバブルの代数の物理的解釈	131
9.7	状態とオブザーバブルの表現	132
9.8	終わりに	133

10. 大きな物体の量子力学，実験 **135**

10.1	大きな物体の波動性	135
10.2	どの道を通ったか	139

10.3	量子飛躍を見る	………………………	141
10.4	量子力学でみる原子	………………………	143
10.5	原子内の電子の動きを見る	………………	146
10.6	高く励起した原子	…………………………	149

11. 重ね合わせの破壊   152
11.1	環境による干渉性破壊	………………………	152
11.2	環境	………………………………………	155

12. 「光子の裁判」と量子の不思議   157
12.1	光子の裁判から	……………………………	157
12.2	電子の裁判 ―― Neither A nor B	……………	158
12.3	Either A or B の実験	………………………	163

13. 干渉の量子力学   164
13.1	光子は自身としか干渉しない	………………	164
13.2	光の量子力学	………………………………	165
13.3	干渉の量子力学	……………………………	171
13.4	干渉性の状態	………………………………	175
13.5	物質粒子の波動性	…………………………	178
13.6	原子の波動性	………………………………	180
13.7	波動性と粒子性	……………………………	181

14. 量子論の発展とパラドックス   184
14.1	パラドックスとは何か	………………………	184
14.2	"波束=粒子" だとすると？	…………………	185
14.3	粒子の運動は確率的，確率の伝播は因果的・決定論的	………	187
14.4	波束が超光速で収縮	………………………	187
14.5	方向量子化	…………………………………	191
14.6	状態の重ね合わせ	…………………………	198
14.7	シュテルン–ゲルラッハの実験，詳しい分析	…………	203
14.8	アインシュタイン–ポドルスキー–ローゼンのパラドックス‥	209

vi

15. 核分裂の理論 **231**

15.1 複合核・液滴模型 …………………………………………… 231

15.2 核分裂の発見 …………………………………………………… 234

15.3 マイトナーとフリッシュ …………………………………… 236

15.4 ボーアの反応 …………………………………………………… 238

16. 矮星はなぜ小さい？ **243**

17. 世界の安定性に関する省察 **249**

18. 量子力学と実在 **261**

18.1 波束の収縮 ……………………………………………………… 262

18.2 神はサイコロ遊びをしない ………………………………… 264

18.3 不確定性原理 …………………………………………………… 266

18.4 局所性の原理 …………………………………………………… 270

18.5 隠れた変数 ……………………………………………………… 275

18.6 むすび …………………………………………………………… 276

エッセイ：55 年目の量子力学演習 　　　　　　　山本義隆 **279**

1. 回想の量子力学演習 …………………………………………… 279

2. 思いついたことはやってみるという教訓 ………………… 283

3. ディラック論文について ……………………………………… 290

4. 量子力学を教えること・学ぶこと ………………………… 294

5. 「君にとって量子力学とは」 ………………………………… 298

6. シュレーディンガー方程式にいたる ……………………… 302

第 III 巻解説 　　　　　　　　　　　　　　　　上條隆志 **311**

初出一覧 **325**

人名一覧 **327**

索引 **331**

第 1 部
戦後の高校生が感じたいぶき

1. 朝永振一郎『量子力学 I』

「物理学の中に量子力学という部門ができたのは比較的に新しいことである」という言葉で，朝永先生のこの本，『量子力学 I』，みすず書房 (1952)[1] は始まっている．そうだ，それが誕生したのは 1925–26 年のことであった．いや，「できた」を完成したという意味だとしたら，それは未だできていないともいえる．そこに，この『量子力学 I』を高校生の君たちに薦める意義もあるのだと思う．実際，この本（初版）の序文には，こう書いてある．

> 理論物理学者の仕事を大別して二つとすることができる．一つは，出来上がった理論を，まだ解決されていない問題に適用して現象の由来を明かにすること，もう一つは新しい理論を作り上げることである．

この後の方の仕事の道標となることをめざして，この本は書かれた，というわけだ．

今から 50 年あまり前のことだ．その頃，著者の朝永振一郎先生は，この本を書きながら，一方で今日「くりこみ理論」とよばれる新しい理論を作る仕事に取り組んでいた．「理論物理学は今日一つの困難に出会って，何か根本的に考えを改めない限りわれわれは先に進むことができない．」[2] そういう状況に量子力学はあった．何とか先に進むために先生は「くりこみ理論」を練っていた．それを強力な考え方に鍛え上げた業績に対して，先生は 1965 年にノーベル賞を受けることになるのだが，御自身は「これは未だ根本的な解決ではない」と思っておられたようである．どうしたら本当の理論を探り当てることができるだろうか？　手がかりを必死に探し求めていたのは，この本の著者自身だった．物理をおもしろく教え授けるには手ごわい材料はさっさと捨てることだという当世はやりの学習指導とは姿勢がちがう．

1. 朝永振一郎『量子力学 I』　3

　この本がでた 1948 年は，太平洋戦争が終わって間もない混乱の時であった．高校生にとって物理も数学も学校の中に閉じこめられてはいなかった．塾もなかった．時間はノンビリと流れていたし，「自然」とか「基礎科学」，「科学」など科学雑誌も元気だった．そして，この『量子力学 I』も仲間の日常の熱い話題になったのである [3].

　学校路線に従順に進むなら，量子力学を習うのは力学や電磁気学を習った後ということになる．それらの準備として数学の勉強も要求される．

　ぼくらの仲間も，素手で量子力学に立ち向かったわけではない．しかし，かなり乱暴であった．微分や積分には早くから入門していたが，それは湯川秀樹先生の『理論物理学講話』(1946) [4] という本によってだった．この本には 2 次式までの微分，1 次式の積分しか書いてなかったから，その先は仲間で工夫して楽しんだ．そうこうするうちに，「現代物理学大系」全 35 巻という壮大な出版がはじまった．食料も十分でなく家庭菜園でサツマイモなどを作っていたときである．本も少なかった．第 1 回の配本は 1948 年 1 月の坂井卓三『一般力学』．これが型破りの本で，計算の途中で「この方針でもちろんよろしいのだが，ここまで考えたら …… 方針の変更も思い浮かぶ」といって振り出しに戻る．気に入って，いまでもおぼえているセリフである．

　第 2 回の配本が『量子力学 I』だった．間には 3 ヵ月もなかったから，その前に『一般力学』をよく読んでいたとは，とてもいえない．乱世には手順を気にしない同時進行も不可能ではなかった．不思議と，時間は十分にあったからである．

　この『量子力学 I』は「出来上った量子力学を紹介するよりも，それが如何にして作られたかを読者に示そうと努めた」という書き方だから初心者にはありがたい．たとえば，1911 年に原子核を発見したラザフォードが核のまわりを電子が公転する太陽系モデルを考えて，壁にぶつかる話がある．電子は，公転すると加速度のために輻射を出してエネルギーを失い核に墜落してしまうというのだ．何か根本的に物理を改めない限り原子を考えることさえできない．この肝心な節目の計算に「加速度がこれこれなら輻射がこれだけ出る」という公式が使われる．この本は何につけ親切に説明してあるのだが，この公式の導出までは説明していなかった．電磁気学なしで量子力学にとびこんだぼくたちは，この公式を宿題として背負いこむことになった．まもなく「大系」の 1 冊として宮島龍興『理論電磁気学』もでたが，この公式のことは書いてなかった．これが理解できたのは大学に入ってからである．ついでながら，『理論電磁気学』からはテンソルの定義を教

わった．学校で上級生が「物理にはベクトルより高級なテンソルも現われる」と話すのを聞いて，何のことだろうと思いつづけていたのである．

『量子力学I』には，「真空の比熱」とか自然が見せる「暗号」の解読とか人を誘いこむような言葉が満ちている．かと思うと，「ストーブを真っ赤になるほど燃やして何時間あたっても日焼けしないのに，高山や海岸の日なたにものの5分もさらされると直ちに日焼けがおこる」ということからプランク定数の値を推定して見せたりする．光は粒子か波かという話をすると「その解答は後にだんだん述べてゆくが」「それまでの間，読者自ら解答を考えてみるのも無駄ではなかろう」とけしかける．そして，読者の中に正解をみつける人がいたら「その人は世界一流の物理学者と同等の能力があることを自ら証明したことになる」という．うれしい話だ．これこそ，ゆとりである．

いや，甘い話ばかりではなかった．ボーアは，その原子モデルで電子にニュートンの運動方程式を適用しながら，他方，初期条件しだいで種々の運動が実現するというニュートン力学の特徴は否定し，量子条件をおいた．その条件で選ばれた軌道を走るあいだ電子は——加速度をもっているのに——輻射しないといってマクスウェルの電磁気学をひとまず否定し，しかしときには量子遷移をおこすという．その電子の楕円軌道の量子化に必要な積分ができなくて，数学の先生に教わった．また，化学の先生に質問したときは，かつて学んだ大学の教授のところに連れていってくださった．教授は「そんな問題を考えるのは高校生には早すぎる」とおっしゃる．いや，そんな大層な質問ではなかった．ゼーマン効果といって原子に磁場をかけると原子の出すスペクトル線の波長が変わるという現象がある．原子の中にあって光を出すのは電子だ，ということを知らせた大事な現象である．この磁場によって電子のエネルギーが変わるということが不可解だった．磁場が電子におよぼす力は電子の速度に垂直で仕事をしないはずだからである．教授は，こう言われた．「理論物理に進みたいなら，まず論理的思考の訓練が必要だ．それには熱力学の勉強をするのがよい．」

それでも『量子力学I』を完全に離れることはできなかった．ボーアの原子モデル以後，人々は「ある個所では古典的な理論を用い，また他の個所では量子的な考えを入れる」という過渡的応急策をとった．それなら「どこまでは古典的な考えでよく，どこからは量子的でなければならないかが明かにされねばならない．」この辺までくると，話が難しくなってきた．

やがて，『量子力学I』にも中止のときがきた．カバーに「これからは受験勉強」

と書きつけて――．ゼーマン効果の疑問に答えがみつかったのも大学に入ってからだった．

参考文献

[1]　この本の初版は東西出版社ということろから 1949 年に出た．そのとき，朝永は 43 歳だった．「急がないで」勉強する初学者にむけて書かれた本書は，量子の概念を理解するのに最適な書である．

[2]　朝永振一郎『量子力学と私』，江沢 洋編，岩波文庫，岩波書店 (1997)．この中の「量子力学的世界像」から，これは初め「基礎科学」という雑誌の創刊号 (1947 年 11 月) に出た．くりこみ理論のおおよそも，この本から知ることができる．

[3]　当時の状況は，本選集の第 II 巻に収められた小島昌夫のエッセイから窺い知ることができよう．

[4]　湯川秀樹『理論物理学を語る』．こう改題して日本評論社より再刊 (1997)．物理学入門にたいへんよいと思う．

第 2 部
量子力学への道

2. ボーアの原子模型

2.1 原子核をまわる電子の運動

水素原子を考えよう．この原子は，陽子（あるいは重陽子）を原子核とし，そのまわりを電子が1個まわっている．原子核は，陽子の場合，質量が電子の1800倍（重陽子なら3600倍）もあるから，電子が運動しても静止しているとみてよい．その位置を座標原点 F_1 にとろう．われわれは，はじめは電子の運動を古典力学で扱うので，その間は電子は座標原点 F_1 を含む平面上を運動するから，その平面に (x, y) 座標を入れて考えることができる．

2.1.1 電子の運動方程式

電子にはたらく力は，原子核からのクーロン力である．電子と陽子の電荷を $-e, +e$ とすれば，その力の大きさは

$$f = \frac{A}{r^2} \qquad \left(A \equiv \frac{e^2}{4\pi\epsilon_0} \right)$$

であり，はたらく向きも含めてベクトル $\boldsymbol{f} = (f_x, f_y)$ で表わすことができる：

$$f_x = -\frac{A}{r^2} \cdot \frac{x}{r}, \qquad f_y = -\frac{A}{r^2} \cdot \frac{y}{r} \tag{1}$$

マイナス符号は，その力が電子の位置 $\boldsymbol{r} = (x, y)$ から原子核に向かうことを意味する．この力は，ポテンシャル

$$V(r) = -\frac{A}{r}, \qquad (r \equiv \sqrt{x^2 + y^2})$$

で表わすことができる：

$$f_x = -\frac{\partial}{\partial x} V(r) = -\frac{A}{r^2} \cdot \frac{x}{r}, \qquad f_y = -\frac{\partial}{\partial y} V(r) = -\frac{A}{r^2} \cdot \frac{y}{r}. \tag{2}$$

電子の運動方程式は

$$m\frac{d^2x}{dt^2} = \frac{\partial}{\partial x}\frac{A}{r},\tag{3}$$

$$m\frac{d^2y}{dt^2} = \frac{\partial}{\partial y}\frac{A}{r}\tag{4}$$

となる.

2.1.2 2つの保存則

$(3)\times\dfrac{dx}{dt} + (4)\times\dfrac{dy}{dt}$ をつくると

$$m\left(\frac{dx}{dt}\frac{d^2x}{dt^2} + \frac{dy}{dt}\frac{d^2y}{dt^2}\right) = A\left(\frac{dx}{dt}\frac{\partial}{\partial x}\frac{1}{r} + \frac{dy}{dt}\frac{\partial}{\partial y}\frac{1}{r}\right)$$

となるが,

$$(左辺) = \frac{d}{dt}\frac{m}{2}\left\{\left(\frac{dx}{dt}\right)^2 + \left(\frac{dy}{dt}\right)^2\right\},$$

$$(右辺) = \frac{d}{dt}\frac{A}{r}$$

と変形できるから

$$\frac{d}{dt}\left[\frac{m}{2}\left\{\left(\frac{dx}{dt}\right)^2 + \left(\frac{dy}{dt}\right)^2\right\} - \frac{A}{r}\right] = 0\tag{5}$$

が得られる. これは

$$\frac{m}{2}\left\{\left(\frac{dx}{dt}\right)^2 + \left(\frac{dy}{dt}\right)^2\right\} - \frac{A}{r} = \text{const.}\tag{6}$$

を意味する. エネルギーの保存則である. この一定値を E とおくことにしよう.

次に $x\times(4) - y\times(3)$ をつくると

$$m\left(x\frac{d^2y}{dt^2} - y\frac{d^2x}{dt^2}\right) = -A\left(x\frac{y}{r^3} - y\frac{x}{r^3}\right) = 0$$

となるが,

$$(左辺) = m\frac{d}{dt}\left(x\frac{dy}{dt} - y\frac{dx}{dt}\right)$$

と書けるから, これが右辺に等しく 0 だということは

$$m\left(x\frac{dy}{dt} - y\frac{dx}{dt}\right) = \text{const.}\tag{7}$$

を意味する. 左辺は角運動量の z 成分であって, これが保存される. その値を L

と書こう．角運動量の x 成分，y 成分は xy 面上に限られた運動については恒等的に 0 であるから，角運動量のすべての成分が保存されている．

こうして，水素原子の電子の運動に対して 2 つの保存量が得られた．これらを

$$x = r\cos\theta, \qquad y = r\sin\theta \tag{8}$$

によって図 1 の極座標で表わそう．

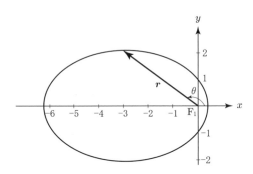

図 1　電子の運動の直交座標 (x, y) および極座標 (r, ϕ) による表示．

まず，運動エネルギーは，速度が

$$\frac{dx}{dt} = \frac{dr}{dt}\cos\theta - r\sin\theta \cdot \frac{d\theta}{dt}, \quad \frac{dy}{dt} = \frac{dr}{dt}\sin\theta + r\cos\theta\frac{d\theta}{dt} \tag{9}$$

だから

$$(\text{運動エネルギー}) = \frac{m}{2}\left\{\left(\frac{dr}{dt}\right)^2 + r^2\left(\frac{d\theta}{dt}\right)^2\right\} \tag{10}$$

であって，エネルギー E は，これにポテンシャルを加えた

$$\frac{m}{2}\left\{\left(\frac{dr}{dt}\right)^2 + r^2\left(\frac{d\theta}{dt}\right)^2\right\} - \frac{A}{r} = E \tag{11}$$

である．運動エネルギーの部分は，速度ベクトル $\dfrac{d\boldsymbol{r}}{dt}$ の'位置ベクトル $\boldsymbol{r}$ に平行な成分' が $\dfrac{dr}{dt}$，'垂直な成分' が $r\dfrac{d\theta}{dt}$ であることから，計算するまでもなく明らかである．

角運動量の z 成分は

$$m\left(x\frac{dy}{dt} - y\frac{dx}{dt}\right) = mr^2\frac{d\theta}{dt} = L \tag{12}$$

となる．これは定義により速度ベクトルの'位置ベクトル $\boldsymbol{r}$ に垂直な成分' $r\dfrac{d\theta}{dt}$

と r の積であるから，計算するまでもない.

(12) から $\dfrac{d\theta}{dt} = \dfrac{L}{mr^2}$ となるから，これを (11) に代入すれば

$$\frac{m}{2}\left(\frac{dr}{dt}\right)^2 + \frac{L^2}{2mr^2} - \frac{A}{r} = E \tag{13}$$

が得られる.

2.1.3 電子の軌道の決定

次に，電子の軌道の幾何学を探るために，独立変数を時間 t から角度 θ に変えることを考えよう. (12) から

$$L = mr^2 \frac{d\theta}{dt} \quad\Longrightarrow\quad \frac{dt}{d\theta} = \frac{mr^2}{L} \tag{14}$$

となるから

$$\frac{d}{d\theta}\frac{1}{r} = \frac{dt}{d\theta}\frac{d}{dt}\frac{1}{r} = \frac{mr^2}{L}\left(-\frac{1}{r^2}\frac{dr}{dt}\right) = -\frac{m}{L}\frac{dr}{dt} \tag{15}$$

となるので

$$\frac{m}{2}\left(\frac{dr}{dt}\right)^2 = \frac{m}{2}\left(\frac{L}{m}\right)^2\left(-\frac{d}{d\theta}\frac{1}{r}\right)^2$$

が得られる. これと (13) から得られる式

$$\frac{m}{2}\left(\frac{dr}{dt}\right)^2 = -\frac{L^2}{2mr^2} + \frac{A}{r} + E \tag{16}$$

とは互いに相等しいが，それらの右辺の $\dfrac{2m}{L^2}$ 倍から

$$\left(\frac{d}{d\theta}\frac{1}{r}\right)^2 + \left(\frac{1}{r} - \frac{mA}{L^2}\right)^2 - \frac{2m}{L^2}E - \left(\frac{mA}{L^2}\right)^2 = 0.$$

すなわち

$$\left(\frac{d}{d\theta}\frac{1}{r}\right)^2 + \left(\frac{1}{r} - \frac{1}{\kappa}\right)^2 = \left(\frac{\varepsilon}{\kappa}\right)^2. \tag{17}$$

ここに

$$\frac{1}{\kappa} = \frac{mA}{L^2}, \qquad \varepsilon = \sqrt{1 + \frac{2L^2}{mA^2}E} \tag{18}$$

とおいた. $A = e^2/(4\pi\epsilon_0)$ である.

(17) は $\dfrac{1}{r} - \dfrac{1}{\kappa} = x$, $\theta = t$ とおいてみると

$$\left(\frac{dx}{dt}\right)^2 + x^2 = \frac{\varepsilon^2}{\kappa^2}$$

となり，これは角振動数 1，振幅 ε/κ の調和振動子のエネルギー保存の式に他ならない．したがって

$$\frac{1}{r} - \frac{1}{\kappa} = \frac{\varepsilon}{\kappa} \cos\theta$$

が解である．$\cos\theta$ の代わりに，任意の α をとって $\cos(\theta + \alpha)$ としてもよいが，これは座標軸の回転にすぎない．いまは $\alpha = 0$ としておこう．すると

$$r = \frac{\kappa}{1 + \varepsilon\cos\theta} \qquad (0 \le \theta < 2\pi) \tag{19}$$

に到達する．原子核をまわる電子のエネルギー E は負であるから，(18) の ε は $0 \le \varepsilon < 1$ で，(19) は楕円の極座標表示を与える．

原点 $F_1(r = 0)$ は，その楕円の焦点である．太陽系の惑星になぞらえていえば，

$$\theta = 0 \text{ の点 } A_1\left(r_1 = \frac{\kappa}{1 + \varepsilon}\right) \text{ は　近日点,}$$

$$\theta = \pi \text{ の点 } A_2\left(r_2 = \frac{\kappa}{1 - \varepsilon}\right) \text{ は　遠日点}$$

であり，$\frac{1}{2}(r_1 + r_2) = a$ は軌道の**長半径**とよばれる．

$$\frac{\overline{F_1 F_2}}{2a} = \frac{r_2 - r_1}{r_2 + r_1} \quad \text{は　離心率である.}$$

近日点，遠日点の定義に (19) を用いれば

$$2a = \frac{\kappa}{1 - \varepsilon} + \frac{\kappa}{1 + \varepsilon} = \frac{2\kappa}{1 - \varepsilon^2} \tag{20}$$

となるから

$$\kappa = (1 - \varepsilon^2)a \tag{21}$$

が得られる．ところが，(18) によれば

$$1 - \varepsilon^2 = \frac{2L^2(-E)}{mA^2}, \qquad \kappa = \frac{L^2}{mA} \tag{22}$$

であるから

$$a = \frac{\kappa}{1 - \varepsilon^2} = \frac{A}{2(-E)}, \qquad (1 - \varepsilon^2)a = \frac{L^2}{mA} \tag{23}$$

電子の描く楕円軌道 (19) の長半径 a は，電子のエネルギー $E < 0$ だけできまり，a がきまった上は，離心率 ε は電子の軌道角運動量 L できまるのである．これで

2. ボーアの原子模型　　13

楕円 (19) が完全にきまる.

2.2 ボーアの原子模型

　プランクは, 空洞をみたす熱輻射の振動数分布を理解するために, 輻射と空洞の壁とは $h\nu$ という塊でエネルギーのやりとりをすると考えた. ν は輻射の振動数, h は物理学にかつてなかった定数で, プランクは

$$h = 6.55 \times 10^{-27}\,\mathrm{erg\,s} \tag{24}$$

として**作用量子**と名づけた. 1900 年も 12 月のことである. 今日の値は $6.626\,1 \times 10^{-34}\,\mathrm{J\,s}$ で, ほとんど違わない. 実は, プランクは彼の理論で, 空洞の壁として考えた共鳴振動子に輻射のエネルギーを分配する '場合の数' の計算を (ボース統計を知らない当時の常識からいえば) 間違えており後に物議をかもすのであるが, これには, いま立ち入らない [1].

2.2.1　定常状態

　N. ボーアは, 1913 年に, 彼の考えていた原子の模型がプランクの共鳴振動子の役をして輻射場と $h\nu$ という塊でエネルギーのやりとりをするためには, どうでなければならないかを考えた. それを考えるのに, 場面を転換して, 原子が吸収, 放出する光のスペクトルに注目した. 水素原子の電子がエネルギー E の状態で $h\nu$ のエネルギーを光として放出すればエネルギーは

$$E' = E - h\nu, \quad \text{すなわち} \quad E - E' = h\nu \tag{25}$$

になるはずだ. そうだとすれば, 原子は観測される発光スペクトル ν に応じて $E - E' = h\nu$ だけ隔たったエネルギー状態をもたねばならない. 当時, 水素原子の出す光のスペクトルにはバルマー系列とよばれる一連の波長 $\lambda = c/\nu$ の値が知られていた:

$$\lambda_n = \frac{n^2}{n^2 - 2^2} B \qquad (B \equiv 3.645\,6 \times 10^{-7}\mathrm{m}) \tag{26}$$

これが, いかによく波長の測定値を再現するかは表 1 で御覧のとおりである.

　(26) は, おわかりのとおりの理由から λ_n を λ_{2n} と書き変えて

$$\nu_{2n} = \frac{c}{\lambda_{2n}} = cR\left(\frac{1}{2^2} - \frac{1}{n^2}\right) \tag{27}$$

表1 水素原子の線スペクトル，バルマー系列.
（波長の単位は 10^{-7} m, $B = 3.6456 \times 10^{-7}$ m ）

波長	波長 $/B$	
測定値	測定	バルマー公式から
6.56210	1.8001	$3^2/5 = 1.8$
4.86074	1.3333	$4^2/12 = 1.3333$
4.3401	1.1905	$5^2/21 = 1.1905$
4.1013	1.1250	$6^2/32 = 1.1250$

とすることができる．ここに

$$R = \frac{2^2}{B} = 1.0972 \times 10^7 \mathrm{m}^{-1}, \qquad (cR = 3.2893 \times 10^{16}\,\mathrm{s}^{-1}) \qquad (28)$$

である．(27) は正しく (25) の形をしているではないか．ここに

$$E' = E_2, \quad E = E_n \equiv -\frac{chR}{n^2} \qquad (chR = 2.1795 \times 10^{-18}\mathrm{J} = 13.603\,\mathrm{eV})$$

$$(29)$$

であって，水素原子の電子が E_n というエネルギーの状態をもつことを示している．

こうして，原子の中での電子の運動は**定常状態** (stationary states) よばれるエネルギーがトビトビの状態からなるという考えが生まれた．

原子のなかにあって加速度運動している電子は，当時の電磁理論では輻射を出し続けるはずであったが，ボーアは，それに反対して，原子の世界では，加速度運動をする電子も輻射を出さず定常な状態にあると仮定した．定常状態には，いろいろあって，それぞれトビトビのエネルギーのどれかをもつという．これも仮定．電子は，ときたまエネルギー のより低い別の定常状態に跳び移ることがあり，そのときはエネルギー 差に等しいエネルギーの輻射の塊を出す．これも仮定である．

原子の世界では，在来の力学，電磁気学に代わる新しい法則が支配しているらしい．新しい法則を探り出すためには，実験事実を手がかりにして作業仮設を試しながら一歩一歩進まなければならない，とボーアは決心した．在来の力学，電磁気学は古典力学，古典電磁気学とよぶことになった．

2.2.2 ボーアの量子条件

ボーアは考えた. いま, 原子の内部における電子の運動は, ひとまず古典力学によって候補をきめることにしよう. 実現される運動は, その候補の中から初期条件によって選び出すという在来の力学のしきたりはやめにして, 量子条件ともいうべき条件を探し出して, それによって候補から選び出すことにしよう. これがボーアの, さしあたり最後の仮定である.

仮定づくめのように見えるが, ボーアはすべての仮定をみたすモデルを作って見せたのである. まずは水素原子のモデル, 次は水素分子, 希ガスの原子, …….

選び出しの候補を古典力学によってきめるという方針には根拠がなくもない. 原子の中での電子はトビトビのエネルギーしかとり得ないらしい. しかし, 水素原子の出す光のスペクトルからきめた定常状態のエネルギー (29) は n で番号づけられ, n の増大とともに間隔が詰まってくる. n の増大とともに電子の軌道は大きくなり, エネルギーがトビトビという原子内の運動の特徴は失われてゆくではないか. これは定常状態を選び出すという量子条件の力が弱まることだと考えられる. その力が弱まったところに初期条件が登場して, 量子条件に代わるのではないか. そこで, 初期条件, 量子条件と選び出しの条件は変わるが, 選び出しの候補は変わらないということもあるのではなかろうか?

このプログラムは, いま考えている水素原子の電子の場合には, どうなるのだろう?

最も簡単なのは, 電子が原子核を中心に等速円運動をする場合である. 古典力学によれば, 電子の運動方程式は, 電子にはたらく 2 つの力, 遠心力と原子核からのクーロン力とのつり合いをいう

$$\frac{mv^2}{a} = \frac{e^2}{4\pi\epsilon_0}\frac{1}{a^2} \tag{30}$$

である. 電子は, 半径 a の円周上を速さ v でまわるとすれば, 電子のエネルギーは

$$E = \frac{m}{2}v^2 - \frac{e^2}{4\pi\epsilon_0}\frac{1}{a} \tag{31}$$

である. これらの 2 式から v を消去すれば

$$E = -\frac{1}{2}\frac{e^2}{4\pi\epsilon_0}\frac{1}{a} \tag{32}$$

となる. この E を, 自然界に実現している (29) の

$$E_n = -chR\frac{1}{n^2}, \qquad (n = 1,\, 2,\, \cdots), \tag{33}$$

に限定するのが量子条件であるから，円軌道の半径 a を

$$a_n = \frac{1}{2}\frac{e^2}{4\pi\epsilon_0}\frac{1}{chR}n^2 \tag{34}$$

に限定することになる．$a_B \equiv a_1$ を**ボーア半径**という．これは等速円運動のうちでエネルギーが最小（$n=1$）の場合の軌道半径である．

(34) を量子条件とすることも考えられるが，しかし，いまは運動方程式に並ぶ自然法則としての量子条件を見出したいので，もっと普遍的な形にしたい．ボーアは，おそらくは量子の世界を特徴づけることになるであろうプランクの定数に注目し，これが角運動量の次元をもつことから，また角運動量が中心力を受ける運動に対する保存量として普遍的な重要性をもつことから，量子条件を角運動量に対する条件として書いてみた．原子核のまわりを (34) の半径 a_n の等速円運動をする電子の場合，速さは (30) から

$$v_n = \sqrt{\frac{e^2}{4\pi\epsilon_0}\frac{1}{ma_n}} \tag{35}$$

であるから，角運動量は，a_n に (34) を用いて

$$L_n = ma_nv_n = \sqrt{\frac{1}{2}\left(\frac{e^2}{4\pi\epsilon_0}\right)^2\frac{m}{chR}} \cdot n$$

となり，経験法則 (29) を用いて右辺を計算すると

$$L_n = (1.054\,58\times 10^{-34}\,\mathrm{kg\,m^2\,s^{-1}}) \cdot n, \qquad n = (1, 2, \cdots) \tag{36}$$

となる．物理定数表によれば，この右辺の数値は，プランクやアインシュタインの

$$\hbar = \frac{h}{2\pi} \equiv 1.054\,572 \times 10^{-34}\,\mathrm{kg\,m^2\,s^{-1}} \tag{37}$$

によく一致している！ (36) は限られた事象から得た経験法則には違いないが，いかにも簡潔で，自然法則に相応しい．そこで，ボーアは，

角運動量の大きさは　$L_n = n\hbar$　（$n = 1, 2, \cdots$）　に限られる　(38)

を自然法則（作業仮設というべきか）とみなし，量子条件として採用して，広く原子，分子の世界の現象に適用できるか，どうか，試してみることにした．

このように $\hbar$ の地位が高まると，水素原子の電子のエネルギーは，円軌道の場合，直ちに定まる．(23) から

$$E_n = -\frac{1}{2}\frac{e^2}{4\pi\epsilon_0}\frac{1}{a_n} \tag{39}$$

で与えられるが, 同じ (23) の第2式から円軌道の場合 $(\varepsilon = 0)$ $a_n = 4\pi\epsilon_0 L_n^2/(me^2)$ であるから

$$E_n = -\left(\frac{e^2}{4\pi\epsilon_0}\right)^2 \frac{m}{2L_n^2} \tag{40}$$

となる. 量子条件 (38) から $L_n = n\hbar$ である. つまり

$$E_n = -\frac{1}{2}\left(\frac{e^2}{4\pi\epsilon_0}\right)^2 \frac{m}{\hbar^2}\frac{1}{n^2} \tag{41}$$

となる. あるいは, これを (29) の R に書きかえれば

$$R = \frac{1}{ch}(-E_n)n^2 = \frac{1}{4\pi}\left(\frac{e^2}{4\pi\epsilon_0}\right)^2 \frac{m}{c\hbar^3} \tag{42}$$

となる. これで, 水素原子の電子のとり得るエネルギー (エネルギー準位) が自然定数のみで表わされた. すばらしい!

実は, 表1で「バルマー公式から」としたコラムは R に (42) を用いて (27) を書いたもので, 純粋の理論式である.

2.2.3 ド・ブロイの量子条件

ド・ブロイは, 光が波長 λ と角振動数 ω をもって干渉をするという波動性を示す一方, 実験条件によっては, コンプトン効果におけるように,

$$\text{運動量}: p = \frac{2\pi\hbar}{\lambda}, \qquad \text{エネルギー}: E = \hbar\omega \tag{43}$$

の塊として振舞う以上, 電子のような, これまで粒子と思われてきたものも波動性を示すことがあるべきだと考え, そのありように想いを巡らせてきた. 電子は, 何か波動に似た現象を起こす体内振動をもっているのではないかなどと夢想もした. そして, 1924年に気づいた. (43) で運動量 p から定まる波長 λ (ド・ブロイ波長という) が, もし水素原子の中で等速円運動をしている電子に伴っているならば

$$\text{電子の軌道の上に波長の整数倍の定常波がのる} \tag{44}$$

という条件がボーアの量子条件 (38) と等価であることに気づいたのだ. 実際, 電子が等速円運動をしているなら (30) が成り立ち, したがって

$$mv_n^2 = \frac{e^2}{4\pi\epsilon_0}\frac{1}{a_n}$$

となる．a_n はボーアの量子条件から定めた電子の軌道半径である．したがって電子の運動量は

$$p_n = \left(\frac{e^2}{4\pi\epsilon_0} \frac{m}{a_n} \right)^{1/2} \tag{45}$$

となる．他方で軌道の半径は (34) に得られている．よって，軌道上に連なる波長の数は

$$\frac{2\pi a_n}{2\pi \hbar/p} = \frac{a_n p_n}{\hbar} = \frac{a_n}{\hbar} \left(\frac{e^2}{4\pi\epsilon_0} \frac{m}{a_n} \right)^{1/2}$$
$$= \left(\frac{m}{\hbar^2} \frac{e^2}{4\pi\epsilon_0} a_n \right)^{1/2} = n$$

となり，整数 n 個であることが確かめられた．逆もまた真である．

これは電子が円軌道を描く場合であるが，ド・ブロイの量子条件 (44) は楕円軌道にも適用できる形をしている．ただし，楕円軌道の上では電子の運動量は刻々に変わるからド・ブロイ波長も変わる．そこで，ド・ブロイの量子条件は

$$\oint \frac{ds}{\lambda} = n, \quad \text{すなわち} \quad \oint p\,ds = (2\pi\hbar)n, \quad (n = 1, 2, \cdots) \tag{46}$$

と読むことにする．$\oint f(s)ds$ は軌道に沿って $f(s)$ に軌道素片 ds をかけながら 1 周積分するという意味である．条件 (46) は，軌道上にド・ブロイの波が——波長は場所によって変わるが——ちょうど整数個のって定常波をなすことをいっている（図 2）．この条件からエネルギーの式 (41) が正しく出てくるだろうか？

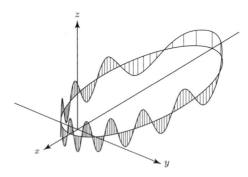

図 2 ド・ブロイの定常波．軌道にのる波長が整数個でなければ，粒子が軌道をくりかえしまわる間に波が相殺して消えてしまうだろう．

図 3 の軌道素片 ds は

2. ボーアの原子模型　19

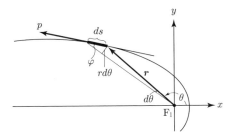

図 3　軌道素片 ds と電子の角運動量の大きさ $r \cdot p \sin\theta$

$$ds = \frac{1}{\sin\varphi} r d\theta$$

と書けて，その位置で電子の角運動量 L は——保存則によって一定であり——

$$L = r \cdot p \sin\varphi$$

であるから，

$$pds = \frac{1}{\sin\varphi} pr d\theta = \frac{1}{L}(pr)^2 d\theta \tag{47}$$

を積分すればよい．そのために pr を θ の関数として表わしたい．

r は θ の関数として (19) に得られているから，p を r の関数として表わすためにエネルギーの保存則

$$\frac{1}{2m}p^2 - \frac{e^2}{4\pi\epsilon_0}\frac{1}{r} = E \tag{48}$$

を使う．これから

$$p^2 = 2m\left(E + \frac{e^2}{4\pi\epsilon_0}\frac{1}{r}\right)$$

を出して (47) に入れると，(46) は

$$\oint pds = \frac{2m}{L}\left(E\int_0^{2\pi} r^2 d\theta + \frac{e^2}{4\pi\epsilon_0}\int_0^{2\pi} r d\theta\right) = 2\pi\hbar n \tag{49}$$

となる．$\oint$ は 1 周期にわたる積分を意味する．軌道方程式 (19) により

$$\int_0^{2\pi} r d\theta = \kappa \int_0^{2\pi} \frac{d\theta}{1+\varepsilon\cos\theta} = \frac{2\pi\kappa}{\sqrt{1-\varepsilon^2}},$$

$$\int_0^{2\pi} r^2 d\theta = \kappa^2 \int_0^{2\pi} \frac{d\theta}{(1+\varepsilon\cos\theta)^2} = \frac{2\pi\kappa^2}{(1-\varepsilon^2)^{3/2}}$$

となる．ここに (18) により

$$\kappa = \frac{4\pi\epsilon_0}{e^2}\frac{L^2}{m}, \qquad \varepsilon = \sqrt{1 + \left(\frac{4\pi\epsilon_0}{e^2}\right)^2 \frac{2L^2}{m}E} \tag{50}$$

である．

こうして，ド・ブロイの量子条件 (49)$= 2\pi\hbar n$ は

$$\frac{2m}{L}\left(\frac{\kappa^2}{(1-\varepsilon^2)^{3/2}}E + \frac{e^2}{4\pi\epsilon_0}\frac{\kappa}{(1-\varepsilon^2)^{1/2}}\right) = n\hbar$$

を与える．(50) を代入して整理すると

$$E_n = -\left(\frac{e^2}{4\pi\epsilon_0}\right)^2 \frac{m}{2\hbar^2}\cdot\frac{1}{n^2} \qquad (n = 1, 2, \cdots) \tag{51}$$

が得られる．この結果は正しい！ (41) に一致している．ド・ブロイの想像力の勝利だ．

2.2.4　水素原子の定常状態

こうして，ド・ブロイの量子条件から水素原子のエネルギーの量子化 (51) が出てきた．(51) のくりかえしになるが，

$$E_n = -\left(\frac{e^2}{4\pi\epsilon_0}\right)\frac{1}{2a_n} \qquad (n = 1, 2, \cdots) \tag{52}$$

である．(23) によれば．これは電子軌道の長半径の量子化

$$a_n = a_{\mathrm{B}}n^2 \qquad \left(a_{\mathrm{B}} = \frac{4\pi\epsilon_0}{e^2}\frac{\hbar^2}{m}, \quad n = 1, 2, \cdots\right) \tag{53}$$

をも意味している．ここに現れた量子化されたエネルギーの番号 n を**主量子数**という．ついでにいえば，同じ (23) から角運動量の量子化に対して，$\varepsilon^2 \geq 0$ だから

$$L_\ell^2 \leq \frac{e^2}{4\pi\epsilon_0}ma_n = \hbar^2 n^2 = \hbar^2 n^2 \tag{54}$$

が出る．角運動量の下ツキを ℓ に変えたが，(54) は定常状態 n においては，ℓ の変域が

$$L_\ell = \ell\hbar, \qquad (\ell = 1, 2, \cdots, n) \tag{55}$$

となることを意味する．ただし，$\ell = 0$ の状態では電子の軌道が原子核の位置をとおる線分になるので，電子は原子核に衝突することになるとして排除した．これは後に問題となる．

これまで水素原子の電子の定常状態を考えるのに，まず古典力学の運動方程式をみたす運動を候補としてたて，そこから量子条件によって選ぶという方法をとってきた．

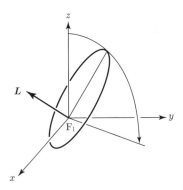

図4 電子の軌道面を傾ける．でも，どの方向に？

古典力学の運動方程式をみたすものを候補とするには，しかし電子の運動を xy 平面に限ったのでは不十分である．運動の面が傾いているものも取り入れて候補を拡大する必要がある．電子の角運動量 $\boldsymbol{L}$ が軌道面に垂直であることを考えれば，これは角運動量が z 軸から傾いている状態を取り入れることである．

そこでボーアは，そのように拡大した候補のなかから，図4に示すように，その z 成分が $\hbar$ の整数倍となるように電子の軌道面を傾けた状態，すなわち

$$L_z = m\hbar, \qquad (m = -\ell, -(\ell-1), \cdots, -1, 0, 1, \cdots, (\ell-1), \ell) \tag{56}$$

の状態を取り入れることにした．

こうして，ボーアが水素原子の電子の実現される運動として数え上げたものをまとめると表2のようになる．

表2 量子化された水素原子の電子の状態．

n	ℓ	m	n	ℓ	m
1	1	$-1, 0, 1$	3	1	$-1, 0, 1$
2	1	$-1, 0, 1$		2	$-2, -1, 0, 1, 2$
	2	$-2, -1, 0, 1, 2$		3	$-3, -2, -1, 0, 1, 2, 3$
			⋮	⋮	⋮

元素の周期律表

　ボーアが，このように原子のなかで電子がとり得る状態の数え上げをした理由は，元素の周期律表への関心にあった [2]．西尾成子と広重 徹は，ボーアが初めて原子スペクトルに目を向けるのは 1913 年の 2 月頃のことであると書いているが [3]，事実ボーアは，1913 年の 2 月に同僚のハンセンから聞かされるまで知らなかったといっていたという．実際には，その公式はボーアが大学時代に用いた教科書に載っていた [4]．

表3 元素の周期律表.
元素の名前の左下に添えた数字は原子番号を表わす.

族	1	2	3	4	5	6	7	8	9	10	11	12	13	14	15	16	17	18
1	$_1$H												B	C	N	O	F	$_2$He
2	$_3$Li	$_4$Be											$_5$B	$_6$C	$_7$N	$_8$O	$_9$F	$_{10}$Ne
3	$_{11}$Na	$_{12}$Mg											$_{13}$Al	$_{14}$Si	$_{15}$P	$_{16}$S	$_{17}$Cl	$_{18}$Ar
4	$_{19}$K	$_{20}$Ca	$_{21}$Sc	$_{22}$Ti	V	Cr	Mn	Fe	Co	Ni	Cu	Zn	Ga	Ge	As	Se	Br	Kr
⋮	⋮					⋮						⋮						

　ボーアは彼の原子構造論から周期律を導き出そうとするよりも，まずは周期律その他の化学的な知見に合うように原子のなかの電子の状態を組み上げようとした．たとえば，1921 年の論文で提唱し，半年後に改訂した希ガスの電子配置は次のようである [5]．

表4 希ガスの電子配置.
元素名の左下の数字は原子番号，表には主量子数 n の殻にある電子数を示す.

元素	n					
	1	2	3	4	5	6
$_2$He	2					
$_{10}$Ne	2	8				
$_{18}$Ar	2	8	8			
$_{36}$Kr	2	8	18	8		
$_{54}$Xe	2	8	18	18	8	
$_{86}$Rn	2	8	18	32	18	8

　たとえば，$n = 3$ の下に 18 とあるのは，$\ell = 2, 1, 0$ の $-\ell \leq m \leq \ell$ にわたる殻に配置された電子数の 2 倍が 18 であることを示す.

$$\ell = 0 \quad 1 \text{ 個}$$
$$\ell = 1 \quad 3 \text{ 個}$$
$$\ell = 2 \quad 5 \text{ 個}$$
$$\text{和} \quad 9 \text{ 個}.$$

　なぜ2倍するのかは，パウリが「古典的記述不可能な二価性」といった[6]ように，原子スペクトルの多重項の構造とも関連して謎であった[7]．パウリは，ノーベル賞受賞講演の中で「1923年（！）のハンブルク大学・私講師就任講演の内容に不満であった．それは電子殻が閉じることの満足な説明ができなかったからだ」と語っている[8]．電子がスピン $\hbar/2$ をもつとウーレンベックとハウトシュミットが提唱したのは1925年になってからである．

　ボーアが希ガスを選んで電子配置を提案したのは，希ガスが安定な元素で，電子の殻 (shell) が周期律表の上で希ガスにおいて満員になる，あるいは閉じると考えたからである[5]．

　ボーアは $n = 3$ の殻は18個の電子で満員になると考えている．注目すべきことに，ボーアは

① $\ell = 0$ を排除していない．
② 与えられた n の殻で ℓ の最大値を n でなく $n-1$ としている．

いずれもボーアが経験に強制されてしたことだが，後に説明するとおり，いずれも量子力学によって導出される事実である．

　もう1つ，読者が気にしているだろうと思うことがある．図4で水素原子の軌道面を傾けたが，どれだけ傾けるかは m を与えることで指定されているが，どの方向に傾けるのかは指定されていない．それなのに，傾ける方向もきまっているかのように，扱っている．これも量子力学への宿題である．

2.3 量子力学と比べる

　水素原子のなかの電子の行動を古典力学＋量子条件で調べてきた．その結果を量子力学から見たらどう見えるかを検討してみよう．

2.3.1 電子の方向分布

一例として，水素原子の電子の方向分布をとりあげよう．電子の位置を観測したら，どの方向に見いだす確率が高いだろうか？

電子は

$$r = \frac{\kappa}{1 + \varepsilon \cos \theta} \tag{57}$$

という軌道（図1）の上を面積速度

$$\frac{1}{2} r^2 \frac{d\theta}{dt} = \frac{L}{m} \quad (\text{一定}) \tag{58}$$

で運動しているとする．ここに (51), (38) により

$$1 - \varepsilon^2 = \left(\frac{\ell}{n}\right)^2, \qquad \varepsilon = \sqrt{1 - \left(\frac{\ell}{n}\right)^2} \tag{59}$$

である．このとき，電子が運動して角座標 θ が $d\theta$ だけ変化するのに要する時間を dt とするとき，$d\theta$ を固定して，規格化した滞在時間 dt/T を θ の関数として極プロット（polar plot，図5）してみよう．これを電子の方向分布といったのである．ここに T は電子が軌道を一周する時間

$$T = \oint dt = \oint \frac{r^2 d\theta}{L/m} \tag{60}$$

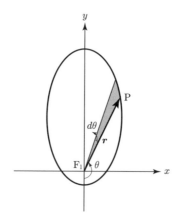

図 5 電子が微小な角度 $d\theta =$（一定）のなかに滞在する時間の極プロット．原点（原子核の位置）から $d\theta$ の方向に引いた（$\oint dt/T = 1$ に規格化した）滞在時間 (63) の長さの線分で表わす．3次元の運動の場合には '$d\theta$ の方向に引いた' を 'θ, φ の方向にある立体角素片 $d\Omega$ の中に引いた' におきかえる．

である. dt/T は，電子が $d\theta$ のなかに見いだされる確率 (**滞在確率**) といってもよいだろう. いわゆるリュードベリ原子 (高い励起状態にある原子) の内部における電子の運動を観測したという報告がある [9], [10].

その滞在確率が電子のいる方角 θ によってどう変化するかを表わすのに極プロットが使われる. それは，一平面上に，角位置 θ を周期 T で周期的に変化する点 P があるとき，その角位置が θ から $\theta + d\theta$ まで変化するのに時間 dt を要したなら，原点から θ の方角に長さ dt/T のベクトルを引いて P の滞在確率の変化を表わす方法である.

少し計算をしておこう.

$$dt = \frac{r^2 d\theta}{L/m} = \frac{m}{L}\left(\frac{\kappa}{1 + \varepsilon\cos\theta}\right)^2 d\theta$$

に (22) から $\kappa = (L^2/m)(4\pi\epsilon_0/e^2)$ を代入すれば

$$dt = \ell^3\,\frac{ma_{\mathrm{B}}^2}{\hbar}\,\frac{1}{(1 + \varepsilon\cos\theta)^2}\,d\theta \tag{61}$$

となるから

$$\int_0^{2\pi}\frac{1}{(1 + \varepsilon\cos\theta)^2}\,d\theta = \frac{2\pi}{(1 - \varepsilon^2)^{3/2}}$$

を用いて

$$T = \oint dt = \frac{ma_{\mathrm{B}}^2}{\hbar}\,\frac{2\pi}{(1 - \varepsilon^2)^{3/2}}\ell^3. \tag{62}$$

これは電子の公転周期である. よって

$$\frac{dt}{T} = \frac{(1 - \varepsilon^2)^{3/2}}{2\pi}\,\frac{d\theta}{(1 + \varepsilon\cos\theta)^2} \tag{63}$$

となる, これが軌道のいろいろな場所 θ での部分 $d\theta$ に電子が滞在する時間である. 極プロットして示せば図6のようになる. 電子の滞在時間が $\theta = 0$ の方向に短く，$\theta = \pi$ の方向に長い，そしてその差が軌道の離心率 (59) が大きいほど著しいのは，面積速度が対応して小さい/大きいからである.

ここで (59) の $1 - \varepsilon^2 = (\ell/n)^2$ について1つ注意をする. この式によると角運動量 $L = \ell\hbar$ が大きいほど (ただし $\ell < n$) 軌道の離心率が0に近くなる. 軌道の形でいえば，円に近くなる. 反対に ℓ が小さいほど離心率は大きく，軌道の形はつぶれてくる. 量子力学に心得のある読者は，計算の間違いを思うのではなかろうか？

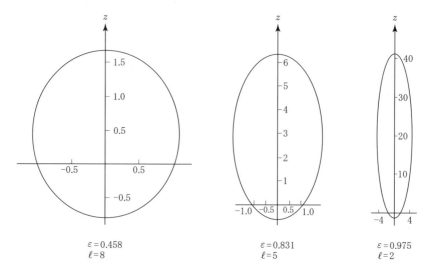

図6 水素原子の電子の運動の方向分布，古典力学による極プロット（図5）．主量子数 n は 10. 角運動量に大きさ $\ell\hbar$ と離心率 ε を付記した．

計算に間違いはない．ではなぜ，s 状態，すなわち $\ell = 0$ の状態といえば球対称な状態を思い浮かべ，ℓ が大きいほど球対称から離れると思うのだろうか？ それは，量子力学では，中心力の場における運動についてだが，方向分布が $Y_\ell^m(\theta, \varphi)$ で表わされるからである（Y_ℓ^m の重ね合わせも考えられるが，それらは定常状態ではない）．ところが，これを一平面上の古典力学的運動に流用しようとすると傾向が反対になる．すなわち，ℓ が最大の $\ell = n$ では離心率 $\varepsilon = 0$ となり，ℓ が小さいほど ε は 1 に近づく．

もともと，3 次元空間の運動では $\ell = 0$ だと空間に特別の方向がないので，状態は球対称ならざるを得ないということがある．

もう 1 つ，われわれの古典的な平面運動では離心率が主量子数 n に依存する．これは 3 次元空間の量子力学ではなかったことである．

しかし，古典と量子と共通の面もあって，$\ell \leq n$ の条件があることはほぼ同じである．'ほぼ' 同じというのは，量子力学的の運動では，この条件は $\ell \leq n-1$ となるからである．ℓ が最大，すなわち $\ell = n$ のとき離心率は 0 で，ℓ が小さいほど離心率は 1 に近くなる．

これらの問題があるため，古典力学の平面運動における方向分布の，量子力学における方向分布との比較は一通りではない．われわれは次のような便法をとる．

特に理由はないが $\ell = 2, 5, 8$ の 3 つの場合をとり，古典的な平面運動の場合，それらの最大値より 1 だけ大きい $n = 9$ をとって離心率を計算する．そして極プロットは，楕円軌道の長軸を z 軸とし，ℓ と離心率 ε を添えて左から離心率の小 → 大の順に並べる（図 6）．

対する量子力学的な運動は，中心力の場を運動する量子力学的粒子の方向分布として普遍的な $|Y_\ell^m(\theta, \varphi)|^2$ の極プロットを方向分布が丸さを失う順（$\ell = 2, 5, 8$, $m = 0$ の順）に最上段に並べた．$m = 0$ を選んだのは，古典的な運動の角運動量がページの面に垂直であるのに合わせたのである．

参考のために許されるすべての m に対する図（極プロットの xz 面による断面）も添えた．3 次元的な極プロットは z 軸まわりに回転対称である（図 7）．

これら 2 枚のプロットを比べると，互いによく似ていると思うが，どうだろうか？

同じ極プロットといっても，古典力学では 2 次元平面上の運動，量子力学では 3 次元空間の運動についてのものなので，比較は乱暴だが，ここでは極プロットの断面の輪郭だけを比べるので，当たらずといえども遠からずであるのではないか？

古典力学の方のプロットが少し肥りすぎのようで，n を小さくとって離心率を大きくしたいところだが，$\ell = 8$ が入っているので，それはできない．もちろん，n とともに l も大きくすれば離心率を 1 に近づけることはできる．これはボーアのいう対応原理の考えに導く．

2.3.2 不確定性原理

電子の行動の観測は，量子力学の不確定性原理に制約される．それを検討しておこう．

図 7 の極プロットは，どれも z 軸に関して回転対称である．それは角運動量の演算子 $\widehat{\boldsymbol{L}}$ の交換関係

$$\left[\widehat{L}_i, \widehat{L}_j\right] = i\hbar L_k \qquad (i, j, k = x, y, z \ \text{cyclic}) \tag{64}$$

によることで，いま $u_m = Y_l^m$ という $\widehat{L}_z$ の固有関数で考えているので，

$$\langle u_m, \left[\widehat{L}_x, \widehat{L}_y\right] u_m\rangle = im\hbar, \tag{65}$$

が成り立ち，これから不確定性関係

$$\Delta L_x \cdot \Delta L_y \geq \frac{1}{2}|m\hbar|^2 \tag{66}$$

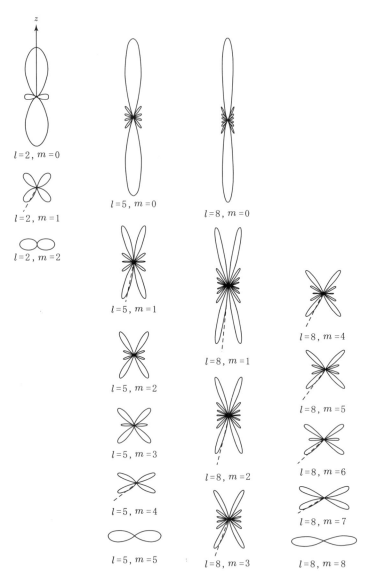

図7 中心力の場を運動する量子力学的粒子の 3 次元的方向分布, $|Y_\ell^m(\theta, \varphi)|^2$ の極プロット. 各図形は, z 軸まわりに 2π 回転させて見て欲しい. $\ell=5$ と $\ell=8$ の $m=0$ の図は, 他に比べて, それぞれ 2/3 倍, 1/2 倍に縮尺してある. 軌道角運動量の大きさが $\sqrt{\ell(\ell+1)}\hbar$ で, z 成分が $m\hbar$ の古典力学的軌道面を破線で示す.

なお, この図の極プロットは上下対称に書いてあるが, 図6と比べるときには上半分だけを見ていただく.

が導かれるので，角運動量ベクトルは xy 平面内で大きさ，方向ともに揺らぐことになるからである [11].

証明

$$\widehat{L}_z - \langle u_m, \widehat{L}_z u_m \rangle = L_x'$$

とおけば，状態 u_m における $\widehat{L}_k$ の揺らぎは

$$(\Delta L_k)^2 \equiv \langle u_m, \widehat{L_k'}^2 u_m \rangle = \|\widehat{L_k'} u_m \rangle\|^2$$

となる．ところが $\widehat{L}_k$ のエルミート性により

$$\langle \widehat{L_x'} u_m, \widehat{L_y'} u_m \rangle - \langle \widehat{L_y'} u_m, \widehat{L_x'} u_m \rangle = 2i \, \mathrm{Im} \, \langle \widehat{L_x'} u_m, \widehat{L_y'} u_m \rangle$$

の左辺は角運動量の交換関係 (64) を用いて

$$\langle u_m [\widehat{L_x'}, \widehat{L_y'}] u_m \rangle = i \langle u_m, \hbar \widehat{L_z'} u_m \rangle$$

と書き変えられ，右辺の虚数部分は絶対値より小さく，またシュワルツの不等式により

$$|\langle \widehat{L_x'} u_m, \widehat{L_y'} u_m \rangle| \le \|\widehat{L_x'} u_m \rangle\| \cdot \|\widehat{L_y'} u_m \rangle\| \tag{67}$$

と書き変えられるから (66) が得られる． ∎

　同時に

$$\langle u_m, (\widehat{\boldsymbol{L}}^2 - \widehat{L}_z^2) u_m \rangle = \{\ell(\ell+1) - m^2\} \hbar^2 \tag{68}$$

があるため，$m = 0$ の軌道面は z 軸を軸として回転するように揺らぐので軌道は z 軸上で交錯して集中し存在確率の極プロットは z 軸上で大きい棒状になる．反対に $|m| = \ell$ のときには軌道は z 軸に垂直な面の近くに集中するから極プロットは z 軸に垂直なオセンベイのような形になる．m が途中の値のときには軌道面は z 軸と傾きをなし，それが z 軸のまわりに回転するので，それらの重なり合いとして円錐の表面のような形の極プロットができる．

　こうして，量子力学的な粒子の運動の様相は —— 不確定性原理の制約のもとではあるが —— 古典力学的な粒子の運動でかなりよく代表されることがわかる．これは $n \gg 1$ ではボーアの対応原理 [1] が主張するところであるが，この図から $n = 8$ ですでに見てとれる．

　前に，$|m| < \ell$ の場合，軌道面は z 軸とある傾きをなすが，古典軌道の場合，

どの方向に傾けるべきかきまらないといったが，そのきまらなさは不確定性原理を考慮すれば，むしろ当然のことになる．

また，電子の $\ell = 0$ の軌道は原子核をとおる直線軌道なので，原子核に衝突するので捨てるべきだという議論があることを述べた一方，採るべきだというボーアの意見も紹介した．量子力学からは採るべきだ，になる．原子核をとおる直線軌道に垂直な方向を n とすると，その方向の電子の運動量成分は $p_n = 0$ なので，不確定性原理によれば n 方向の座標成分 x_n は完全に不確定になる：$\Delta x = \infty$.
従って電子は原子核と衝突すべくもない！

参考文献

[1]　江沢 洋『現代物理学』，朝倉書店 (1996), pp.243–252.

[2]　広重 徹『原子構造論史』，西尾成子編，広重徹科学史論文集 2，みすず書房 (1981).

[3]　西尾成子，前掲書．p.19. 西尾らは根拠としてボーアのラザフォードへの手紙をあげている．その手紙は，ローゼンフェルト著，江沢 洋訳・著の『ボーア革命』日本評論社 (2015), p.45 に載っている．

[4]　H. Kragh : *Niels Bohr and the Quantum Atom*, Oxford (2012), p.57.

[5]　H. Kragh : 前掲書，p.274.

[6]　朝永振一郎『スピンはめぐる』，みすず書房 (2008), p.34. このボーアの周期律表のことは，『スピンはめぐる』にもでてこない．

[7]　F. Hund : *Geschichte der Quantentheorie*, Bibliographisches Institut (1975). p.108, p.114 に ‘電子の殻が 2, 8, 18, 32 個で閉じることを示した’ といってボーアの名前を記しているが，文献さえあげていない．あげているのは，E. C. ストーナーの 2, 6, 10, 14 個の殻の説である．

[8]　W. Pauli : 排他律と量子力学，中村誠太郎・小沼通二編『ノーベル賞講演 1938 –1949』，講談社 (1978).

[9]　江沢 洋：だれが原子内の電子軌道を見たか，「数理科学」1993 年 11 月号．

[10]　J. A. Yeazell *et al.* : *Phys. Rev.* **A35** (1987), 2806 ; *Phys. Rev.* **A40** (1989), 485 ; *Phys. Rev. Lett.* **69** (1988), 1494 ; A. ten Wolde, *Phys. Rev.* **A40** (1989), 485.

[11]　伏見康治『原子の世界』，伏見康治著作集 5，みすず書房 (1987). 特に p.119 をみよ．

3. ハイゼンベルク
―― 行列力学のはじまり

　ここでは，量子力学への1つの扉を開いたハイゼンベルクの1925年の論文「運動学および力学の関係式の量子力学的な読み替えについて」[1] を検討したい．もう1つの扉を開いたのは，シュレーディンガーの1926年の論文「固有値問題としての量子化」[2] である．前者は行列力学への，後者は波動力学への道を開いたものとして知られている．2つの道が変換理論によって合流したとき量子力学が成立した．

3.1 いとぐち

　しかし，ハイゼンベルクの論文に入る前に，その論文の拠り所となったボーアの1913年の論文「原子と分子の構造について」[3] を見ておきたい．

　ボーアは，水素原子の線スペクトルを理解するために，自身がラザフォードのもとで実験した結果に基づき水素原子は原子核のまわりを1個の電子が周回しているという構造をもつものとした．そして電子の運動とそれによる光の放出について次の革命的な仮定をおいた：

　I. 電子には定常状態とよぶ一連の特別な運動状態のみが許され，この状態にある電子は，加速度をもつにもかかわらず，輻射をしない．この特別な運動状態は，ニュートンの運動方程式をみたすものから，量子条件

$$\oint p(t)\dot{x}dt = nh \quad (n = 1, 2, \cdots) \tag{1}$$

によって選び出される．ここに x は電子の座標，p はそれに共役な運動量であり，h はプランクの定数

$$h = 6.6261 \times 10^{-34} \text{Js}$$

である．積分は電子の運動の1周期にわたる．n は定常状態を番号づける．

II. 実は，電子は，ときに別の定常状態に跳び移る（遷移する）ことがあり，定常状態 n（エネルギー E_n）から定常状態 $n - \tau$（エネルギー $E_{n-\tau}$）に遷移するときには，振動数

$$\nu(n, \, n - \tau) = \frac{E_n - E_{n-\tau}}{h} \quad (\tau = 1, \, 2, \, \cdots) \tag{2}$$

の光を放出する．これは振動数の定まった光であるから線スペクトルとして現象する．

この仮定を，ボーアにしたがって電子が原子核のまわりを等速円運動する場合に適用してみよう．電子の質量を m，電荷を $-e$ とする．

まず，電子の定常状態を定める．円軌道の半径を r，軌道に沿う運動量を p とすれば，運動方程式から

$$\frac{p^2}{mr} = \frac{e^2}{4\pi\epsilon_0} \frac{1}{r^2}.$$

よって

$$p^2 r = \frac{me^2}{4\pi\epsilon_0}. \tag{3}$$

他方，電子の軌道上の定点から軌道に沿って電子の位置までの長さ s を電子の座標とすれば，量子条件は

$$\oint p\dot{s}(t)dt = p \oint ds = p \cdot 2\pi r = nh$$

をあたえる．よって

$$pr = n\hbar \tag{4}$$

が成り立つ．ここで

$$\hbar = \frac{h}{2\pi} = 1.0546 \times 10^{-34} \text{Js}$$

とおいた．(3), (4) から

$$p_n = \frac{me^2}{4\pi\epsilon_0\hbar} \frac{1}{n}, \quad r_n = \frac{4\pi\epsilon_0\hbar^2}{me^2} n^2 \quad (n = 1, \, 2, \, \cdots)$$

となる．p と r に状態を示す下つき n をつけた．この状態での電子のエネルギーは

3. ハイゼンベルク――行列力学のはじまり　33

$$E_n = \frac{p_n^2}{2m} - \frac{e^2}{4\pi\epsilon_0}\frac{1}{r_n} = -\frac{1}{2}\left(\frac{e^2}{4\pi\epsilon_0}\right)^2\frac{m}{\hbar^2}\frac{1}{n^2} \tag{5}$$

となる.

この E_n から (2) によって水素原子の出す光の角振動数を計算すると，実験によく合う．角振動数，$\Omega = 2\pi\nu$,

$$\Omega(n,\, n-\tau) = \frac{1}{2}\left(\frac{e^2}{4\pi\epsilon_0}\right)^2\frac{m}{\hbar^3}\left(\frac{1}{(n-\tau)^2} - \frac{1}{n^2}\right) \tag{6}$$

でなく波長 $\lambda(n,\, n-\tau) = \dfrac{2\pi c}{\Omega(n,\, n-\tau)}$ にして書けば

$$\lambda(n,\, n-\tau)^{-1} = \left(\frac{e^2}{4\pi\epsilon_0}\right)^2\frac{m}{4\pi c\hbar^3}\left(\frac{1}{(n-\tau)^2} - \frac{1}{n^2}\right). \tag{7}$$

ここに

$$R = \left(\frac{e^2}{4\pi\epsilon_0}\right)^2\frac{m}{4\pi c\hbar^3} = 1.0974 \times 10^7\,\mathrm{m}^{-1}$$

はリュードベリ定数と呼ばれる．この波長の理論値を実験値[4]と表1に比較しておく．この理論値は電子の運動に伴って原子核が動く効果をとりいれるなど補正が必要である．

表1　水素原子のスペクトル，$\lambda(n, 2)/10^{-7}\,\mathrm{m}$.

n	理論値	実験値
3	6.5610	6.5628
4	4.8600	4.8613
5	4.3393	4.3405
6	4.1006	4.1017

　ボーアの理論では，定常状態にある電子は輻射しないとしているが，これは加速度運動する荷電粒子は電磁波を出すというマクスウェルの電磁気学の予言と食い違っている．マクスウェルの電磁気学との食い違いは，それだけではない（次の節を見よ）．さらに，ボーアの仮定 I は，運動は運動方程式と任意の初期条件できまるとするニュートン力学に違反している．ニュートンの力学とマクスウェルの電磁気学という物理学の 2 本の大黒柱に背を向けたので，ボーアの仮定 I, II は革命的だといったのである．

3.2 対応原理

マクスウェルの電磁気学によれば,角振動数 ω で振動する荷電粒子は,同じ角振動数の電磁波を放射する.

しかし,ボーアの量子論では,水素原子の電子は,状態 n から $n-1$ に遷移するとき,振動数 (2) ($\tau = 1$ とおく) の電磁波を放射する.ここでは,電子は原子核のまわりに楕円軌道を描いて運動する場合を考えるが,この場合にも電子のエネルギーは円軌道の場合と同じく (5) で与えられる [5].この電磁波の角振動数 $\Omega(n, n-1)$ は (6) で $\tau = 1$ としたものであるが,電子の軌道運動の角振動数とは違う.状態 n の軌道運動の角振動数 ω_n とも状態 $n-1$ のそれ ω_{n-1} とも違っている.

それを見るために,状態 n の軌道運動の角振動数 ω_n を計算してみよう.状態 n の電子は一般に楕円軌道を描き,その長半径 a と短半径 b は [6]

$$
\begin{aligned}
a &= \frac{e^2}{4\pi\epsilon_0} \frac{1}{-2E_n}, \\
b &= \sqrt{1 - \varepsilon^2}\, a = \frac{L}{m^{1/2}} \sqrt{\frac{1}{-2E_n}}
\end{aligned}
\tag{8}
$$

であるから,軌道の囲む面積は

$$
S_n = \pi a b = \pi \frac{e^2}{4\pi\epsilon_0} \frac{1}{m^{1/2}} \left(\frac{1}{-2E_n} \right)^{3/2} L
$$

となる.ここに L は電子の角運動量であって,電子の面積速度は $L/(2m)$ であるから,電子の公転周期は

$$
T_n = \frac{S_n}{L/(2m)} = 2\pi \left(\frac{4\pi\epsilon_0}{e^2} \right)^2 \frac{\hbar^3}{m} n^3
$$

となり,公転の角振動数は

$$
\omega_n = \frac{2\pi}{T_n} = \left(\frac{e^2}{4\pi\epsilon_0} \right)^2 \frac{m}{\hbar^3} \frac{1}{n^3}
\tag{9}
$$

となる.これは電磁波の角振動数 (6) ($\tau = 1$ とする) とは違う.ω_{n-1} にしても違う.

しかし,$n \to \infty$ では

$$
\Omega(n, n-1) \sim \omega_n
\tag{10}
$$

となる！　n が大きくなると電子の軌道 (8) も大きくなり巨視世界のものとなるから，そのとき電子の出す電磁波が巨視世界のマクスウェルの電磁気学の予言に合うのは当然であり，まさにそうあるべきであった．ボーアは，一般に量子世界の現象は量子数が大きくなると巨視世界の現象に近づくはずだと指摘した．これを**対応原理** (correspondence principle) という．

$n \to \infty$ では (2) の定差は微係数でおきかえることができ

$$\Omega(n, n-1) = \frac{E_n - E_{n-1}}{\hbar} \sim \frac{1}{\hbar}\frac{\partial E_n}{\partial n} = \left(\frac{e^2}{4\pi\epsilon_0}\right)^2 \frac{m}{\hbar^3}\frac{1}{n^3} \tag{11}$$

となる．確かに (10) が成り立っている．

ハイゼンベルクは，この式を逆向きに読んだ．すなわち，

$$前期量子論で \quad \frac{\partial E_n}{\partial n} \quad が現われたら \quad E_n - E_{n-1} \quad と読み替える． \tag{12}$$

こうすれば，前期量子論の式から正しい量子力学の式が読み取れるというのである．

この対応原理は，以下に見るとおり，原子世界でなりたつ力学原理を見いだすのに導きの石となった．ボルンは，すでに 1924 年に原子世界の力学は巨視世界のものとは異なるとして**量子力学** (quantum meshanics) とよんでいた [7]．それが発見されるまでの模索の時代の理論を前期量子論とよぶ．

3.2.1　運動のフーリエ分解

前期量子論の第 n 定常状態における運動 $x_n(t)$ をフーリエ分解して

$$x_n(t) = \sum_{\tau=-\infty}^{\infty} \tilde{x}(n, \tau)e^{i\omega(n,\tau)t} \tag{13}$$

とする．$\omega(n, 1) = \omega_n$ は基本振動数で，その整数倍 $\omega(n, \tau) = \tau\omega(n, 1)$ は高調振動数である．$x_n(t)$ は実数だから

$$\tilde{x}(n, -\tau) = \tilde{x}(n, \tau)^* \quad (\,^* は複素共役を表わす) \tag{14}$$

となっている．等速円運動の場合，(13) の右辺には $\tau = \pm 1$ の 2 項しか現われないが，楕円軌道におけるように電子の速さが変わる場合には $\tau = \pm 2, \pm 3, \cdots$ の項が加わる．

ここに現われた

$$\omega(n, \tau) = \tau\omega_n = \frac{1}{\hbar}\tau\frac{\partial E_n}{\partial n} \tag{15}$$

について，ハイゼンベルクは (12) を

① 前期量子論の $\omega(n, \tau) = \dfrac{\tau}{\hbar} \dfrac{\partial E_n}{\partial n}$ は

$$\Omega(n, n-\tau) = \frac{E_n - E_{n-\tau}}{\hbar} \quad \text{と読み替える} \tag{16}$$

と拡張する．ここで

$$\Omega(n, n-\tau) = -\Omega(n-\tau, n) \tag{17}$$

となることに注意しておく．

ついでに言えば，後に $\tau \dfrac{\partial \omega(n, \tau)}{\partial n}$ が現われる．これは $\tau \dfrac{\partial}{\partial n} \tau \dfrac{\partial E_n}{\partial n}$ であるから，

$$\frac{\partial^2 E_n}{\partial n^2} = \frac{(E_{n+\Delta_n} - E_n) - (E_n - E_{n-\Delta_n})}{(\Delta n)^2}$$

にならって，最初の $(\cdots)$ は遷移 $n+\Delta n \to n$ に，第 2 の $(\cdots)$ は遷移 $n \to n-\Delta n$ に対応することから，ハイゼンベルクは①と同様に

前期量子論の $\tau \dfrac{\partial \omega(n, \tau)}{\partial n}$ は $\Omega(n+\tau, n) - \Omega(n, n-\tau)$ と読み替える．(18)

$(E_n - E_{n-\tau})/\hbar$ は $n \to n-\tau$ の遷移で放出される電磁波の角振動数であるから，(13) でそれに伴う $\widetilde{x}(n, \tau)$ について

② 前期量子論の $\widetilde{x}(n, \tau)$ は $X(n, n-\tau)$ と読み替える (19)

べきことがわかる．そして，ハイゼンベルクは $X(n, n-\tau)$ を遷移 $n \to n-\tau$ の遷移振幅 (transition amplitude) と見て，その絶対値 2 乗が遷移 $n \to n-\tau$ の遷移確率に比例すると考える．(13) にならったフーリエ展開

$$X_n(t) = \sum_{\tau=-\infty}^{\infty} X(n, n-\tau) e^{i\Omega(n, n-\tau)t} \tag{20}$$

に (17) を考慮して，$X_n(t)$ が実数値であることから

$$X(n, n-\tau) = X(n-\tau, n)^* \tag{21}$$

とすべきことがわかる．

この①，②が，任意の関数 f に対する $f(n, \tau)$, $\tau \dfrac{\partial f(n, \tau)}{\partial n}$ に一般化すれば，朝永[8] のいう "前期量子論の式を量子力学的に読み替えるための暗号解読の鍵" となる．(18) は①と同じ内容だから，別の鍵とはしない．

3.3 量子条件

前期量子論で使われた量子条件[1]

$$\oint p(t)\dot{x}(t)dt = nh \tag{22}$$

を量子力学的に読み替えることを試みよう. フーリエ表示

$$p(t) = \sum_{\tau=-\infty}^{\infty} \widetilde{p}(n,\,\tau)e^{i\omega(n,\tau)t}, \tag{23}$$

$$x(t) = \sum_{\tau=-\infty}^{\infty} \widetilde{x}(n,\,\tau)e^{i\omega(n,\tau)t} \tag{24}$$

を使う. ここで (15) と同様に

$$\omega(n,\,\tau) = \omega(n,\,1)\tau \tag{25}$$

である. (22) に代入すると,

$$\oint p(t)\dot{x}(t)dt = \sum_{\tau=-\infty}^{\infty} \sum_{\tau'=-\infty}^{\infty} i\omega(n,\,\tau')\,\widetilde{p}(n,\,\tau)\,\widetilde{x}(n,\,\tau')$$

$$\times \oint e^{i\{\omega(n,\tau)+\omega(n,\tau')\}t}dt.$$

この積分は $p(t)$, $x(t)$ の 1 周期 $2\pi/\omega(n,\,1)$ にわたって行なうのだが, (25) を用いれば

$$\omega(n,\,\tau) + \omega(n,\,\tau') = \omega(n,\,1)(\tau+\tau') = 0$$

のときだけ 0 でなく,

$$\oint e^{i\{\omega(n,\tau)+\omega(n,\tau')\}t}dt = \frac{2\pi}{\omega(n,\,1)}\,\delta_{\tau+\tau',0}$$

となる. したがって

$$\oint p(t)\dot{x}(t)dt = 2\pi i \sum_{\tau=-\infty}^{\infty} \widetilde{p}(n,\,\tau)\,\widetilde{x}(n,\,-\tau)\,\frac{\omega(n,\,-\tau)}{\omega(n,\,1)}.$$

再び (25) を用いて

$$nh = \oint p(t)\dot{x}(t)dt = -2\pi i \sum_{\tau=-\infty}^{\infty} \widetilde{p}(n,\,\tau)\,\widetilde{x}(n,\,-\tau)\tau \tag{26}$$

---

[1] $\lambda = h/\rho$ を用いて書きかえれば, $\oint dx/\lambda = n$ となる.

が得られた.

これは前期量子論における量子条件であって，量子力学的に読み替えなければならない．両辺を n で微分すると

$$\frac{h}{2\pi i} = -\sum_{\tau=-\infty}^{\infty} \tau \frac{\partial}{\partial n}\{\widetilde{p}(n, \tau)\widetilde{x}(n, -\tau)\}$$

となる．$\widetilde{x}(n, -\tau) = \widetilde{x}^*(n, \tau)$ としてから，鍵①と鍵②を用いて，これは

$$-i\hbar = -\sum_{\tau=-\infty}^{\infty} \{P(n+\tau, n)X^*(n+\tau, n) - P(n, n-\tau)X^*(n, n-\tau)\}$$

と読み替えられる．$X^*(n, n') = X(n', n)$ であるから，$\{\cdots\}$ の第2項で $\tau \to -\tau$ と書きかえて

$$-i\hbar = \sum_{\tau=-\infty}^{\infty} \{P(n, n+\tau)X(n+\tau, n) - X(n, n+\tau)P(n+\tau, n)\}. \tag{27}$$

これが量子条件の量子力学的な表式である.

3.4 運動方程式

ハイゼンベルクは，次に量子条件 (27) に加えて運動方程式も考慮して $x(t)$ に対応する遷移振幅 $X(n, n-\tau)$ の決定に進む．彼は，簡単な非調和振動子

$$\ddot{x}(t) + \omega_0^2 x(t) + \delta x(t)^2 = 0 \tag{28}$$

を考える．しかし，非調和項が $\delta x(t)^2$ では，たとえ数係数 $\delta > 0$ が小さいとしてもポテンシャル $V = (m\omega_0^2/2)x^2 + (m\delta/3)x^3$ が $x \to -\infty$ で $\to -\infty$ となり（図1），十分に高いエネルギーの粒子は周期運動をすることができない．1928 年になるとガモフが量子力学にはトンネル効果というものがあることを指摘する．そうであれば，粒子はエネルギーによらず周期運動ができない．$x(t)$ は時間に関して (13) のようにはフーリエ展開できないことになるのである．

これでは困るので，われわれは

$$m\ddot{x}(t) + m\omega_0^2 x(t) + \lambda x(t)^3 = 0 \quad (\lambda > 0) \tag{29}$$

を考えることにしよう．こういう場面に出会うのも科学史の面白さである．3.4.3 節からはハイゼンベルクを離れることになる．

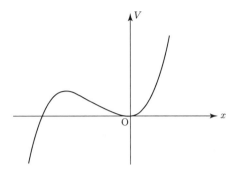

図1 ハイゼンベルクの運動方程式 (28) に対するポテンシャル．$x < 0$ のあるところから先で下り坂になるので周期運動は不可能である．

3.4.1 非可換な積

そうすると，早速 $x(t)^3$ に対応させるべき遷移振幅は何かが問題になる．$x(t)$ には

$$X(t) \longrightarrow X(n, n-\tau)\, e^{i\Omega(n, n-\tau)t} \tag{30}$$

という対応を考えたが，$x(t)^3$ に対応させるべき量子力学的な遷移振幅の $e^{i\Omega(n,n-\tau)t}$ 成分は何か，である．

それを考えるためには，暗号解読の鍵 (16)，すなわち $\Omega(n, n-\tau) = \dfrac{E_n - E_{n-\tau}}{\hbar}$ から得られる関係（リッツの結合原理）

$$\Omega(n, n-\tau') + \Omega(n-\tau', n-\tau) = \Omega(n, n-\tau)$$

が役に立つ．これをにらんで，まず $x(t)^2$ に対しては

$$\sum_{\tau'=-\infty}^{\infty} X(n, n-\tau')\, e^{i\Omega(n,n-\tau')t}\, X(n-\tau', n-\tau)\, e^{i\Omega(n-\tau',n-\tau)t}$$

$$= \left\{ \sum_{\tau'=-\infty}^{\infty} X(n, n-\tau')\, X(n-\tau', n-\tau) \right\} e^{i\Omega(n,n-\tau)t}$$

とすれば，これは正しく遷移振幅の $e^{i\Omega(n,n-\tau)t}$ 成分を与える．(30) にならって書けば

$$x(t)^2 \longrightarrow \sum_{\tau'=-\infty}^{\infty} X(n, n-\tau')\, X(n-\tau', n-\tau)\, e^{i\Omega(n,n-\tau)t} \tag{31}$$

となる．$x(t)^3$ に対しては

40

$$x(t)^3 \longrightarrow \sum_{\tau', \tau''=-\infty}^{\infty} X(n, n-\tau')\, X(n-\tau', n-\tau'')\, X(n-\tau'', n-\tau)\, e^{i\Omega(n, n-\tau)t}$$

(32)

となる.

そういえば，さきに導いた量子条件 (27) の右辺がちょうど運動量と位置座標の積に対応する遷移振幅の $e^{i\Omega(n,n)t}$ 成分になっている.

この積は非可換である．実際，(27) の量子力学的 $e^{i\Omega(n,n-\tau)t}$ 成分を書くと

$$p(t)x(t) \longrightarrow \sum_{\tau'=-\infty}^{\infty} P(n, n-\tau')\, Q(n-\tau', n-\tau)\, e^{i\Omega(n, n-\tau)t}$$

$$x(t)p(t) \longrightarrow \sum_{\tau'=-\infty}^{\infty} Q(n, n-\tau')\, P(n-\tau', n-\tau)\, e^{i\Omega(n, n-\tau)t} \qquad (33)$$

となって，一般にお互いに等しくない！

3.4.2 運動方程式の解，$\lambda = 0$ の場合

ハイゼンベルクは遷移振幅も運動方程式をみたすとする．運動方程式 (29) に対応する遷移振幅の $e^{i\Omega(n,n-\tau)t}$ 成分は

$$-\left\{\Omega(n, n-\tau)^2 - \omega_0^2\right\} X(n, n-\tau)$$

$$+\frac{\lambda}{m} \sum_{\tau', \tau''=-\infty}^{\infty} X(n, n-\tau')\, X(n-\tau', n-\tau'')\, X(n-\tau'', n-\tau) = 0 \quad (34)$$

である．まず $\lambda = 0$ の場合

$$\left\{\Omega(n, n-\tau)^2 - \omega_0^2\right\} X(n, n-\tau) = 0 \qquad (35)$$

を考えよう．この場合には

$$\Omega(n, n-1) = -\Omega(n-1, n) = \omega_0 \qquad (36)$$

にとれば

$$X(n, n-\tau) = \begin{cases} X(n, n-1) = A_n & (\tau = 1) \\ 0 & (\tau \neq 1) \end{cases}$$

また，(36) は $n \to n+1$ とすれば $\Omega(n, n+1)^2 = \omega_0^2$ を与えるから，(35) より

$$X(n, n-\tau) = \begin{cases} X(n+1, n)^* = A_{n+1}^* & (\tau = -1) \\ 0 & (\tau \neq -1) \end{cases}$$

が得られる. まとめれば

$$X(n,\, n-\tau) = \begin{cases} A_n & (\tau = 1) \\ A_{n+1}^* & (\tau = -1) \\ 0 & (\tau \neq \pm 1) \end{cases} \tag{37}$$

となる.

A_n を定めるには, 量子条件 (27) を用いる. それは, いま (37) により

$$-i\hbar = im\left\{\Omega(n,\, n+1)\,|\,X(n,\, n+1)\,|^2 - \Omega(n+1,\, n)\,|\,X(n,\, n+1)\,|^2\right.$$
$$\left. + \Omega(n,\, n-1)\,|\,X(n,\, n-1)\,|^2 - \Omega(n-1,\, n)\,|\,X(n,\, n-1)\,|^2\right\}$$

であるが, (36) により

$$-i\hbar = -2im\omega_0\left\{|\,X(n+1,\, n)\,|^2 - |\,X(n,\, n-1)\,|^2\right\} \tag{38}$$

となる. $X(n,\, n-1)$ は状態の $n \to n-1$ という遷移の振幅であって, $n=0$ では
このような遷移はないから $X(0,\, -1) = 0$ である. そこで (38) を $n = 1, \cdots, n$
と並べて書くと

$$|\,X(1,\, 0)\,|^2 = \frac{\hbar}{2m\omega_0},$$

$$|\,X(2,\, 1)\,|^2 - |\,X(1,\, 0)\,|^2 = \frac{\hbar}{2m\omega_0},$$

$$\vdots \qquad\qquad \vdots$$

$$|\,X(n,\, n-1)\,|^2 - |\,X(n-1,\, n-2)\,|^2 = \frac{\hbar}{2m\omega_0}$$

となり, 辺々加え合わせると

$$|\,X(n,\, n-1)\,|^2 = \frac{\hbar}{2m\omega_0}\, n$$

が得られる. よって

$$X(n,\, n-1) = \sqrt{\frac{\hbar}{2m\omega_0}n}\, e^{i\alpha} \tag{39}$$

となる. α は実数位相で, これは遂に定まらない.

3.4.3 運動方程式の解, $0 < \lambda \ll 1$ の場合

$0 < \lambda \ll 1$ の場合には, λ につき 1 次の近似を考えるとして運動方程式 (34) の
λ がかかった項

$$\frac{\lambda}{m} \sum_{\tau', \tau''=-\infty}^{\infty} X(n, n-\tau') X(n-\tau', n-\tau'') X(n-\tau'', n-\tau) e^{i\Omega(n, n-\tau)t} \quad (40)$$

では $X(n, n-\tau)$ に $\lambda = 0$ の場合の解 (39) を用いてよい.

そうすると (40) の第1因子が $X(n, n-\tau') \neq 0$ となるのは $\tau' = \pm 1$ のときである.

① いま, $\tau' = 1$ としよう. そのとき (40) の第2因子が $X(n-1, n-\tau'') \neq 0$ となるのは $\tau'' = 0, 2$ の場合である.

$\tau'' = 0$ の場合には (40) への寄与は

$$\frac{\lambda}{m} |X(n, n-1)|^2 X(n, n-\tau) = \lambda \frac{\hbar}{2m\omega_0} n \cdot X(n, n-\tau) \quad (41)$$

である ($e^{i\Omega(n, n-\tau)t}$ は省く. 以下同様).

$\tau'' = 2$ の場合には, (40) への寄与は

$$\frac{\lambda}{m} X(n, n-1) X(n-1, n-2) X(n-2, n-\tau)$$

であって, $\tau = 1$ でないと 0 になる. $\tau = 1$ の場合には, 寄与は

$$\lambda \left(\frac{\hbar}{2m\omega_0} \right) (n-1) X(n, n-1)$$

である.

② $\tau' = -1$ とすると (40) の第2因子は $\tau'' = 0, -2$ でないと 0 となる.

$\tau'' = 0$ の場合には (40) は

$$\lambda |X(n, n+1)|^2 X(n, n-\tau) = \lambda \frac{\hbar}{2m\omega_0} (n+1) \cdot X(n, n-\tau) \quad (42)$$

を寄与する.

$\tau'' = -2$ の場合には (40) の寄与は

$$\frac{\lambda}{m} X(n, n+1) X(n+1, n+2) X(n+2, n-\tau)$$

となり, $\tau = -1$ でないと 0 になる. $\tau = -1$ の場合, 寄与は

$$\lambda |X(n+1, n+2)|^2 X(n, n+1) = \lambda \frac{\hbar}{2m\omega_0} (n+2) \cdot X(n, n+1).$$

こうして, (34) は

$$\tau = 1 : \left\{ \Omega(n, n-1)^2 - \omega_0^2 - \lambda \frac{\hbar}{2m^2\omega_0} (3n) \right\} \times X(n, n-1) = 0$$

$$\tau = -1 : \left\{ \Omega(n, n+1)^2 - \omega_0^2 - \lambda \frac{\hbar}{2m^2\omega_0}(3n+3) \right\} \times X(n, n+1) = 0 \quad (43)$$

となる. (40) のために振動数 $\Omega(n, n-1)$ が少しずれた:

$$\Omega(n, n-1) = \sqrt{\omega_0^2 + \lambda \frac{3\hbar}{2m^2\omega_0}n} = \omega_0 + \lambda \frac{3\hbar}{4m^2\omega_0^2} n. \quad (44)$$

(44) を採用すれば, (43) から遷移振幅は

$$X(n, n-\tau) = 0 \quad (\tau \neq \pm 1 \text{ のとき}) \quad (45)$$

となる. $X(n, n\pm 1)$ は量子条件から定まる. (38) にあたる式は

$$-i\hbar = -2im \left\{ \Omega(n+1, n)|X(n+1, n)|^2 - \Omega(n, n-1)|X(n, n-1)|^2 \right\}$$

であるから

$$\Omega(1, 0)|X(1, 0)|^2 = \frac{\hbar}{2m},$$

$$\Omega(2, 1)|X(2, 1)|^2 - \Omega(1, 0)|X(1, 0)|^2 = \frac{\hbar}{2m},$$

$$\vdots \qquad \vdots$$

$$\Omega(n, n-1)|X(n, n-1)|^2 - \Omega(n-1, n-2)|X(n-1, n-2)|^2 = \frac{\hbar}{2m}$$

を辺々加えて

$$\Omega(n, n-1)|X(n, n-1)|^2 = \frac{\hbar}{2m}n \quad (46)$$

を得る.

こうして非調和振動子の遷移振幅 $X(n, n\mp 1)$ と遷移角振動数 $\Omega(n, n\mp 1)$ が定まった. しかし, 非調和振動子の運動の振動数 ω_n はハイゼンベルクの理論には登場せず, 定めようがない.

遷移振幅にしても, いまの近似では $X(n, n\mp 1)$ が定まったが, 運動方程式 (34) から想像されるように $X(n, n\mp 1)$ は $X(n', m')$ の異なる n', m' が複雑に絡み合った式になる. 決して (20) が示唆するような 1 つに定まった n をもつ項の和という単純な形には書けない. 振動子の運動を時間の経過とともに追うことはハイゼンベルクの近似ではできないのである[8].

ハイゼンベルクは原子世界の運動を追うことを放棄するところから出発したのだ. 原子世界の運動は直接に見ることはできないという議論を, 彼は―― 1919–20 年というから 19 歳になるかならぬかの頃から―― 仲間と交わしていた[9].

遷移角振動数 $\Omega(n,\, n-\tau)$ は原子スペクトルとして観測できる．遷移振幅は，少なくともその絶対値はスペクトル線の強度として観測できる．ハイゼンベルクは観測にかかる量だけを用いる理論をつくろうとしたのである．

3.5 エネルギー

運動方程式 (34) に対応するエネルギーは，古典的，あるいは前期量子論的には

$$\mathcal{H} = \frac{1}{2m}p(t)^2 + \frac{1}{2}m\omega_0^2 x(t)^2 + \frac{\lambda}{4}x(t)^4 \tag{47}$$

である．この右辺の第 1 項から順に K, V_0, V_1 とよぶ．

量子力学的には，(47) の $(n,\, n-\tau)$ 成分 $\mathcal{H}(n,\, n-\tau)$ を計算しなければならない．それには (46) を使う．$\tau = 0$ の成分から考えよう．

3.5.1 $\tau = 0$ の成分

(44) と (46) を用いて

$$K(n,\, n) = -\frac{1}{2m}\sum_{\tau'}\{m\Omega(n,\, n-\tau')\,X(n,\, n-\tau')$$

$$\times m\Omega(n-\tau',\, n)\,X(n-\tau',\, n)\}$$

$$= -\frac{m}{2}\left\{\Omega(n,\, n-1)\,\frac{\hbar}{2m}\,n + \Omega(n+1,\, n)\,\frac{\hbar}{2m}\,(n+1)\right\}$$

$$= \frac{\hbar\omega_0}{4}\left\{\left(1 + 3\lambda\,\frac{\hbar}{4m^2\omega_0^3}\,n\right)n + \left(1 + 3\lambda\,\frac{\hbar}{4m^2\omega_0^3}\,(n+1)\right)(n+1)\right\},$$

$$V_0(n,\, n) = \frac{m\omega_0^2}{2}\sum_{\tau'}|X(n,\, n-\tau')|^2$$

$$= \frac{m\omega_0^2}{2}\left\{\frac{1}{\Omega(n,\, n-1)}\,\Omega(n,\, n-1)\,|X(n,\, n-1)|^2\right.$$

$$\left. + \frac{1}{\Omega(n+1,\, n)}\,\Omega(n+1,\, n)\,|X(n+1,\, n)|^2\right\}$$

$$= \frac{\hbar\omega_0}{4}\left\{\frac{1}{1 + 3\lambda\,\dfrac{\hbar}{4m^2\omega_0^2}\,n}\,n + \frac{1}{1 + 3\lambda\,\dfrac{\hbar}{4m^2\omega_0^2}\,(n+1)}\,(n+1)\right\}$$

これらを加え合わせると λ の1次までの近似では，λ に依存する寄与は打ち消し合い

$$K(n,\,n) + V_0(n,\,n) = \left(n + \frac{1}{2}\right)\hbar\omega \tag{48}$$

となる．これに V_1 からの寄与を加えなければならない．

$$V_1(n,\,n) = \lambda \sum_{\tau',\tau'',\tau'''} X(n,\,n-\tau')\,X(n-\tau',\,n-\tau'')$$

$$\times\, X(n-\tau'',\,n-\tau''')\,X(n-\tau''',\,n) \tag{49}$$

である．この τ' 等に関する和は表2によって計算する．

表2　$V_1(n,\,n)$ の計算．

τ'	τ''	τ'''		$V_1(n,n)$	値
1	0	1	$X(n,n-1)\,X(n-1,n)\,X(n,n-1)\,X(n-1,n)$		n^2
		-1	$X(n,n-1)\,X(n-1,n)\,X(n,n+1)\,X(n+1,n)$		$n(n+1)$
	2	1	$X(n,n-1)\,X(n-1,n-2)\,X(n-2,n-1)\,X(n-1,n)$		$n(n-1)$
		3	$X(n,n-1)\,X(n-1,n-2)\,X(n-2,n-3)\,X(n-3,n)$		0
				計	$3n^3$
-1	0	1	$X(n,n+1)\,X(n+1,n)\,X(n,n-1)\,X(n-1,n)$		$n(n+1)$
		-1	$X(n,n+1)\,X(n+1,n)\,X(n,n+1)\,X(n+1,n)$		$(n+1)^2$
	-2	-1	$X(n,n+1)\,X(n+1,n+2)\,X(n+2,n+1)\,X(n+1,n)$		$(n+1)(n+2)$
		-3	$X(n,n+1)\,X(n+1,n+2)\,X(n+2,n+3)\,X(n+3,n)$		0
				計	$3(n+1)^2$
				総計	$6(n^2+n)+3$

ゆえに

$$V_1(n,\,n) = \frac{\lambda}{4}\left(\frac{\hbar}{2m\omega_0}\right)^2 (6n^2 + 6n + 3). \tag{50}$$

したがって

$$E_n = \mathcal{H}(n,\,n) = \hbar\omega_0\left(n + \frac{1}{2}\right) + \frac{\lambda}{4}\left(\frac{\hbar}{2m\omega_0}\right)^2 (6n^2 + 6n + 3). \tag{51}$$

この E_n から (16) によって振動子が状態 n から状態 $n-1$ に遷移するとき出す光の角振動数を計算してみよう．(51) から

$$E_{n-1} = \hbar\omega_0\left(n - \frac{1}{2}\right) + \frac{\lambda}{4}\left(\frac{\hbar}{2m\omega_0}\right)^2 \{6(n^2 - 2n + 1) + 6(n-1) + 3\}$$

$$= \hbar\omega_0 \left(n - \frac{1}{2}\right) + \frac{\lambda}{4} \left(\frac{\hbar}{2m\omega_0}\right)^2 (6n^2 - 6n + 3)$$

となるから

$$\Omega(n,\, n-1) = \frac{E(n) - E(n-1)}{\hbar} = \omega_0 + 3\lambda \frac{\hbar}{4m^2\omega_0^2}\, n. \tag{52}$$

(52) は前に得ていた (44) と一致している！　われながら見事であると思う.

3.5.2　$\tau-\pm1$ の成分

$$K(n,\, n\pm1) = -\frac{1}{2m} \sum_{\tau'} \{m\Omega(n,\, n-\tau')\, X(n,\, n-\tau')$$
$$\times m\Omega(n-\tau',\, n\mp1)\, X(n-\tau',\, n\mp1)\} \tag{53}$$

ただし，本来ならつけるべき時間因子 $e^{i\Omega(n,n\mp1)t}$ を省く. 以下，同様.

　右辺の第 1 の $X(n,\, n-\tau') \neq 0$ のためには $\tau' = \pm1$ でなければならないが，そのときには第 2 の $X(n-\tau',\, n\mp1) = 0$ となる. 同じ理由から $V_0(n,\, n\mp1)$ も知れて

$$K(n,\, n\mp1) = V_0(n,\, \mp1) = 0.$$

　次に

$$V_1(n,\, n\mp1) = \frac{\lambda}{4} \sum_{\tau',\tau'',\tau'''} X(n,\, n-\tau')\, X(n-\tau',\, n-\tau'')$$
$$\times X(n-\tau'',\, n-\tau''')\, X(n-\tau''',\, n\mp1)$$

は表 2 のように $X \neq 0$ となる $\tau',\, \cdots$ の値を順に定めてゆくと最後の $X(n-\tau''',\, n-\pm1) = 0$ が知れる. よって

$$V_1(n,\, n\mp1) = 0.$$

こうして

$$\mathcal{H}(n,\, n\mp1) = 0 \tag{54}$$

が結論される. 本来なら，この $\mathcal{H}$ には時間因子がついているべきであった. しかし，(54) となったので，(51) と合わせて

$$\mathcal{H}(n,\, n-\tau),\quad \tau = 0, \pm1 :\quad \text{時間によらない} \tag{55}$$

　一般に，すべての n と τ に対して $\mathcal{H}(n,\, n-\tau)$ が時間によらない場合，これは

系のエネルギーが保存されることを意味すると解釈される[8].

われわれの問題では，表3の$V_1(n, n \mp 1)$のコラムの各行，最後のXを$X(n - \tau''', n - \tau)$に替えてみれば$V_1(n, n \mp 2)$, $V_1(n, n \mp 3)$に0でないもののあることがわかる．これは$\mathcal{H}(n, n - \tau)$に時間に依存する成分があることを意味する．この系ではエネルギーは保存されるはずだが，$X(n, n - \tau)$に$\lambda = 0$の場合の解 (39) を代入した近似では，そこまで届かないのである．

表3　$V_1(n, n \mp 1)$の計算.

τ'	τ''	τ'''	$V_1(n, n \mp 1)$	値
1	0	1	$X(n, n-1)\, X(n-1, n)\, X(n, n-1)\, X(n-1, n \mp 1)$	0
		-1	$X(n, n-1)\, X(n-1, n)\, X(n, n+1)\, X(n+1, n \mp 1)$	0
	2	1	$X(n, n-1)\, X(n-1, n-2)\, X(n-2, n-1)\, X(n-1, n \mp 1)$	0
		3	$X(n, n-1)\, X(n-1, n-2)\, X(n-2, n-3)\, X(n-3, n \mp 1)$	0
			計	0
-1	0	1	$X(n, n+1)\, X(n+1, n)\, X(n, n-1)\, X(n-1, n \mp 1)$	0
		-1	$X(n, n+1)\, X(n+1, n)\, X(n, n+1)\, X(n+1, n \mp 1)$	0
	-2	-1	$X(n, n+1)\, X(n+1, n+2)\, X(n+2, n+1)\, X(n+1, n \mp 1)$	0
		-3	$X(n, n+1)\, X(n+1, n+2)\, X(n+2, n+3)\, X(n+3, n \mp 1)$	0
			計	0
			総計	0

3.6　疑問

1つ疑問がある．

それは，ハイゼンベルクがなぜ，遷移振幅が運動方程式をみたすと考えたか，だ．

われわれは，運動方程式を解いて遷移振動数$\Omega(n, n - \tau)$を決定し，量子条件を併用することによって遷移振幅を決定した．それを用いて系のエネルギーE_nを決定し，ボーアの振動数条件を用いて遷移振動数をきめてみたら，運動方程式からきめたものと一致した．これは運動方程式を用いたことに根拠があったことを意味するだろう．

しかし，なぜハイゼンベルクが遷移振幅に運動方程式を適用したのか，わからない．

もちろん，量子力学が完成した後には，量子力学的な粒子の座標と運動量の演算子が運動方程式をみたし，遷移成分は，座標演算子の行列要素になるのだから，

48

運動方程式をみたすのは当然である.

それは, そのとおりだが, ハイゼンベルクは $X(n, n-\tau)$ が行列要素だという意識もなく, 行列と演算子の関係も知らなかったのだ.

3.7 その後の発展

ボルンはハイゼンベルクの導入した計算規則が行列の算法であることを見抜いた. たとえば (27) の P, X の乗法

$$\sum_{\tau=-\infty}^{\infty} P(n, n+\tau)\, X(n+\tau, n)$$

は, $n+\tau=k$ と書いてみると, $P(n, k)$ を n, k 成分とする行列 P と $X(k, n)$ を k, n 成分とする行列 X の積 PX の n, n 成分に他ならない:

$$\sum_{m=-\infty}^{\infty} P(n, k)\, X(k, n) = (PX)(n, n). \tag{56}$$

(27) の右辺の第2項についても同様で, 第1項と第2項の合成は行列 PX と XP の引き算になっている. ボルンは (27) の左辺は単位行列 I の $-i\hbar$ 倍の n, n 成分であると推定した. すなわち, (27) は行列の関係式

$$-i\hbar I = PX - XP \tag{57}$$

の対角成分だと推定したのである. 彼は, さらに進んで (57) は非対角成分についても正しいと考えたが, それは弟子のヨルダンが次のように証明した.

ヨルダンは $H = P^2/(2m) + V(X)$ として運動方程式 $\dot{X} = \partial H/\partial P$, $\dot{P} = -\partial H/\partial X$ を仮定し $(d/dt)(PX - XP) = 0$ を導き, (30) とリッツの結合原理から

$$\Omega(n, m) \sum_{k=-\infty}^{\infty} \{P(n, k)\, X(k, m) - X(n, k)\, P(k, m)\} = 0 \tag{58}$$

を得た. $n \neq m$ で $\Omega(n, m) \neq 0$ とすれば証明が終わる.

(57) を原理として行列力学 [10] が始まった.

参考文献

[1]　W. Heisenberg : *Zeit. Phys.* **33** (1925), 879.

[2]　E. Schrödinger : *Ann. Phys.* **70** (1926), 361.

[3]　N. Bohr : *Phil. Mag.* **26** (1913), 1.

[4]　国立天文台編『理科年表』，丸善.

[5]　江沢 洋『量子力学 I』，裳華房 (2002).

[6]　江沢 洋『現代物理学』，朝倉書店 (1996), §9.4.4.

[7]　M. Born : *Zeit. Phys.* **26** (1924), 379.

[8]　朝永振一郎『量子力学 I』，みすず書房 (1952).

[9]　W. ハイゼンベルク『部分と全体』，山崎和夫訳，みすず書房 (1974), pp.19–23.

[10]　　M. Born und P. Jordan : *Zeit. Phys.* **34** (1925), 858.

4. ハイゼンベルクの訪日

　ハイゼンベルクはディラックと手を携えて 1929 年 9 月に初来日した．仁科芳雄の尽力と，そしてなによりも彼がコペンハーゲンのニールス・ボーア研究所で培った深い友情による．前年の 12 月に帰国していた仁科は，年を越えた 4 月にシカゴ滞在中のハイゼンベルクに手紙を送っている[1]：

　　昨年の 9 月，コペンハーゲンで日本訪問についてお話になりました．その後，旅行の日程がきまったら知らせるとのお手紙をいただきました．こちらでは長岡教授とも相談しました．御帰国の途中，日本に立ち寄って下されば大喜びです．

　　　日本の物理学はあまり強力でないので興味はないでしょうが，しかしこの国は独特ですので興味をもっていただけると存じます．

　長岡半太郎も準備を進めていた．財団法人・啓明会の理事からの手紙がある[2]．「過日お話の外国学者講演開催の件につき鶴見常務理事に協議候ところ賛成と申居られ候．但し経費はなるべく切つめて総額 2500 円を越えざる様にし度……．」

　この金額では不足である，と仁科が長岡に訴えている手紙や，それに対する返事[3]もある．

　ハイゼンベルクとディラックの講演に向けて藤岡由夫ら若手は勉強会を続けた．仁科は欠かさず出席し論文の難解な個所を懇切に説明した[4]．講演の初日，長岡半太郎は歓迎の演説をした[5]：

　　両博士が，これほどの若年で理論物理学の未踏の道に踏み出したことは讃嘆すべきです．日本の大部分の学生たちは試験のために詰め込み勉強をし講義ノートを手探りしています．しかし人生の花からいかに豊かな研究の実りが生まれるかを考えれば，学生たちも自身の研究に強い衝動を感じずにはいな

いでしょう.

このとき長岡は「ハイゼンベルク先生」と言ったと曽根 武は回想している. 長岡は日頃「他人に頭を下げるのは大嫌いだが, 偉い仕事をしたら, たとえ弟子であっても先生とよぶ」といっていたので, 曽根は「とうとう言ったな」[6] と思った.

ハイゼンベルクの講演は次の題で行なわれた:

9月2日　電気伝導の理論 (ブロッホの仕事)
　　3日　不確定性関係と量子論の物理的原理 (一般向けの講演)
　4–5日　量子論における遅延ポテンシャル
　6–7日　強磁性の理論

このうち「量子論における遅延ポテンシャル」というのは「波動場の量子論」と題するパウリとの共著論文のことで, 量子電磁力学の嚆矢となったものである. 論文の I が 1929 年 3 月 19 日の受理, II が 9 月 7 日 (!) の受理となっているから, できたての仕事である.「強磁性の理論」は 1928 年の論文で交換相互作用の存在を指摘した. 朝永振一郎が『スピンはめぐる』でちょっと触れている [7].

ディラックの講演もあげておこう:

9月2日　統計的量子力学の基礎
　　3日　重ね合わせの原理と 2 次元調和振動子 (一般向けの講演)
　4–5日　多電子系の量子力学
　6–7日　電子の相対論的理論

「統計的量子力学の基礎」というのは, 多体系ではなく一つの系の統計的な扱いにおいて量子力学と古典力学の間に対応関係が見られることを示した 1929 年の論文.「重ね合わせの原理と 2 次元調和振動子」は重ね合わせの原理が量子力学にとって基本的であり, 古典力学における同名の原理といかに違っているかを説明したもので, 1930 年に出版される――したがって, この講演のときにはまだ書いている途中の?――『量子力学』[8] の第 1 章をなす.「多電子系の量子力学」は, 多電子系の波動関数が電子の位置座標とスピンの置換に関して反対称であることによって位置座標の交換をスピン演算子で表わし, エネルギー準位の縮退 (多重項) を論ずるもので, 1929 年の論文でもあり『量子力学』初版の第 XI 章にもなっている. 第 4 版では第 IX 章である. さきにあげた朝永の『スピンはめぐる』の第 5 話 [7] にも深い関係がある.

「講演の通知が理化学研究所から日本中の大学に配られた」ので「京都から東京へわざわざでかけていったんです」と朝永はいい，「これらの講義内容は，すでに雑誌に出ていたのを読んでいましたので，それほど難解だとは思わず，だいたいわかったような気がしました」といっている[9]．加えて「この当時としては非常に画期的だと思ったのは，この講演を東京が独占しなかったこと．講演会に日本中の大学を招待したのは理化学研究所という機関が大学のような閉鎖的なやり方をしていなかったことを示す顕著な例です」といっている．「独占しなかった」のは講演だけではなかった．講演の記録が小谷正雄・犬井鉄郎の助力を得て仁科芳雄訳述『量子論諸問題』(1932) にまとめられ全国の大学の希望者に配られた．たとえば京都大学に 13 冊，大阪の塩見研究所に 4 冊が送られている[10]．大阪大学がないが，この大学に理学部ができたのは 1933 年 4 月である．

　話が前後したが，犬井鉄郎はハイゼンベルクについて「満面紅潮し，ハチキレるような元気に満ちて」いたと言っている．講演の第 1 日は非常に蒸し暑い日だった．長身痩躯のディラックは，貴賓用の椅子にすわることは拒み一般聴衆と一緒にハイゼンベルクの講演を聴いていたが，旅の疲れからか長い体がだんだん前に崩れていった．そのとき，ハイゼンベルクはシュレーディンガー方程式を定数変化の方法で解く方法を説明し「ディラック博士がこの方法を量子力学に……」と叱咤した！　その瞬間，ディラックはピクッと身を起こした[11]．

　こんなこともあった．ハイゼンベルクが「遅延ポテンシャル」の講演の中で補助条件 $\mathrm{div}\,\boldsymbol{A}=0$ に触れたとき，ディラックが演算子 $\mathrm{div}\,\boldsymbol{A}$ のスペクトルは離散的か連続的かと質問した．虚をつかれたハイゼンベルクは一瞬とまどったが，――さて，それからどうしたか，江沢は聞いたはずだが忘れてしまった．

　こんな話もある．9 月 4 日だったか，ツェッペリン飛行船が東京に姿を現わすはずだった．犬井たちは大学図書館の屋上で待っていた．

　　ツェッペリンの銀青の巨体が迫ってきた．ハイゼンベルクは屋上の一段高くなった突き出しのテッペンに身を乗り出して嬉々として興じていたが，ツェッペリンが近づいてくると一寸でも高いところをと見回して，ほんの 3, 4 寸ばかり高い石の上に延び上がって，中心をとりながら「ツェッペリン伯爵！」とか何とか叫んだ[11]．

　この後，ディラックはなお何度か日本に来ている．ハイゼンベルクは戦後まで来日こそしなかったがライプチヒに日本から留学生を何人も迎えた．

参考文献

[1] 中根良平・仁科雄一郎・仁科浩二郎・矢崎裕二・江沢 洋編『仁科芳雄往復書簡集 I』，みすず書房 (2006), p.128.

[2] 『仁科書簡集』，前掲 [1], p.133.

[3] 『仁科書簡集』，前掲 [1], p.157, 159, 160.

[4] 犬井鉄郎，「高校通信・東書 [物理]」，No.**191** (1981).

[5] 『仁科書簡集』，前掲 [1], p.163.

[6] 勝木渥『量子力学の曙光の中で』，星林社 (1991), p.93.

[7] 朝永振一郎『スピンはめぐる』，みすず書房 (2008)，第 5 話.

[8] ディラック『量子力学』，第 4 版，朝永振一郎ほか訳，岩波書店 (1968).

[9] 朝永振一郎『量子力学と私』，江沢 洋編，岩波文庫 (1997), pp.30–31.

[10] 『仁科書簡集』，前掲 [1], pp.243–244.

[11] 犬井鉄郎：「岩波講座・物理学，月報」(第 10 号), 1939 年 9 月.

5. シュレーディンガー
―― 問い続けた量子力学の意味

5.1 物理学は科学哲学

　量子力学ほど成功した科学はない．現代のエレクトロニクスを支える半導体技術は，量子力学の理論的基礎があって初めて成立した．特に，量子力学を，模糊とした新概念や謎めいた実験結果の中から，波動方程式という数式のかたちで取り出して，いわば，使えるかたちにしたシュレーディンガーの功績は大きい．

　そのシュレーディンガーは，自分の成功に酔うことはできなかった．自身が定式化した波動とは何を意味するかを終生考え続けねばならなかった．創造した本人こそ，最も深い疑念にとりつかれる．

　量子力学は，計算の図式としては大成功したが，彼は，自分の方程式の応用には，全くといってよいほど関心を示さなかった．自然の本質をつきとめることだけが，生涯のテーマだったのである．彼は，物理学とは，科学哲学であると言っている．現代の最も誠実な物理学者の一人だった．

　彼が自分の手で幕を切って落とした量子力学では，やがて，電子の振舞を言い表わすのに確率を使わざるを得ないことが，ボルンによって明らかにされた．本来，確率が物理現象に適用されたのは，気体の分子たちの運動の記述のためである．この場合は，気体にある分子の数があまりに多過ぎて，人間の能力では，分子1つ1つの運動までは扱えない．だから，気体を完全に記述するのをあきらめて，確率で考えようとしたのであった．

　シュレーディンガーは，量子力学もこれと同じではないかと考えた．この点は，アインシュタインも同じであった．彼は，量子力学による現象の記述は，不完全だということを論証する論文を書く．それは，確かに，重要なポイントをついており，1984年の今日もそれを実験してみようとする人がいるくらいである．しか

し，結果は，アインシュタインの物理学観からの期待に反して，量子論に合う．

　アインシュタインもシュレーディンガーも，量子力学の本当の意味は何かを，考え続けたのだが，特にこの点で両者に交流があったとは思われない．彼らは，量子力学の成立のあと，ベルリンに一緒にいたが，ナチズムの台頭で，アインシュタインはアメリカに，シュレーディンガーはアイルランドへと，生き別れになってしまう．

5.2　ボルツマン 対 マッハ

　シュレーディンガーは，芸術の都ウィーンに 1887 年 8 月 2 日に生まれた．父は工場経営者だったが，ウィーンの工科大学で化学を学び，終生，学問に興味を持ち続けた．母は，その工科大学の教授バウアーの娘である．

　両親は，一人息子のシュレーディンガーをほとんど小学校へはやらず，家庭で自ら教育した．いわゆる中学校にあたるギムナジウムは，名門校に入学する．数学と物理学を好んだが，ラテン語の細かい規則にのっとって文章を書く厳しい訓練も彼の性に合っていたようである．一方で，ウィーン国立劇場に通いつめたという話もあるから，芸術にも興味をもった繊細な若者だったのであろう．

　19 世紀末，当時のウィーンは，学問の都でもあった．物理学で言えば，そろそろ原子の世界が見え始めたところである．ウィーンは物理学の当時の世界的な中心地でもあった．まず，物質は原子から成っていると主張して気体の研究を精力的に進めていたボルツマンがいた．

　一方，マッハがいた．彼は，原子などというのは，計算の便宜のために人間がつくりだした虚構に過ぎない，それに頼り過ぎるのは危険だ，と批判した．マッハの批判にももっともなところがあった．ボルツマンは，原子の仮定に基づいて統計力学をつくったのだが，気体の温度を 1 度上げるのに，どれくらいの熱量が必要かを彼の理論で計算すると，実験値よりも大きくなってしまう．そこで，ボルツマンは原子や分子の性質についていろいろな仮定を追加する破目になり，これは無理なつじつま合わせとしか見えなかったのだ．

　ボルツマンの愛弟子ハーゼンエールは，シュレーディンガーの大学時代の先生だった．シュレーディンガーが，ボルツマンとマッハの論争に影響されても不思議ではない．彼は，どちらかというと，ボルツマンの原子論の立場に立っていたらしい．

56

実験の面でも，新しい世界が開けつつあった．1895 年には X 線が，1898 年にはラジウムが相次いで発見された．

5.3 量子力学の兆し

一方，1900〜01 年には，プランクが，熱輻射の実験を解析して，エネルギー量子を発見する．プランク自身は，古典力学の権化のような人で，量子の発見の重要性は認めながら，これを新しい物理学の幕開けとは考えなかった．

彼が考えに考えてゆきついた量子が，古典力学となかなかしっくりゆかないことはよく知っていたが，電子というものはまだよくわかっていないし，電子と光がどういうふうに相互作用するかもわからないので，その仕組みをこれからだんだん解き明かしてゆけば，古典力学で必ず理解できると思ったのである．これは決して，プランクが特に保守的だったわけではなく，当時の物理学の環境では，むしろ自然のことであったと思われる．

このエネルギーの量子性，すなわち不連続性を率直に認めたのは，生涯，量子力学に反対することになるアインシュタインであった

シュレーディンガーは，1906 年，19 歳でウィーン大学に入る．1910 年には，もう学位を取っている．彼は，原子論が生まれ育ち，量子の世界がほのかに見え始めたときに，多感な青年期を過ごしたのである．

1911 年に原子核が発見されたが，これは，物理学にとっては大変なことであった．原子の真ん中にプラスの電気を持った小さい芯がある．そのまわりに，マイナスの電気を持った電子がある．そうだとすれば，電子は，止まっていられない．止まっていたら，電気のプラスとマイナスで引き合って原子がつぶれてしまう．つぶれないためには電子は原子核のまわりを回っていなくてはならない．回るというのは，加速度運動するということで，古典物理学によれば，電気を持ったものが加速度運動すれば，必ず光を出す．

ということは，電子がエネルギーを出すわけだから，ちょうど，大気の摩擦を受けている人工衛星が地球に向かって落ちてしまうように，原子核に向かって落ちてしまう．その時間を古典物理学で計算してみると，10 のマイナス 11 乗秒で原子はあっという間につぶれてしまい，物質は存在し得ないことになる．これは原子核を信じる人にとって，大変な難問だった．

ここで，ボーアが登場する．ボーアは，彼の原子構造論で，電子には定まった軌

道があり，その軌道を走っている限りは光を放出しないと言う．電子は1つの軌道から他の軌道に跳び移るときだけ光を出すとしたのである．そう考えれば，原子から光がエネルギーのかたまり（量子）として出てくるのが理解できる．しかし，これは，原子の内部には古典物理学は適用できないとしたことになる．その一方で，ボーアは電子の軌道を古典力学で計算するのだから，この考え方はご都合主義にも見える．

プランクが定式化した熱輻射の公式は，だれも説明できない量子の仮定に基づいていた．1924年，ボースは，一般に光子が2つあるとき，それらは区別できないことがあり，入れ換えても同じことだとした．これを使うと，プランクの公式がうまく出てくる．しかし，どうして光子に自己同一性がないのかは，まだよくわからなかった．

1925年，ド・ブロイが，ボーアの原子構造論に対する解釈を提出する．定まった速さで動いている電子には，定まった波長の波が伴う．実際は，波といったわけではなく，何か振動するものといった表現だった．いずれにせよ，初めて，電子は粒子ではなく，波のようなものという考えが出されたのである．

ボースの論文も，ド・ブロイの論文もあまりに突飛なため，すぐには認められなかった．アインシュタインの援助がなかったら，雑誌にも発表できなかったところだ．ド・ブロイは，後にこの業績が認められ，1929年にノーベル賞を受ける．

当時，シュレーディンガーは，チューリヒ大学にいたが，先輩のデバイの助言で，このド・ブロイの考えを方程式にすることを試みる．彼が，後世，波動方程式として世に残した研究の始まりである．

5.4 波動方程式

以前から，シュレーディンガーは，ボース統計とド・ブロイの主張した電子の波動性が関係あるのではないかと考えていた．ド・ブロイによれば，粒子があるということはそこに振動がある．粒子が近接して2つあるなら，振動は2倍の強さになっている．2倍の強さの振動があるというのは，これは，1つのまとまりだ．粒子を取り換えても，状態が変わらないというのは波動であれば極めて自然にわかる．2倍の強さの振動，それだけのことである．

ボースの言ったことは，ド・ブロイの言ったことと関係があるのではないかと，シュレーディンガーは電子の波動性に自信を深める．さらに，これを方程式に書

けないかと考え始める.

石を投げるというような私たちの身の回りの世界では，古典力学が正しいことは立証されている．これが極微の原子の世界までゆくと，波のような振舞に移行するということを，うまく方程式に表現しなくてはならない.

そこで，類推の道具として使われたのが，光学である．光は波だが，波長が短い場合は，ちょうど粒子のように飛んでいってレンズのところで曲がるという通り道（光線）を考えることができる．つまり波でありながら，ある極限では粒子のように扱える.

19世紀も前半だから，シュレーディンガーより100年近く前のことになるが，アイルランドにハミルトンがいて，力学と光学の関係を数学的に研究していた[1]．シュレーディンガーはその成果を借りることができた．また，電子が動くとそれに応じて，電子の質量が大きくなったように見えるという，アインシュタインの相対論的な考えも入れて方程式を書く．1926年のことである．ところが，実験に合わない．がっかりする．悩む.

しばらくして，電子の質量が変わることを考えない，相対論から見れば近似的な方程式を書いてみた．すると，いろいろな実験によく合う．まず，水素原子のスペクトルがうまく出てくることがわかる．これは，ボーアの理論からも出てきたものだ．そのほかにシュタルク効果も説明できた．シュタルク効果というのは，強い電場の中に光源を置いたときに，光の波長が変わることをいう．これが，ボーアよりもシュレーディンガーの方程式の方がよく実験に合う．これで，シュレーディンガーの方程式は単に古典物理の世界での粒子的な振舞から，原子の世界での波動的な振舞への移行を理解するのに役立つだけでなく，実験にもよく合うということが明らかになった.

5.5 波動とは何か

シュレーディンガーは，1920年，32歳でアンネマリー・バーテルと結婚している．たて続けに論文を発表し，波動力学の基礎を一人でつくったのは，1926年．彼は，チューリヒ大学の数理物理学の教授だった.

彼は，量子力学の歴史に残る偉大な仕事をものすごいエネルギーで生み出したのだが，周囲の評価とは裏腹に，彼の悩みはここから始まる.

彼の波動方程式を使うと確かにいろいろ計算できる．しかし，そもそも，その

波動とは一体何を意味しているのだろうか．例えば，電波というのは，電場，磁場の振動であって，意味がはっきりしている．それに比べると，彼の方程式は単なる計算の機械であって，一体何の波を計算しているのかわからない．

ここで，ハイゼンベルクが登場する．すでに25年，行列力学と呼ばれる原子の理論を出している．彼の見方は，シュレーディンガーの悩みに対して，実に，割り切った考えに立っていた．

ハイゼンベルクは，古典力学を徹底的に否定するところから出発したのだ．原子の中をどのように電子が回っているかは観測できない．観測しようとして，光を当てたら電子は，はね跳ばされてしまうだろう．観測できないものに，目に見える世界の概念を押しつけても意味をなさない．電子の速度とか位置を一切持ち込まずに，原子はこういうときは，こういう波長の光を出すんだという計算規則をつくればよい．それで十分だと考えた．原子の中で，電子がどう飛んでいるかなどという絵を描いてはだめだと主張していた．

これに対して，シュレーディンガーは非常に不満だった．それは，物理学ではない．物理学というのは，やはり，物の存在の上に立ってその運動を足場にするのでなければならない．電子がわけはわからないけれど，あるとき突然，違うエネルギーのレベルに跳び移るなどということでは物理学は成り立たない．何か連続的な変化の過程として扱う方法があるはずだ，それを見い出さなければならない，と考えた．

そこで，ある振動数の波にだんだん別の振動数の波が混じってくるとすれば，電子の遷移過程がうまく表現できると考えた．波の振動数はエネルギーに比例しているのだから．ところが原子の中でこそ電子は見えないが，例えばウィルソンの霧箱では見える．そうすると，彼の方程式を使って，その電子の道筋を表わさなければならない．

波というのは，普通は広がっているけれど，任意に狭いところに集めることもできる．そうすると，ハミルトンの光学と同じで，1つの粒子が一定の道筋を描いて通ったように見える．つまり，物質とは波のかたまりであると言ってもよい．

この考えを，当時の物理学の大御所だったローレンツが批判する．一般に1つの時刻に固まっている波を考えるのはよいが，その波は空間にたちまち広がってしまう．いつまでも点のように見え続けることはない，と．シュレーディンガーは，波のかたまりがいつまでも崩れないでいる，という例をつくっていたが，これは非常に例外的な場合だったのだ．

これで，話は，ふりだしに戻ってしまう．シュレーディンガーの波とは，一体何か．

量子力学の歴史を決定づけるボルンが，ここで登場する．シュレーディンガーの波動というのは，何か1つの物質粒子に対応するようなものではない，と彼は言う．電子のような粒子がどこにいるかという確率を与えるものだと言うのだ．例えば原子核に向かって電子を打ち込んだというときに，電子の道筋がどれくらいの角度で曲がるかは，はっきり言えないが，確率としてなら計算できる．

実験するときには，これで十分なのである．何も1個の電子を相手にするわけではないのだから．

ところが，物理学の最も基礎的なところに確率を導入したため，現在この時刻に物質がどうなっているかが，確率でしか言えない．実際にどうなっているかは，見るまでわからないということになってしまう．

これは常識で考えれば，どうしてもおかしい．物理学の立場からいっても，そんなことで物理という学問が成り立ってゆくだろうかと不安になる．しかし，量子力学の成功は華々しく，ほとんどの物理学者は，実験に合うのだから，実際に役立つのだからよいと考えた．ところが，シュレーディンガーは違った．そんなばかな物理があるはずはないと，終生こだわり続けたのである．

ボルンの考え方は確かにうまくできていたが，シュレーディンガーは，そしてアインシュタインも，もう1つ基礎理論が量子力学の背後にあるのではないかと考えたわけである．ちょうど，確率的な記述ですませる統計力学の背後に決定論的な力学があるように．

シュレーディンガーは1935年に「量子力学の現状」という論文を書いて1つの残酷な例をあげた．

猫を一匹，次のような地獄行きの装置と一緒に鋼鉄の箱の中に閉じ込める．装置というのは，放射性物質を入れた瓶とガイガー計数管で，計数管が鳴ると直ちにハンマーが青酸カリの入った瓶をたたき割るようにしたものである．計数管に入れる放射性物質は1時間のうちに1個の原子が崩壊するかしないかという程度に微量であるとする．

もし1時間のうちに崩壊がおこれば，ハンマーが青酸カリの瓶を割り，猫は死ぬ．おこらなければ死なない．しかし，猫が死んだか死なないかは鋼鉄の箱の窓を開いてみるまではわからない．猫は「生きている」状態と「死んでいる状態」の重ね合わせの状態にいるわけであり，窓をあけた途端にその状態は「生きている」

か「死んでいる」かのいずれかに**量子飛躍**をすると量子力学はいう.

　この例が提出されるまでは，原子的現象に限定されていると思われていた不確定性が，このシュレーディンガーの猫の例によって巨視的な意味での不確定性に変えられ，そしてわれわれに突きつけられたのである.

　彼は，1952年には「量子飛躍はあるか」を書いて，再び反対を唱えた[2].

　その一方で，彼は「生命とは何か」と問い，DNAが秩序を複製し高度な安定性を保っていることが生命を維持することだと答え，それができるのは負のエントロピーを食べているからであり，また量子力学が保証する分子の安定性によるものだとした. これにも賛否があるようだ[3],[4].

　結局，この根本的な問題に対してシュレーディンガーは，解答を出せずに終わってしまう. 同じ問題を解こうとしたアインシュタインも，量子力学を批判しながら，最終的な理論は提出できなかった.

　彼らは道を選び間違えたのだろうか？　量子力学が唯一の正しい理論なのだろうか？

　確かに，量子力学はその応用という意味では，かつてなかった成功をおさめた. だが，そのことがイコール物質の本質を極めたという保証にはならない. 場の量子論の"発散"の困難に見るとおり，今日の物理学は，根本に難問をかかえているのである.

　いわばエレクトロニクスの祖ともいえるシュレーディンガーは，最後まで自分がつくった方程式の意味を問い続けた. 後の分子生物学を予言した晩年の『生命とは何か』も，その問いの延長線上に位置づけることができる.

　彼は1961年に故郷のウィーンで，74歳の生涯を閉じる.

参考文献

[1]　山本義隆『幾何光学の正準理論』，数学書房 (2014).

[2]　J. S. ベル：量子ジャンプはあるか，C. W. キルミスター編『シュレーディンガー，人とその業績』，小川 硯・今野宏之訳，共立出版 (1989).

[3]　E. シュレーディンガー『生命とは何か，物理的に見た生細胞』，岡 小天・鎮目恭夫訳，岩波新書，岩波書店 (1951).

[4]　L. ポーリング：シュレーディンガーの化学と生物学への寄与，C. W. キルミスター編，前掲 [2].

6. 波動方程式の創造

6.1 幾何力学から波動力学へ

この表題は，奇妙に見えるかもしれないが，粒子の古典力学から波動力学への革命を

$$古典力学：波動力学＝幾何光学：波動光学 \tag{1}$$

という比例式になぞらえることを言い表わしたつもりである．

6.1.1 ハミルトン－ヤコビ形式の力学

古典力学にハミルトン－ヤコビの形式[1]といわれるものがある．それは，粒子のエネルギー E と一連の初期条件に応ずる軌道群を考える．

たとえば，荷電 q，質量 m の粒子が座標原点に静止した電荷 Q の粒子に散乱される場合（ラザフォード散乱）なら，初期条件を $t = -\infty$ に粒子たちが

$$\left.\begin{array}{l} 無限遠 \ z = -\infty \ から，\\ さまざまの衝突径数 \ b = \sqrt{x^2 + y^2} \ で \end{array}\right\} \ 入射する \tag{2}$$

ものとして，それらの軌道群を描くと図1のようになる[2]．

この場合，粒子の位置座標 (x, y, z) を与えると，その位置での粒子の運動量が2つ定まる．粒子が入射してきて Q に跳ね返される前の運動量 $p_-(x, y, z)$ と，跳ね返された後の運動量 $p_+(x, y, z)$ とである．跳ね返される前と後というのは，軌道が図1の放物線（軌道群の包絡線）に触れる前と後を意味する．

その2つの運動量に応じて，2つの関数 $W_\pm(x, y, z)$ が存在して

$$p_\mp(x, y, z) = \operatorname{grad} W_\mp(x, y, z) \tag{3}$$

6. 波動方程式の創造

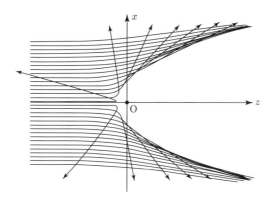

図1 ラザフォード散乱における粒子の軌道群($y=0$の面上にあるもののみを示す).粒子たちはエネルギーEをもって$z \to \infty$からz軸にそって原点に向かうとし,さまざまの衝突径数bに対する軌道の一群を描いた[2].

と書ける[3].この式は,粒子の位置(x, y, z)における運動量ベクトル$p_{\mp}(x, y, z)$が,その点をとおる$W_{\mp}$の等高線(正確には等高面)に直交していることを言っている.図2(a)には$W_{-}(x, y, z)$の$y=0$の面上における等高線を,図2(b)には$W_{+}(x, y, z)$の$y=0$の面上における等高線を示した.図1と見比べて,粒子の運動量$p_{\mp}$が,したがって粒子の軌道が$W_{\mp}$の等高線に直交している様子を頭に想い描いて欲しい.

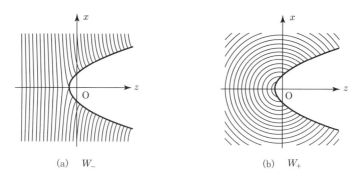

図2 ハミルトンの主関数Wの2つの価

(a) W_{-},(b) W_{+}の等高線(等高面と$y=0$の面との交線).これらと,対応する粒子の軌道は空間の各点で直交している[2].

$W_{\mp}(x, y, z)$は,$W(x, y, z)$という2価関数があって,それが各点(x, y, z)でとる2つの値であると見ることもできる.これからは,この見方をとることにし

よう．この関数 $W(x, y, z)$ はハミルトンの主関数とよばれる．

各点 (x, y, z) における運動量が (3) で与えられ，原点にある電荷 Q のつくるクーロン場における位置エネルギーは

$$V(x, y, z) = \frac{1}{4\pi\epsilon_0}\frac{qQ}{r} \quad (r = \sqrt{x^2 + y^2 + z^2}) \tag{4}$$

であるから，粒子 m のエネルギーは

$$E = \frac{1}{2m}\left\{\left(\frac{\partial W}{\partial x}\right)^2 + \left(\frac{\partial W}{\partial y}\right)^2 + \left(\frac{\partial W}{\partial z}\right)^2\right\} + V(x, y, z) \tag{5}$$

で，一定である．逆に，この方程式をみたし，かつ境界条件

$$W(x, y, z) \sim \sqrt{2mE}\,z \quad (z \to -\infty,\ x, y\ \text{は任意}) \tag{6}$$

をみたす W は，その等高線に直交する曲線群として初期条件 (2) にしたがうラザフォード散乱の軌道群を与えるのである．つまり，ラザフォード散乱という力学の問題を解くのに，方程式 (5) を境界条件 (6) の下に解いて，運動量を (3) からきめることにしてもよい．軌道上の各点での運動量がわかれば，速度もわかるから，軌道上の各点に粒子が到着する時刻を求めることもできて，粒子の運動は完全に定まるのである．これが力学のハミルトン–ヤコビ形式である．

6.1.2　幾何光学

幾何光学の基本方程式を (5) の形

$$\left(\frac{\partial W}{\partial x}\right)^2 + \left(\frac{\partial W}{\partial y}\right)^2 + \left(\frac{\partial W}{\partial z}\right)^2 = C^2 n(x, y, z)^2 \tag{7}$$

に書いたのは，ほかならぬハミルトンだ．ここで (5) の

$$\sqrt{2m\{E - V(x, y, z)\}} \quad \text{を} \quad Cn(x, y, z) \tag{8}$$

で置き換えた．n は光に対する屈折率であり，その空間で W の等高線は光の波面を表わす．C は何かある正の定数である．

簡単のために，屈折率は x, z によらず，$y = 0$ を境に $y < 0$ で n_1 であり，$y > 0$ で n_2 である場合を考えてみよう（図3）．

光は $y < 0$ の遠方からベクトル $\boldsymbol{k}_1 = (k_{1x}, k_{1y}, 0)$ の方向に入射するとすれば，W は入射光の波面 $W = \text{const.}$ が $\boldsymbol{k}_1$ に垂直という境界条件

$$W(x, y, z) \sim C(k_{1x}x + k_{1y}y) \qquad \left(\sqrt{k_{1x}^2 + k_{1y}^2} = n_1,\ y \to -\infty\right)$$

6. 波動方程式の創造   65

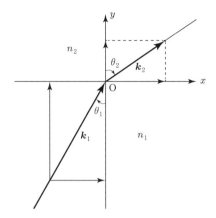

図3 屈折の法則を導く．

をみたすべきである．したがって，(7) から，W は z によらず，$y < 0$ においては

$$W(x, y) = C(k_{1x}x + k_{1y}y) \quad \left(\sqrt{k_{1x}^2 + k_{1y}^2} = n_1\right) \tag{9}$$

でなければならない．W には付加定数があってもよいが，特に意味はないからなしとしよう．領域 $y > 0$ では，(7) から

$$W(x, y) = C(k_{2x}x + k_{2y}y) \quad \left(\sqrt{k_{2x}^2 + k_{2y}^2} = n_2\right) \tag{10}$$

であるが，この W が境界面 $y = 0$ で $y < 0$ の (9) とつながるためには $\lim_{y \to 0_+} W(x, y)$
$= \lim_{y \to 0_-} W(x, y)$ がすべての $-\infty < x < \infty$ で成り立たなければならない．よって

$$k_{1x} = k_{2x}. \tag{11}$$

図3によれば入射角 θ_1 と屈折角 θ_2 に対して $\sin\theta_l = k_{lx}/\sqrt{k_{lx}^2 + k_{ly}^2}$ $(l = 1, 2)$
が成り立つ．ここで (9), (10), (11) を思いだせば

$$\frac{\sin\theta_2}{\sin\theta_1} = \frac{n_1}{n_2} \tag{12}$$

が得られる．これは屈折の法則にほかならない．

ここで，力学の (5) を光学の (7) に転釈するのに使った対応関係 (8) によれば，力学における最小作用の原理が，幾何学光学におけるフェルマの原理[4]に言い換えられることにも注意しておこう[1]．

66

6.1.3 波動光学

幾何光学は，一般に誘電率や透磁率の，したがってまた屈折率の空間変化が緩やかな場合にかぎって成り立つのである．それ以外の場合は波動光学の出番だ．

波動の波面というのは位相が一定の面であるから，波動を表わす関数 $u(x, y, z)$ は，波面を表わす関数 $W(x, y, z)$ と

$$u(x, y, z) = \exp\left[i\kappa W(x, y, z)\right] \tag{13}$$

の関係にあるだろう．κ は何かある定数である．波動の方程式は，一般に u の 2 階微分を含む．

$$\frac{\partial^2}{\partial x^2}u = \frac{\partial^2}{\partial x^2}e^{i\kappa W} = \left\{i\kappa\frac{\partial^2 W}{\partial x^2} - \left(\kappa\frac{\partial W}{\partial x}\right)^2\right\}e^{i\kappa W}$$

であるから，最初に言ったように W の変化が緩やかな場合には 2 階微分の項を省略して

$$\frac{\partial^2}{\partial x^2}u \sim \left\{-\left(\kappa\frac{\partial W}{\partial x}\right)^2\right\}u \tag{14}$$

のように読み替えてよい．これを逆にいえば，W の変化が緩やかな場合の (14) の右辺は，急激に変化する媒質のなかでは左辺で置き換えることが考えられる．

6.1.4 波動力学の基礎方程式

古典力学が原子の世界で破綻したことは，原子の内部のような急激に変化する環境における破綻と想像される．古典力学が幾何光学と密接な関係にあったことを思い合わせると，比例式 (1) にしたがって古典力学を波動力学に作り直すことが考えられる．古典力学のハミルトン–ヤコビの方程式 (5) を (14) にしたがって波動を表わす関数 $u(x, y, z)$ の式に読み替えれば

$$-\frac{1}{2m\kappa^2}\left(\frac{\partial^2 u}{\partial x^2} + \frac{\partial^2 u}{\partial y^2} + \frac{\partial^2 u}{\partial z^2}\right) + Vu = Eu \tag{15}$$

となる．ここで，ド・ブロイが運動量 p の自由粒子 ($V = 0$) に波長 $\lambda = h/p$ の波動を対応させたことを思い出そう．h はプランクの定数である．波長 λ の波動は $u = \exp\left[2\pi i x/\lambda\right]$ であるから，

$$u = \exp\left[2\pi i \frac{x}{\lambda}\right] = \exp\left[\frac{ipx}{\hbar}\right] \qquad \left(\hbar = \frac{h}{2\pi}\right) \tag{16}$$

を (15) に代入すれば $p^2/(2m\kappa^2\hbar^2) = E$ となる. これが正しい式 $p^2/(2m) = E$ となるためには $\kappa^2 = 1/\hbar^2$ でなければならない. したがって (15) は

$$\left\{ -\frac{\hbar^2}{2m} \left(\frac{\partial^2}{\partial x^2} + \frac{\partial^2}{\partial y^2} + \frac{\partial^2}{\partial z^2} \right) + V(x, y, z) \right\} u = Eu \tag{17}$$

となる. これがシュレーディンガーの到達した方程式である. これが原子世界を律する正しい方程式かどうか? 原子世界の諸問題に適用して実験に合うかどうかを見なければならない.

6.2 水素原子のスペクトル

シュレーディンガーは方程式 (17) を水素原子の電子に適用し, ボーアが彼の原子模型から導いた電子のエネルギー準位の式

$$E_n = -\left(\frac{1}{4\pi\epsilon_0} \right)^2 \frac{\mu e^4}{2\hbar^2} \frac{1}{n^2} \qquad (n = 1, 2, \cdots) \tag{18}$$

が出るかどうか, 見ることにした (波動力学の第 1 論文, 1926 年 1 月 27 日受理)[5]. ここに μ は電子の質量, $-e$ が電子の電荷である.

水素原子の電子は, 核のクーロン・ポテンシャルの中を運動するので, 電子の位置を核を原点とする極座標 (r, θ, φ) で表わせば, シュレーディンガーの方程式 (17) は, 球関数 $Y_l^m(\theta, \varphi)$ を用いて

$$u = u(r, \theta, \phi) = R(r)Y_l^m(\theta, \varphi),$$
$$(l = 0, 1, 2, \cdots, m = -l, -l+1, \cdots, l) \tag{19}$$

と書くとき

$$\left\{ -\frac{\hbar^2}{2\mu} \left(\frac{\partial^2}{\partial r^2} + \frac{2}{r} \frac{\partial}{\partial r} - \frac{l(l+1)}{r^2} \right) - \frac{1}{4\pi\epsilon_0} \frac{e^2}{r} \right\} R(r) = ER(r) \tag{20}$$

となる. 電子は原子核に束縛されて遠くには行けないので, 境界条件

$$R(r) \to 0 \quad (r \to \infty) \tag{21}$$

を要求すべきであろう. この方程式がシュレーディンガーには解けなかった. 彼はワイルに助けを求めた. ワイルは, 次のようにラプラス変換を用いて解き, 参考書[6] を教えた. クーラン–ヒルベルトの教科書[7] は 1924 年に出ていたが, シュレーディンガーの論文に登場するのは後の第 2 論文 (1926 年 2 月 23 日受理)[5] に

なってからである[1].

まず，$R(r)$ が $r \sim 0$ でどう振舞うかを見るため $R(r) \sim r^{\alpha}$ を方程式 (20) に入れると

$$-\frac{\hbar^2}{2\mu}\left\{\alpha(\alpha+1) - l(l+1)\right\} r^{\alpha-2} + O(r^{\alpha-1}) = 0$$

となるので $\alpha = l$，あるいは $-l-1$．シュレーディンガーは（あるいはワイルは）α は正でなければならないといって第 2 の解を捨て $\alpha = l$ をとる．そこで

$$R(r) = r^l \chi(r) \tag{22}$$

とおいて，(20) を χ に対する方程式に直すと

$$\left\{\frac{d^2\chi}{dr^2} + (l+1)\frac{2}{r}\frac{d\chi}{dr} + \frac{2\mu E}{\hbar^2} + \frac{2\mu e^2}{4\pi\epsilon_0 \hbar^2}\frac{1}{r}\right\}\chi(r) = 0 \tag{23}$$

となって，因子 $1/r^2$ をもつ項がなくなる．これはラプラス変換に好都合だ．変換のために r をかけて

$$r\frac{d^2\chi}{dr^2} + \alpha\frac{d\chi}{dr} + (\beta r + \gamma)\chi = 0$$

としよう．ここに

$$\alpha = 2(l+1), \quad \beta = \frac{2\mu E}{\hbar^2}, \quad \gamma = \frac{2\mu e^2}{4\pi\epsilon_0 \hbar^2} \tag{24}$$

とおいた．この方程式をラプラス変換すると

$$\widetilde{\chi}(k) = \int_0^\infty \chi(r)e^{-kr}dr \tag{25}$$

とおいて

$$-(k^2 + \beta)\frac{d\widetilde{\chi}(k)}{dk} + \{(\alpha-2)k + \gamma\}\widetilde{\chi}(k) = (\alpha-1)\chi(0) \tag{26}$$

を得る[8]．これが 1 階の微分方程式になったのは (23) に $1/r^2$ の項がなくなったおかげである．この方程式を解くには，まず右辺 = 0 とおいた

$$\frac{d\widetilde{\chi}(k)}{\widetilde{\chi}(k)} = \frac{(\alpha-2)k + \gamma}{k^2 + \beta}\,dk$$

$$= \left(-\frac{2k}{k^2 + \beta} + \frac{a_1}{k - c_1} + \frac{a_2}{k - c_2}\right)dk \tag{27}$$

---

1)　上に説明した (17) の導き方も，シュレーディンガーの第 2 論文のものに近い．

を積分して

$$\widetilde{\chi}(k) = A(k - c_1)^{a_1 - 1}(k - c_2)^{a_2 - 1} \tag{28}$$

とし（A は任意定数），これに (26) の特殊解を加えればよい．ここに，c_1, c_2 は，(27) に見る部分分数分解のための $k^2 + \beta = 0$ の 2 根

$$c_1 = \sqrt{-\beta}, \quad c_2 = -\sqrt{-\beta} \tag{29}$$

であり，a_1, a_2 も部分分数分解からきまるもので

$$a_1 = \frac{\alpha c_1 + \gamma}{c_1 - c_2}, \qquad a_2 = \frac{\alpha c_2 + \gamma}{c_2 - c_1} \tag{30}$$

である．いまは，原子核に束縛された電子を考えるので $E < 0$，したがって $\beta < 0$ である．

シュレーディンガーは，この特殊解を無視しているので，われわれもそれに従い，(28) の逆ラプラス変換

$$\chi(r) = \int_L \widetilde{\chi}(k) e^{kr} dk \tag{31}$$

を考えよう．積分路 L は，ラプラス逆変換の常として [8]，複素 k 平面で被積分関数の特異点 c_1, c_2 を左に見るように，かつ両端で被積分関数が 0 となるようにとる．

この積分を実行するのに，(29), (30) を (24) によって具体的に

$$c_1 = \sqrt{-\frac{2\mu E}{\hbar^2}}, \quad c_2 = -\sqrt{-\frac{2\mu E}{\hbar^2}},$$

$$a_1 = \frac{\mu e^2}{4\pi\epsilon_0 \hbar \sqrt{-2\mu E}} + l + 1,$$

$$a_2 = -\frac{\mu e^2}{4\pi\epsilon_0 \hbar \sqrt{-2\mu E}} + l + 1$$

と書いておこう．そして，シュレーディンガー–ワイルに従い，まずは

$$\frac{\mu e^2}{4\pi\epsilon_0 \hbar \sqrt{-2\mu E}} \neq 整数 \tag{32}$$

と仮定してみよう．

(31) の積分路をぐっと曲げて実 k 軸の負の部分を上下からはさむようにとると（図 4），仮定 (32) のため積分には $z = c_1$ から，$z = c_1 + \varepsilon e^{i\phi}$ とおいて

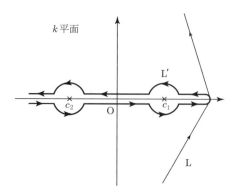

図4 積分路 L の変形. $a_1 + a_2 = $ 整数 なので，上下の積分路は $\text{Im}\, k \to -\infty$ でつながる.

$$\chi_1(r) = e^{c_1 r}(c_1 - c_2)^{a_2-1}\int_0^{2\pi}\varepsilon^{a_1}e^{ia_1\phi}d\phi$$

$$= e^{c_1 r}\varepsilon^{a_1}(c_1 - c_2)^{a_2-1}\frac{1}{ia_1}\left(e^{2\pi i a_1} - 1\right) \tag{33}$$

の寄与がある．同様に，$z = c_2$ からは

$$\chi_2(r) = e^{c_2 r}\varepsilon^{a_2}(c_2 - c_1)^{a_1-1}\frac{1}{ia_2}\left(e^{2\pi i a_2} - 1\right) \tag{34}$$

の寄与がある（シュレーディンガーは ε^{a_l} の代わりに $r^{-a_l}(-1)^{a_l}\Gamma(a_l)$ $(l = 1, 2)$ を書いているがなぜかわからない）．

$\chi_1(r)$ は $r \to \infty$ で無限大に発散する！ これは要請 (21) に反するので (32) の "$\neq$ 整数" を "$=$ 整数" に変えなければならない．逆に，これが整数なら上の発散の困難はおこらない．この整数を n と書いて

$$\frac{\mu e^2}{4\pi\epsilon_0 \hbar\sqrt{-2\mu E}} = n \quad (n = 1, 2, \cdots)$$

とおけば，見事に水素原子のエネルギー準位の式 (18) が出る！ このとき (31) の $\chi(r)$ が水素原子の波動関数 $R(r)$ を与える

$$\chi(r) = e^{-\rho/2}L_{n+l}^{2l+1}(\rho) \quad (L_\nu^\sigma \text{ はラゲールの陪多項式}) \tag{35}$$

となることは文献 [9] にある L_ν の積分表示からわかる．

なお，方程式 (20) を今日の教科書は級数展開の方法で解くが，この方法を始めたのはゾンマーフェルトである[10]．

シュレーディンガーは続く第 3 論文（1926 年 3 月 10 日受理）[5] で水素原子に電

6. 波動方程式の創造　71

場をかけたときのスペクトルの変化が彼の方程式から —— ボーアの対応原理による計算とはちがって —— 正しく得られることを示した. 磁場の影響については, 第4論文 (1926年7月21日受理) [5] でベクトル・ポテンシャルを含むハミルトン－ヤコビの方程式の運動量を $-i\hbar\,\mathrm{grad}$ でおきかえて (今の目で見て) 正しい方程式を得, 正常ゼーマン効果までは出せると思うと述べたが, 計算には踏み込まなかった. この方程式では波動関数が複素数になり, その点でためらいがあったのだ. $-e|u|^2$ が電荷密度をあたえるとはしていたが, 波動関数の物理的な意味はまだ謎だった. シュレーディンガーが波動に対して抱いていた物理的描像については, 文献 [11] を参照.

6.3 積分 (31) について

前節では, 積分 (31) のシュレーディンガーの扱いに疑問があることを (34) の下に注意した. この積分をまともに計算したらどうなるかを考えておこう.

被積分関数 $\widetilde{\chi}(k)e^{kr}$ は (28) に見るとおり一般に多価関数であるから, 複素 k 平面に c_1 から c_2 にいたる切断線をいれよう. $a_1 + a_2 =$ 整数であるから図4の積分路はこの切断線を一周するようにとることができる. その結果, (31) は

$$\chi(r) = \alpha \int_{c_2}^{c_1} \widetilde{\chi}(k)e^{kr}dk$$

となる. α はある定数である. $c_2 = -c_1$ であるから, これを

$$\chi_c(\rho) = \int_{-1}^{1} \widetilde{\chi}_c(t)e^{\rho t/2}dt \tag{36}$$

と書くことにしよう. ここに $k = c_1 t$, $r = \rho/(2c_1)$ とし

$$\widetilde{\chi}_c(t) = (1+t)^{\mu-\kappa-1/2}(1-t)^{\mu+\kappa-1/2} \tag{37}$$

とした. α' を新しい定数として $\chi(r) = \alpha'\chi_c(\rho)$, かつ

$$\mu + \kappa - \frac{1}{2} = a_1 - 1, \quad \mu - \kappa - \frac{1}{2} = a_2 - 1 \tag{38}$$

とおいたのである. 記号を複雑にしたようだが, (36) は

$$\frac{\Gamma(2\mu+1)}{\Gamma(\mu+\kappa+1/2)\,\Gamma(\mu-\kappa+1/2)}\frac{z^{\kappa+1/2}}{2^{2\mu}} \tag{39}$$

をかけるとホイッテーカー関数 $M_{\kappa,\mu}(\rho)$ の積分表示になる [12].

この関数の $\rho \to \infty$ における振舞は積分 (36) を鞍点法[13]で評価すれば得られ

$$M_{\kappa,\mu}(\rho) \sim \Gamma(2\mu+1) \left[\frac{e^{\pi i(\mu-\kappa+1/2)}e^{-\rho/2}\rho^{\kappa}}{\Gamma(\mu+\kappa+1/2)} + \frac{e^{\rho/2}z^{-\kappa}}{\Gamma(\mu-\kappa+1/2)} \right] \quad (40)$$

となる[12]. これが水素原子の電子の波動関数であるためには $\rho \to \infty$ で発散する $[\cdots]$ 内の第 2 項が消えねばならず, そのため

$$\mu - \kappa + \frac{1}{2} = (負の整数) \quad (41)$$

でなければならない. これが水素原子のエネルギー準位をあたえる. シュレーディンガーの論理とは違うけれども, エネルギー準位は一致する.

文献

[1] 山本義隆『幾何光学の正準理論』, 数学書房 (2014).
江沢 洋『解析力学』, 初版第 2 刷, 培風館 (2008). 第 7 章.

[2] 文献 [1], 第 7 章, 例 7.4.

[3] 文献 [1], 第 7 章, (7.6) 式, ただし (7.11) を参照. あるいは (7.135) 式.
例 7.4 では $W_{\mp}$ を $W_{\mp+}$ と書いている.

[4] その証明は文献 [1] の §7.6.3.

[5] 湯川秀樹監修『シュレーディンガー選集 1 ── 波動力学論文集』, 田中 正・南政次共訳, 共立出版 (1974).

[6] L. Schlesinger : *Differentialgleichungen*, Göschen (1900).

[7] R. Courant, D. Hilbert : *Methoden der mathematischen Physik, I*, Springer (1924).

[8] 江沢 洋『フーリエ解析』, 朝倉書店 (2009), §6.4.2 にあるベッセルの方程式の解法が参考になる.

[9] 犬井鉄郎『球函数・円筒函数・超幾何函数』, 河出書房 (1948), p.363.

[10] A. Sommerfeld : *Atombau und Spektrallinien, Wellenmechnischer Ergänzungsband*, Vieweg & Sohn (1928), §7A.

[11] K. プルチブラム『波動力学形成史 ── シュレーディンガーの書簡と小伝』, 江沢洋訳・解説, みすず書房 (1982) を参照.

[12] 森口繁一ほか『数学公式 III』, 岩波書店 (1960), p.73.

[13] 江沢 洋『漸近解析』, 岩波講座・応用数学, 岩波書店 (1999).

7. 量子力学形成の現場で学ぶ

　仁科芳雄の理論研究は，学習も含めれば (A) ヨーロッパ留学前，(B) 留学中，(C) 帰国後に大別される（日本物理学会誌 1990 年 10 月号の「仁科芳雄生誕百周年」記念特集号の年表を参照）．(B) については仁科のノートと書簡[1] が理化学研究所に大量に残っており，特に 1925 年 5 月以降のものは量子力学の——特にその解釈の——生みの苦しみの現場記録として貴重である．その多くが日付つきだから，ここまでは主にそれをたどり簡単な解説を加える．日付のないものは推定の位置に入れ×月×日としておく．(C) は紙数不足のため割愛．

　なお，[…] は理研における分類番号で，"文" はそこでいう "文献学習" の，"B" は B–2–7 の略である（上記の特集号の矢崎裕二，竹内 一の項を参照）．ノートは {カタカナ，漢字，独語，英語} で書かれている．独語，英語は頻出するので敢えて訳すことにしたがカタカナ書きには従い，いっそ仁科の書いたものは，ひらがな混じりの場合も英文から訳す場合も同様にする．解説はひらがな混じりで書いて区別し，必要なら [ ] で括る．文献の場合 rec は received の publ は published の略．今日の眼には誤りの記載でも，見てわかる場合は注記しない．引用はすべて部分的・断片的であり，残っているノートのすべてに及ぶものでもない．資料のコピーにつき矢崎裕二氏の御援助に感謝する．

1918–1922 年

　1918 年に東京帝大工科大学を終え理研に入った仁科は，帝大ノ理科大学ニ行キ長岡先生ノ研究室デ実験ヲシナガラ理科ノ講義ヲ聴イタ．物理ノ方デハ寺田寅彦，佐野静雄，田丸卓郎，長岡半太郎ノ諸先生ノ講義ニ深イ感銘ヲ受ケタ．数学デハ……ソシテ物理ニ一生ヲ委ネルコトニナッタ[2]．

　1921 年に理研から留学を命ぜられケンブリッヂ大学の E. Rutherford の下でコ

ンプトン効果の研究に従事した後,

1922 年 11 月　ゲッチンゲン大学ニ移ッテ M. Born ヤ D. Hilbert ノ講義ヲ聴ク. 極度ノ "インフレ" デ住ミ難イ[2].

［当時,　ゲッチンゲンの理論物理は,質点力学から統計力学,原子構造と量子論まで六つの科目からなる 3 年間のコース.各科目とも週 4 回の講義にチュートリアルがつく.その上に Born は毎週 2 時間,現代物理学と題して特別講義をした[3].彼が有名な "原子力学" の講義をしたのは 1923–24 年だから仁科の留学の後になる.

Hilbert は 1922 年 1 月に 60 歳,ゲッチンゲンの数学教室には R. Courant, H. Wey1,B. L. van der Waerden,E. Noethor 等がおり,世代交替が始まっていた[4].］

1923 年

3 月 25 日　［ゲッチンゲンから N. Bohr に］Cambridge デ申シ上ゲマシタトオリ,Copenhagen デ先生ノ御指導ヲ受ケタイト強ク望ンデオリマス.東京ノ私ノ研究所ハ,Europe 滞在ヲアト 2 期マデシカ許シテクレマセンノデ,イマ新シイ仕事ヲ始メルノハ賢明デナイカモシレマセン.私ノ最大ノ願イハ spectra ト原子構造ニ関スル先生ノ理論ヲ詳シク勉強スルコトデス.シカシ,ドナタカ実験アルイハ計算ノ手伝イヲ求メテオラレル方ガアリマシタラ,喜ンデサセテイタダキマス.

4 月 4 日　［ベルリンから Bohr に］御親切ナオ手紙,昨日,転送サレテマイリマシタ.先生ノ所デ勉強サセテイタダケルトノコト,タイヘン嬉シク心カラ御礼申シ上ゲマス.

4 月 10 日　コペンハーゲンに着く.

量子論ノ問題ヲ勉強シ X 線 spectra ト原子構造ノ関係ニツイテノ実験ヲ行ナッタ.ソノ頃ハ Bohr ノ半古典的量子論ガチョウド行キ詰マリヲ来シ,ソレニ対シテイロイロト打開策ガ講ジラレテイタ[2].

10 月 30 日　［D. Coster に］来年 2 月マデイルカ,ワカラヌ.

1924 年

9 月　［W. Heisenberg,ボーア研究所へ.翌年 4 月まで］

1925 年

3 月　［W. Heisenberg,ヘリゴーランド島で行列力学の端緒をつかむ.］

4 月 ［W. Heisenberg, ゲッチンゲンへ. Born, Jordan と '三人男論文'］

5 月 1 日 ［W. Heisenberg, Copenhagen に戻る. 講師. 1927 年 4 月まで］

×月×日 Heisenberg 講義. ［文–3］

［これは行列力学の産声でもあろう. 内容はその第一論文

Heisenberg, *Über quantenmechanische Umdeutung kinematischer und mechanischer Beziehungen, Z. Phys*, **33** (1925) 879–893(rec. July 29, 1925)］

<table>
<tr><td align="center">古典</td><td align="center">量子</td></tr>
</table>

$\nu, 2\nu, 3\nu, \cdots$ $\nu_{kl} + \nu_{lm} = \nu_{km}$ (Rayl.–Ritz 結合原理)

$X : (X(n)_\tau\, e^{2\pi i \nu \tau t})$ $X : (X(kl)\, e^{2\pi i \nu_{kl} t})$ 量子論的運動

$X^2 = \sum_\tau \sum_{\tau'} X(n)_{\tau'}\, e^{2\pi i \nu \tau' t}$ $X^2 : ((X^2)(kl)\, e^{2\pi i \nu_{kl} t})$

$\times X(n)_{\tau-\tau'}\, e^{2\pi i \nu (\tau-\tau') t}$ イカニシテ計算スベキカ.

［古典論の $X(n)_{\tau'}\, e^{2\pi i \nu \tau' t} X(n)_{\tau-\tau'}\, e^{2\pi i \nu (\tau-\tau') t}$ は, 量子論では

$$X(k, l)\, e^{2\pi i \nu_{kl} t}\, X(l, m)\, e^{2\pi i \nu_{lm} t} \propto e^{2\pi i \nu_{km} t}$$

に替える. 「イカニシテ」の答は「行列算法で」になる］

行列ノ形ヲ見イダスニハ, ［量子条件］

$$\oint pdq = nh + \text{const.}$$

スナワチ

$$\frac{d}{dn} \oint pdq = h = \frac{d}{dn} \oint p\dot{q}dt$$

ヲ量子論ニ訳ス. チョウド Kramers ノ分散公式ガ古典的ノモノノ訳, ト同様也. ［以下, 略］

［このノートに量子力学の交換関係と古典力学のポアッソン括弧との移行関係

$$XY - YX \to \frac{h}{2\pi i} \sum_k \left(\frac{\partial X}{\partial p_k} \frac{\partial Y}{\partial q_k} - \frac{\partial Y}{\partial p_k} \frac{\partial X}{\partial q_k} \right)$$

があって, 注目される. これは普通 Dirac に帰せられる : P. A. M. Dirac, *The Fundamental Equations of Quantum Mechanics, Proc. Roy. Soc.* **A109** (1926) 642–653. (rec. Nov. 7, 1925, publ. Dec. 1, 1925)］

×月×日 $pq - qp = h/2\pi i$. トイウ不可解ナル仮定ヲスル. 衝突過程ノ如キ不連続性 ［ママ］ ハ光ノ波動論ト同様ニ説明ノ範囲外ニアル……. ［B–19］

8 月 12 日 ［G. Hevesy に］長岡教授ガ来週コラレマス．私ノ当地滞在ニツイ
テ何トオッシャルカワカリマセン．……

1926 年

9 月 ［堀健夫，ボーア研究所に着く．］

9 月 8 日 ［Bohr，堀に遠紫外域水素バンドの研究を指示．］

3 月 ～ 9 月 ［E. Schrödinger，波動力学 I–IV 報．］

10 月 1 日 ［Schrödinger，ボーア研究所に数日滞在．］

10 月 4 日 Schrödinger ［デンマーク物理学会で講演 —— *"Grundlagen der undulatorischen Mechanik"*］ ［文–50］

第一の講義 ［波の速さ］ $u = E/\sqrt{2m(E-V)}$ ヲモツ波動方程式

$$\Delta\psi - \frac{1}{u^2}\ddot{\psi} = 0,$$

$\psi \sim e^{2\pi i E t/h}$ ［とおけば］

$$\Delta\psi + \frac{8\pi^2 m}{h^2}(E-V)\psi = 0.$$

$\psi\bar{\psi} \sim \rho$ ヲ電荷密度トスレバ $(E_n - E_{n'})/h$ ノ振動数ニテ輻射ヲナシ，Maxwell
理論ニテ強度ヲ得．ψ ノ意味ハ $(E_n - E_{n'})/h$ ヲ輻射ノ振動数トシテ出スモノト
シテ求メラレル．

第二ノ講義 2 ツ以上ノ電子

固有値 E_k

$$\psi = u_k(x)\, e^{2\pi i E_k t/h} \qquad x : x_1, \cdots, x_n$$

最モ一般ノ解

$$\psi = \sum_k c_k u_k(x)\, e^{2\pi i E_k t/h}, \qquad c_k : 実マタハ虚ノ定数$$

$\psi\bar{\psi}$ 重率関数，ソノ意味ハ

1. 電荷ノ連続的空間分布（普通ノ空間ニオケル）
2. 点電荷ノ集マリヲ考エル model.

［**堀健夫の回想**[5]：第一日：Bohr がまず挨拶に立ち "波動力学は量子理論に画
期的な進歩をもたらし……" と述べ wunderbarschön という賛辞を何度かくりか
えし……

第二日：研究所でコロキュームが行なわれ波動関数の物理的意味につき Bohr, Heisenberg らとの間に激しい質疑応答がかわされた．会場の雰囲気はがらりと変わっていた．

Heisenberg の回想：Bohr と Schrödinger の間の討論はすでに Copenhagen の駅から始まった，そして毎日，早朝から深夜にいたるまで延々と続けられた．Bohr は……一歩たりともゆずらず，ほんのわずかの不明確さをも絶対に許さない，ほとんど狂信者のような仮借ない態度だった [6]．

Mehra–Rechenberg[7] は，Schrödinger のコペンハーゲンでの討論には同時代者によるノートは残っていないといっている．仁科のノートも堀の証言も貴重である．]

×月×日　Schrödinger ノ第 III 報：摂動論，Balmer 系列ノ Stark 効果ヘノ応用ヲ含ム［を読む］　　　　　　　　　　　　　　　　　　　　［文一 111］
p.465，最後ノパラグラフ

今一種類ノ原子ノ集団アリトスル．$n_1, n_2, \cdots$ ナル状態ノ規格化サレタ固有関数ヲ $\psi_1, \psi_2, \cdots$ トスル．然ルトキハ，コノ集団ノ固有関数 (Eigenfn) ハ

$$\psi = c_1\psi_1 + c_2\psi_2 + \cdots \tag{A}$$

Schrödinger ニヨレバ

$$e \int \psi\bar{\psi}dx = 全電荷 = (N_1 + N_2 + \cdots)e = e\{c_1^2 + c_2^2 + \cdots\} \tag{B}$$

$$\therefore \quad c_1^2 = N_1, \quad c_2^2 = N_2, \quad \cdots$$

即チ　　　　　$c_k^2 = $ 各状態 k ニアル原子ノ数．

Schrödinger ニヨレバ，原子ノ部分 moment ハ

$$\int qc_i\psi_i c_k\bar{\psi}_k dx = c_i c_k \int q\psi_i\bar{\psi}_k dx \tag{C}$$

デアタエラレ，始状態ニアル原子ノ数ノミナラズ終状態ノソレニモ依存スル．故ニ［状態］1 ニアル原子ヲ励起シタルトキ $1 \to 3$ ノ強度ハ $3 \to 2$ ノ強度に比シ甚大トナル．即チ $3 \to 2$ ハ殆ド 0 也．コレハ実験ニ反ス．

故ニ，(A), (B), (C) ノ如ク考エルコトハ誤リナリ．［状態］3 ニ原子ヲ励起スルトキ，$3 \to 2, 3 \to 1$ ノ強度ハ，ソノ遷移確率

$$\int q\psi_3\bar{\psi}_1 dx \quad 及ビ \quad \int q\psi_3\bar{\psi}_2 dx \qquad ［ママ］$$

ニテ定マルトスルガヨシ，コレ即チ Heisenberg ノ idea ニ外ナラズ．

×月×日　Schrödinger ノ第 IV 報［を読む］ ［文–126］

Madelung［を読む．1 葉だけ］ ［文–126］

Eine anschauliche Deutung der Gleichung von Schrödinger, Naturwiss. **14**
(1926) 1004［いわゆる流体解釈］

［Heisenberg, *Über die Spektra von Atomsystemen mit zwei Elektronen*, Z.
Phys. **39** (1926) 499–518. rec. July 24, publ. Oct. 26.　He 原子のパラ，オルト状
態を論じ，等極分子のバンドに現われる強さの交替現象は核スピンと何らかの関
係があるのではないかと示唆］

12 月 10 日　F. Hund［の講演］， ［文–106］

Molekül mit zwei gleichen Atomen［等極分子］，

吾人ハ［W. Heisenberg の上記の論文から］He 原子ノ方ヨリ常ニ二ツノ系ノ解
アルヲ知レリ．一ツハ対称ナ固有関数ヲ有スル系，他ハ反対称ナ固有関数ヲ有ス．
自然ニハコノ両方ハ出ズシテ只一方ノミ也．何トナレバ，ソレヲトレバ Pauli ノ
規則ニ一致ス，（何故ニ反対称ガ自然ニ出ルカワカラヌ）

サテ上記ニ於テ He_2 band ニテハ果シテソノ通リニ二ツノ系ノ中一ツノミ見ラ
レル．タダシ，ソノ際，対称カ反対称カ，ソレハ不明也．

然シ N_2^+ マタハ N_2，H_2 ノ場合ニハ両方ノ系ガ出ルコトヲ見ル．コレヲ説明ス
ルニハ原子核ニ何ラカノ属性ヲ付与スルヲ要ス．ソノ属性ハ何カシラヌガ，タダ
核ガ球対称ニ非ズト仮定スレバ十分ナリ．タトエバ核ノ moment ノ如シ．

但シ，N_2，N_2^+ ノ如キハ，核ノ性質カ又ハ原子ノ芯ノ性質カ，又ハ二ツノ原子芯
マタハ核ガ実際ニ等シカラヌタメニ共鳴ガナクナッテ両方ノ結合ノナクナリタル
モノカ，ソレハワカラヌ．然シ H_2 ニ於イテハ核ハ陽子ノミナル故コレハ核ノ属
性（タトエバ moment）ニヨル外ナシ．

［**堀の回想**[5]：Hund は私のバンド解析の結果を聞きつけて，飛んでくるなり長
大息しながら頭をひねっていた．］

［Hund が長大息したのは，H_2 のスペクトルが陽子のスピンは 1/2 であること
を示し，それを受け入れると，彼の理論では，H_2 の比熱の測定値から陽子はボー
ス統計に従うことになるからだった．スピン 1/2 とボース統計という，かつてな
かった組合せを結論することに Hund は踏み切れずにいたのである．

この Hund のパラドックスは翌年 D. M. Dennison によって解決され陽子はス

ピン 1/2 の Fermi 粒子と確定[8].]

12 月 14 日　Heisenberg［講演］　　　　　　　　　　　　　　　［文–107］

"複雑ナ原子ニ於ケル共鳴"　固有関数ニ

対称ナモノノミ存在ヲ許ストキハ　　　Bose–Einstein 統計

反対称ナモノノミノトキ　　　　　　　Dirac 統計

ドチラデモナイトキ　　　　　　　　　他ノ統計

1927 年

1 月 26 日　Dirac［講演］, "非可換代数"　　　　　　　　　　　［B–6］

Electromechanics ヲ扱ッテ成功, 然シ Electrodynamics ハ扱イ得ザリキ. 相対論的アツカイモナシ得ズ.

原子ト輻射ノ相互作用：摂動論ニテ扱ウ. $H = H_0 + V$

$$ih\frac{\partial \psi}{\partial t} = H\psi \tag{1}$$

コレヲ解クノニ

$\psi_r = u_r e^{-iW_r t/h}$, ψ_r　H_0 ノ r 番目ノ固有関数, W_r 固有値

$$\psi = \sum_r a_r u_r e^{-iW_r t/h} = \sum_r b_r u_r$$

コレヲ (1) ニ入レルト

$$ih\dot{b}_r = \sum H_{rs} b_s \tag{2}$$

b_r ト ihb_r^* ヲ正準変数ニトレバ, ……コレ標準的ナル Hamilton ノ運動方程式ナリ.

正準変数ヲ q 数ニカエテ如何ニナルカヲミル. 標準的ナ量子条件：$b_r ihb_r^* - ihb_r^* b_r = ih$.

モシ色々ノ系ガ集団ニアルトキハ Einstein–Bose 統計ヲトリテ初メテ普通ノ方法ト同結果ヲ生ズル.

光量子ガアル状態カラ 0–状態ニ遷移スルトキハ光量子ハ吸収サレテ消エル. 0–状態カラ他ノ状態ヘノ遷移ハ放出.

討 論

Heisenberg：$N_r = 0, 1, 2, \cdots$ ナラ B–E 統計ナルコト計算セズシテ明カナラズヤ？

Dirac：自分ハ初メ ordinary statistics ニナルト思ッタ.

Bohr：イマハ量子数＝光子数ニナッタ. 電子の場合, 電子数＝量子数トナルカ, ワカラヌ.

Heisenberg：光量子ドーシノ相互作用ハ如何？

Dirac：ソレハダメ.

Heisenberg：重力場ニ入レルト作用ヲ受ケル. 光量子モ energy ヲ有スル故, 光量子ノ間ニ万有引力アリテヨカラン.

［仁科の考察？］$N_1, N_2, \cdots$ ヲ量子数トトリ得ル理由.

初メハコレヲ光量子ノ数トシタリ. 然シ上記ニテコレヲ作用変数 J ト同様ニ用イタリ. 而シテ $J = nh$ ト古典量子論ニテナシタルト同様ニ N ヲモ量子数ニ比例スルモノトシ, 或ハ N ハ整数ナル故, 直チニコレヲ量子数トトッテヨシ.

1月28日 Dirac［講演］　　　　　　　　　　　　　　　　　　　[B-6]

"波動理論カラミタ原子ト輻射ノ相互作用"

［Dirac : *The quantum theory of emission and absorption of radiation*, *Proc. Roy. Soc.* **114** (1927) 243–265. と同じ内容. この論文はコペンハーゲンから投稿されたらしく communicated by Bohr で, 受理は Feb. 2, 1927. 仁科のノートには, この論文のページまで記載されているから, 後で読んで書き加えたものとわかる.］

×月×日　［論文を読んだノート］　　　　　　　　　　　　　　[B-7]

Dirac, *Proc. Roy. Soc.* **A112** (1926) 671–672.

［*On the theory of quantum mechanics*, pp.661–677］Heisenberg, *Z. Phys.* **38** (1926) 422–423.

［*Mehrkörperproblem und Resonanz in der Quantenmechanik*, SS. 411–426］［両論文のページは括弧内に記したとおり. 仁科のノートは一部のみ記録］

Heisenberg ノ論ハ Bose–Einstein 統計ヲ証スルモノニ非ズシテ只多電子系ニ於イテソノ系ノトリ得ル状態ノ数ガ幾程ナルカヲ計算シタルモノナリ. ……電子ガ反対称ノ固有関数ヲ有スルガタメニ Bose–Einstein 統計ヲ生ズルトイウハ誤リ也. Bose–Einstein 統計ハ恰度ソレト逆ニ多クノ電子ガ同ジ軌道ニアルヲ許ス統計ナリ.

3月28日　Heisenberg［講演］［ノート, 10ページ！］　　　[B-32]

電子ノ位置ノ観測——γ 線顕微鏡, 光電効果

光量子, Compton 効果ニテ電子ノ速度カワル.

位置ト速度トハ同時ニハ観測サレヌ.

速度ハ Doppler 効果ニテ測定デキル. 長イ波長ヲツカエバ Compton 効果ナシ. 然シ位置ハワカラヌ.

コレハ $pq - qp = h/2\pi i$ ノ帰結ナリ.

軌道：吾人ガ観測スルトキニ存在性ヲ得ル. 観測シナケレバ, ソレニツイテ語リ得ナイ.

共鳴蛍光：ν_{12} ニテ照射スレバ原子ハコレト同位相ニナル故ニ時刻ト角変数ハ正確ニハカリ得ル. コレヲ磁場ニ入レルト出テクルモノハ E_1 ト E_2 ニ分カレル故 energy ハ知レル. 然シ磁場ニテ位相ガ変ワル故ニ位相ハ知レヌ.

討 論

Bohr：コウスルト位相ハ非常ニ正確ニハカレル故, energy ハ非常ニ広キ [不確定をもつ]. E_1 ト E_2 ニ限ラヌ.

Heisenberg：モチロン精度ノ方ヨリシテハ E_1 ト E_2 ノ外ニナシトハイエヌ. コレハ energy ノ保存ノ方ヨリクル.

Darwin：光ヲ磁場ノ中ニ及ボシタルトキハ如何？ コノトキ蛍光ハナクナル. ツマリ位相ガ変ワル. 従ッテ E_1 ト E_2 ト二ツニハ分カレヌ.

因果律. $pq \sim h$ の範囲ニテイエバ, 因果律ハナク統計的ナリ. 然シ古典論ト一致スルトキ（energy ノ法則）ハ統計的ナラズ. コノ意味ヨリスレバ, 波動論モ Bohr–Kramers–Slater モ光量子モミナ正シ.

4 月 1 日 Heisenberg ノ仕事ニツキ討論 [B–32]

γ 線顕微鏡：回折アルタメ光量子ノ方向ワカラヌ.

Bohr 教授 回折, 即チ波動性（光デモ物質デモ）ガ必ズ入ル. 不確定ハ波動性ヨリクル.

Ehrenfest & Tolman：寿命 T ナラ E ノ不確定ハ h/T

粒子理論：p, q ヲ精密ニ定メ得. 然シ不連続, あわせて

波動理論：連続. 然シ p, q ハ定マラヌ. $pq \sim h$

×月×日 Bohr 教授, 量子論ニツキ討論 [B–39]

a) Heisenberg ノ論文ハ間違イダラケ也.

モチロン非常ニ重要ナコトヲイッテイル. シカシ $dp\,dq = h$ ヲ証明スルタメニ持チ出シタ例ハ間違イノコト多シ.

b) γ 線顕微鏡ノ正シイ論ジ方 [今日の教科書に同じ]

c) 行列力学ハ時間ノ入ラヌ現象ヲアラワス．即チ，波動力学ニテイエバ定常状態ヲ扱ウモノ也．

定常状態ニアラヌ現象ヲ扱ウニハ波，即チ波束ヲ用イル．Schrödinger ハ波束ハ hold together スルト考エタリ．コレ誤リ也．調和振動子ノ場合ノミ hold シ，他ハセズ．

d) $pq - qp = h/2\pi i$ ハ $dp\,dq = h$ ヲ意味スルト Heisenberg ハイッタガ，コレハ然ラズ．$pq - \cdots$ ハ量子力学（行列力学）ノ関係ナリ．波束ヲ表ワスモノニ非ズ．故ニ，コレガ波動現象ノ理論 $pq \sim h$ ニ入ルコトナシ．

e) h ノ入レル現象ニハ，スベテ mystery ガ入ッテイル．mystery トイウハ，普通ノ時間，空間ノ定義ヲ用イテ説明デキヌコトヲイウ．波動理論ヲ用イレバ，ヨリ分カルヨーニ説明デキル．然シ mystery ハ依然トシテ mystery 也．放出ト吸収ノ関係ハ mystery 也．コレヲ除ケバ万事ハミナ波動理論ニテ定マル．解決スルトキ粒子論ニ帰レバヨシ．

×月×日　Bohr 教授トノ討論ニツキ Klein ト討論　　　　　　　　　[B– 39]

×月×日　Heisenberg ノ *Über den anschaulichen Inhalt der quantentheoretische Kinematik und Mechanik*　　　　　　　　　[B–39]

［この論文は，Schrödinger の Copenhagen 訪問の後に起こった討論から生まれた．3月28日の Heisenberg の講演は，その草稿（3月中旬に完成）に基づくものであろう．その論旨に Bohr は賛成しなかった．その証拠が上記の仁科のノートに生々しい．Heisenberg は語る[6]：

（Schrödinger のコペンハーゲン訪問から）数ヵ月間，量子力学の物理的解釈が Bohr と私との対話の中心課題となった．……粒子像と波動像という二つの直観的な描像を同等の権利で隣合わせにおいて，これらが互いに排除し合うが，それでも両者を一緒にして始めて完全な記述が可能になる［相補性］という Bohr の考えを私は好まなかった．われわれは疲れはてて，しばしば緊張状態を惹き起こした［Bohr は独りでノルウェーへスキーに行ってしまう．］やがて Klein からの有益な助言を得て，両方の解釈の間にはもはや重大な差異は存在しないことを互いに認めあった．なお，Heisenberg の上記の論文の "校正時後記" を参照］

×月×日　Klein, *Elektrodynamik und Wellen-mechanik vom Standpunkt des Korrespondenzprinzip*, Z. Phys. **41** (1927) 407–442. (rec Dec. 6, 1926)［を読む］　　　　　　　　　　　　　　　　　　　　　　　　　　　　　　[B–33]

S, 408　Born ハ粒子ノ面ヲ扱イ，Box ニヨリテ波動ニツナギタリ．即チ波動ヲ

確率トシタリ．然シコノ確率ハ不思議ナモノ也．

ココニ［下図ヲ見ヨ］粒子ヲ来ラシメルニハ，lens ノ凡テノ表面ヲ必要トスル．即チ，確率ガ凡テノ原子ニ依存スル如キモノ也．コノ点ヨリスレバ確率トイウヨリハ波動トイウベキ性質ヲ有ス．

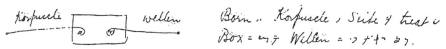

図1　仁科のノート（仁科財団の御厚意による）．

7月20日　［仁科の考察？］　　　　　　　　　　　　　　　　　　　　　　　　［B–33］

H–原子．軌道運動シテイル電子ヲ波束デ表ワス．アル時刻ニ波束ヲ locate シタトスル．コレガ n ナル状態ニアリタリトスレバ，コノ波束ハ n 回ノ公転ノ後ニハ広ガッテシマウ．而シテ，電子ガ n ナル状態ニアルコトヲタシカメルタメニハ n 回ノ公転ニ相当スルダケノ時間ヲ要スル．

広ガルトハ光波ガ波源ヲ出テ広ガルノト同ジ．波源ヲ出ルトキハ波束ナリ．mystery ハ，広ガッタ後ニモ光量子ヲ whole entity トシテ観測シ得ルコト也．

8月–10月　パリ滞在．

8月16日　［パリから Bohr に］Hamburg デ Pauli ニ会イマシタ．彼ト Jordan ハ量子電磁力学ノ空間ト時間ヲ対等ニアツカウコトニ成功シタ由．

今ハフランス語ノ勉強ニ専念シテイマスガ，……夏中ニアルテイド進ムコトガデキマシタラ，冬ニハ Hamburg ニ行ッテ Pauli カラ量子力学ヲ習オウカト思ッテオリマス．

9月1日　［パリから Bohr に］Kr. 2500 ノ小切手，有難ウゴザイマシタ．Rask-Ørsted 財団ノ件ハ，マッタク思イガケナイコトデス．留学費ガ切レテカラノ Copen-

hagen 滞在ガ長クナッタコト，ヨク承知シテオリマスノデ，今度ハ私費デト考エ
テオリマシタ．コノ金額ヲ本当ニイタダイテヨロシイノデショウカ．御意見ヲオ
聞カセ下サイ．

Como ヘノ御出発ヲ前ニオ忙シイコトト存ジマス．上記ノコト Kronig ニオ話
クダサレバ手紙ヲ書イテクレルデショウ．

Copenhagen ニハイツデモ歓迎トノオ言葉，本当ニ有難ウゴザイマス．オソ
ラク 11 月ニ Hamburg ニマイリマス．ソノ場合，デキレバ Europe ヲ発ツ前ニ
Copenhagen ニモウ一度マイリタク存ジマス．

9 月 16 日 ［Bohr，コモ会議（Volta 没後百年記念）で講演，*"Quantenpostulate
und neuere Entwicklung der Atomtheorie"*，相補性の概念を導入］

10 月 3 日–1928 年 2 月 16 日：

［Pauli，量子力学講義．仁科ノート大量，割愛］　　　　　　　　　　　　［B–4］

1 月 10 日　［ハンブルグ着］．

11 月 8 日–1928 年 2 月 21 日

Pauli，セミナー　　　　　　　　　　　　　　　　　　　　　　　　　　［文–103］

12 月　［コペンハーゲンへ，Bohr の相補性論文の英訳手伝う］

×月×日　「不審」［英訳の際の疑問だろう］　　　　　　　　　　　　　　　［文–272］

1)　Stern–Gerlach ノ実験ヲ用イル Bohr ノ思考実験トハ？

2)　時空的表現ト因果律．波動的表現ナリヤ，マタハ粒子的ナリヤ．……核ノ
場ヲ感ゼヌ短時間トハ？［以下，多数．］

12 月 21 日　Klein ト討論．　　　　　　　　　　　　　　　　　　　　　　［B–37］

q ノ観測ニハ γ 線顕微鏡ノ如キヲ用イルユエ不連続的ノ変化アリ．然シ，p ノ
観測ニハ Doppler 効果ヲ用イル．而シテ長イ λ ヲ用イレバ不連続的ノ変化ハコレ
ヲイクラデモ小ニスルコトヲ得．然シ，コレハ自由電子ノ場合ナリ．

束縛サレタ電子ノ場合ニハ然ラズ．例エバ，水素原子ニテ電子ノ p ヲ求メル場
合ニハ，観測ノ時間ハ公転ノ周期ニ比シテ極メテ小ナルヲ要ス．極メテ短キ時間
ニテ観測スレバ電子ハ核ノ力ヲ感ズル暇ナシ．従ッテ自由電子ノ如シ．

12 月 30 日　Klein ト討論．　　　　　　　　　　　　　　　　　　　　　　［B–37］

Compton 効果ノ paradox ハ，輻射ノ方ハソノ energy ヲ正確ニ知リ，従ッテソノ
位置ハ知レヌ．電子ノ方ハ，コレヲ粒子，即チ位置ガ正確ニ知レタルモノト考エタル
ユエ，paradox タリシモノ也．コノ難点ヲ避ケルタメニハ Bohr–Kramers–Slater
ノ理論ヲ必要トシタルワケ也．

［測定値ガ］統計的性格ヲモツノハ，何モ不連続的ナ変化アルガタメニ非ズ．ソ
ノ不連続的変化ニ不確定アルタメ也．

1928 年

2 月 4–5 日　*Der wahre Absorptionskoeffizient der Röntgenstrahlen nach der Quantentheorie* (I. I. Rabi トノ共同研究)", *Verh. d. Deutsh. Phys. Ges.* **1** (1928) 6.
Göttingen デノ Niedersachsen 州分会集会ニ於イテ講演．

［水素様原子に対する公式を数値化し，炭素から鉛にいたる 13 種の原子につき実験と比較した］

一致ハ軽イ原子デ悪ク，差ハ L 殻デヨリ大キイ．コレハ，不一致ノ原因ガ spin ト相対論トノ効果ヲ無視シタコトヨリモ水素様トシタ近似ニアルコトヲ示スヨウニ思ワレル．

2 月 19 日　［ハンブルグから Bohr に］Hamburg ヲ 3 月 1 日頃ニ発チ途中 Rostock ニ会イ 4 日頃 Copenhagen ニ着キマス．

コチラデハ皆，コンド出タ Dirac ノ論文ニ興奮シテイマス．Gordon ガ水素原子ノ場合ヲ解キ，j ノ数値ガ少シ違ウ点ヲ除イテ Sommerfeld ノ公式ニ完全ニ一致スル結果ヲ得マシタ．Dirac カラ Gordon ニキタ手紙ニヨルト Darwin モ Sommerfeld ノ公式ヲ得タ由デス．

×月×日　光ノ放出ト吸収ニ関スル Dirac ノ理論　　　　　　　　　　　　［B–21］
欠点 (1)　相対論的デナイ．t ヲ特別アツカイシテイル．
　　　(2)　Fourier 分解ハ不快．空洞ヲ用イル必要アリ．
シカシ，大ナル進歩ナリ．　　　　　　　　　　　　　　　　［1927 年 1 月 28 日を見よ］

2 月 28 日　［調和振動子の零点エネルキー］　　　　　　　　　　　　　［B–21］
同位体効果ニテ band spectra 及ビ蒸気圧ニ於テ $h\nu/2$ ノアルコトガ証明サレル．コレハ振動子ナリ．然シ輻射ニ於テハ実在セザラン．輻射ニテハ非調和振動子ナシ．従ッテ零点 energy ヲ観測スル方法ナシ．又 $h\nu/2$ ガアリトスレバ，相対論ニヨリコレハ重力ヲナス．従ッテ，∞ ノ零点 energy ハ空間ノ非常に大ナル曲率ヲ意味スルナラン．

同 日　輻射ト物質ノ相互作用ノ計算　　　　　　　　　　　　　　　　［B–21］
3 月　［ボーア研究所に戻り Klein と協同研究を始める］
3 月 23 日　セミナー　　　　　　　　　　　　　　　　　　　　　　　　［文–108］
Dirac, *The fundamental equations of quantum mechanics*, *Proc. Roy. Soc.*

109 (1926) 642.

"energy ハ J ノ関数トシテ古典論ト同ジ形ヲトル"——コレハ誤リ也．同ジ形トナルハ特別ノ場合（例：Coulomb 場ノ場合）ニシテ，他ノ場合ハ一般ニ等シカラズ．

"x, y ヲ c–数ト考エテ Poisson 括弧 $[x, y]$ ヲ求メ，ソノ価ニ $ih/2\pi$ ヲカケレバ Heisenberg 積 $xy - yx$ ヲ得"——シカシ，ココニ注意スベキハ［これと正準交換関係を用いた計算とは］必ズシモ一致セズ．II, p.564 ヲ見ヨ．

［II とは：Dirac, *Preliminary Investigation of the H–Atom*, *Proc. Roy. Soc.* **A110** (1926) 561–569］

8 月 3 日 ［Klein と仁科, *Nature* の Letters to the Editor に投稿：*The Scattering of Light by Free Electrons according to Dirac's New Relativistic Dynamics*, *Nature* **122** (1928) 398–399, (9 月 15 日号)（図 2 の Klein – 仁科の式，導出の仁科による計算.）

コンプトン効果の断面積の Dirac 方程式による計算結果（後の 10 月 30 日の項を参照）を，W. Gordon と Dirac の Klein – Gordon 方程式による結果 (1926) と比較した．前者の方が Compton の実験によく合うようだが，X 線の波長が正確に決められないので，決定的なことはいえない.］

8 月 8 日 ［コペンハーゲンから Bohr に］1 週間ホド前に戻リマシタガ風邪ヲヒイテ怠ケテオリマス．

私ドモノ仕事ハマダ決着シマセン．Klein ガ中旬カ下旬ニ戻リマシタラ再開シ 9 月ニハ完成サセテ，私ハ 9 月末カ 10 月ハジメニ帰国シタイト考エテオリマス．

9 月 14 日　Klein 講演［Klein のパラドクス］　　　　　　　　　［B–24］

9 月 15 日　Pauli，スピンする電子の相互作用（多体）　　　　　［B–24］

×月×日　Bohr［Klein のパラドックスについて］　　　　　　　［B–24］

×月×日　放射性崩壊ニオケル負ノ運動 energy ニツイテ

トンネル効果ノ最中デモ，運動 energy ヲ観測スレバ擾乱ノタメ正ノ値ニナル．

　　　　　　　　　　　　　　　　　　　　　　　　　　　　　　　［B–15］

［おそらく α 崩壊を扱った Gamow, *Zur Quantentheorie des Atomkernes*, *Z. Phys.* **51** (1928) 204–212 に関係］

9 月 29 日　［仁科, *Nature* の Letters to the Editor に投稿, *The Polarisation of Compton Scattering according to Dirac's New Relativistic Dynamics*, *Nature* **122** (1928) 843．偏りのない光の，2 個の電子による二重散乱．後に計算の誤

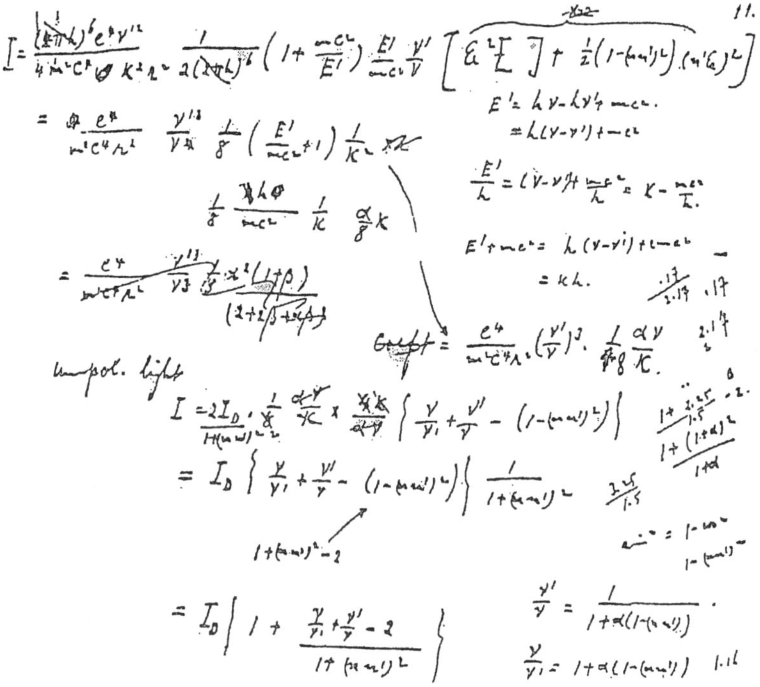

図2 Klein–仁科の公式を導く仁科の計算. 結果がでたところ. 電子のスピンと光の偏りの両方について和, 平均がとってある. (仁科財団の御厚意による.)

りが発見される. この年の 12 月 2 日, 翌年の 1 月 23 日, および 2 月の Klein と仁科の往復書簡 [1] を参照]

10 月 27 日 [Klein から仁科 (在ロンドン) に] 問題ハ磁場ガアル場合ノ固有関数デ, 自由電子ノ縮退ノ扱イニ不明確ナ点ハナイノデスガ, マダハッキリシナイ所ガアリマス. アナタガ論文ニ用イタ固有関数ハ, 私タチガ考エテイタホド簡単ニ spin ニ結ビツイテハイナイヨウナノデス.

デモ, アナタノ結果ニハ影響シマセン. spin ニ触レタ文章ガ, アナタノ書イタホド明確ナ形ニハデキナイトイウダケデス.

10 月 30 日 ["Klein–Nishina" の論文, 受理さる : *Über die Streuung von Strahlung durch freie Elektronen nach der neuen relativistischen Quantendynamik von Dirac, Z. Phys.* **52** (1929) 853–868.

電子に対し Dirac の相対論的波動方程式を用いて行なった "コンプトン効果の微分断面積" の計算. 対応論的方法 (いわゆる半古典的扱い) による. 輻射場の量子化が Dirac により既になされていたのに (上の 1927 年 1 月 28 日, 1928 年 2 月 28 日の項を参照), それを用いなかった理由を含め, 公式の導出の過程を, 仁科のノートにより玉木・島村・竹内・矢崎[9] が詳しく考察している. 仁科らは, 走っている電子に対する Dirac 方程式の解の物理的解釈のため, 初め磁場 H をいれて spin 状態を定め, 後に $H \to 0$ とする手を考えた (上の 10 月 27 日の Klein の手紙を参照)].

同 日 [仁科の論文, 受理さる: *Die Polarisation der Compton Streuung nach der Diracschen Theorie des Elektrons, Zs. Phys.* **52** (1929) 869–877.]

12 月 2 日 [Klein から仁科に] オ返事ガ遅レタノハ校正刷リヲオ送リシタイト思ッテイタカラデス. ソレハ, アナタノオ手紙ヨリ少シダケ先ニ届キマシタ. 修正ガ御指示ドオリニナッテイルカ確認シテ下サイ. 大キナ修正ハ, Bohr ノ提案デ Chr. Møller ガアナタノ残シテイッタ計算用紙ヲ始メカラ見直シテ見ツケタモノデス. 二重散乱ノ扱イデ最初ノ散乱ニヨル振動数ノ変化ヲ考慮スルノヲ忘レタコト. 誰デモ, ヨク忘レルノデス. 先便デ spin ノ困難ト……

12 月 21 日 帰国. 翌年 2 月 15 日, 理研長岡研究室に転属.

1929 年

1 月 23 日 [Klein から] アナタノ *Nature* ノ letter ハ, Møller ノ見ツケタ誤リヲ正ス前ニ出テシマイマシタ. Bohr ト *Nature* ニ note ヲ送ロウカト話シ合ッテイマス. ヨロシケレバ, コチラデ送ルト時間ガ節約デキマス. "agree" トイウ一語ノ電報サエ下サレバ, イタシマス.

2 月 [Klein に] Chr. Møller ガ親切ニ指摘シテクレタ誤リヲ正スト輻射ノ散乱ノ公式ハ……トナリマス. ソノ結果, Lukirsky ノ測定値トノ比較ガ変ワリ……波長 0.13 Å デナク 0.14 Å デ合ウコトニナリマス.

7 月 20 日 [Klein から] 研究所デノ会議ハ, ワレワレ数人ガ Dirac ノ電子理論ヲ救オウトスル間違ッタ試ミカラ足ヲ洗ウコトニナッタトイウ意味デ重要デシタ. コノ理論ノ困難ハ多クノ試ミニモカカワラズ, マダソノママデス.

私自身ハ, Dirac 理論ノ基礎ニアル仮定ヲ少シ立チ入ッテ考エテミマシタ. 御承知ノ通リ, Dirac ハ, 電荷密度ガ――任意ノ体積ノ中ニ一時刻ニアル電荷ノ固有値ガ 1 マタハ 0 トナルヨウナ――行列デ表ワサレルコトヲ量子論的ナ一体問題

ノ基本仮定トシテイマス．……電気ニ素量ガ存在スルナラバ，ドノ時間内ニ平面
ヲ通過スル電気量モ固有値ガ1マタハ0ノ行列デ表ワサレルベキダト私ハ思イマ
ス．コノ電流ノ行列トイウ仮定ハ Dirac 理論デハナリタタズ，コレガ ±E ノ困難
ト関係シテイルト思イ始メテイマス．

　オ発チノ頃，研究所デ，自由電子ノ spin ガ議論サレテイマシタネ．電子ノ軌道
ガタドレルヨウナ実験デハ spin ノ効果ハ測レナイトイウノガ結論デス．コレハ自
由電子ノ偏極ノ可能性ヲ排除スルモノデハアリマセンガ，自由電子ノ spin 磁気能
率ハ問題ニデキナイコトニナリマス．

　Compton 効果ニハ，オモシロイ問題ガタクサン残ッテイルト思イマスガ，イ
マデモオ考エデスカ？　宇宙線ハ粒子デアルトイウ Bothe ノ，ソシテ Kolhörster
ノ考エヲドウ思イマスカ？　私ハ，物質ガ輻射ニ変ワルトイウ仮設ニナジメナイ
ノデ，彼等ハ正シイノデハナイカト考エテイマス．

1930 年

8 月 4 日　［Bohr から］硬イ輻射ノ種々ノ元素ニヨル散乱ニ関シテ英，独ノ物
理学者ガ見ツケタ異常性ハ本物カドウカ，Jacobsen ガ実験シテイマス．

8 月 23 日　［Bohr に］先生ノ日本訪問ガ 1932 年ノ春マデ延ビタノハ残念デス．
種々ノ元素ニヨル硬イ輻射ノ散乱ニ関スル Jacobsen ノ実験ハ，オ手紙ニ書カレ
タ通り大変オモシロイト思イマス．問題ノ重要性ハヨク分カリマス．モシ独，英
ノ物理学者タチノ報告ガ本当ナラ，原子核ノ内部ヲ探ル新シイ道具ガ得ラレルコ
トニナルデショウ．

1931 年

7 月 1 日　理研に仁科研究室創設．

1933 年

4 月 7 日　［Bohr に］最近，助手ト，中性子ノ陽子ニヨル散乱ヲ相互作用ニア
ル仮定ヲシテ Heisenberg ノ核理論ニヨッテ計算シマシタ．［助手とは朝永振一郎
のこと］

1934 年

1 月 26 日　［Bohr から］アナタガ出発前ニ Klein ト一緒ニシタ見事ナ研究ヲ，
私タチハ理論上ノ討論ノトキ，ホトンド毎日，思イダシテイマス．アノ有名ナ公
式ハ，私タチガ —— 主ニ Jacobsen ノ実験ノタメ —— 強ク関心ヲモッテイル散乱

ノ測定ノ解釈ニ基礎トナルバカリデナク，実験トノ驚クベキ一致ヲ示シ，Dirac 理論ガナントモ多クノ困難ニ直面シテイルヨウニ見エタソノ時ニ，ソノ本質的ナ正シサノ主要ナ証拠トナッタモノデシタ．Dirac 理論ノ最近ノ目ヲ見ハル発展ト陽電子ノ発見トニ私タチガドンナニ熱狂シテイルカ，御想像クダサイ．

3 月 21 日 ［Bohr に］計画サレテ久シイ先生ノ日本ヘノ旅ガ 1935 年ノ春ニ実現スルコト，私ドモ一同大喜ビデス．

陽電子ガ Anderson ニヨッテ発見サレテカラ，私ドモモソノ理論的解釈ニ強イ興味ヲモッテキマシタ．モウ一年チカク，陽電子ノ光電生成ノ確率ノ計算ヲシテキマシタ．ヨウヤク結果ガデマシテ，一部ハ Oppenheimer and Plesset オヨビ Heitler and Sauter ノ結果ト比較デキマス，前者ノ結果トハマルデ違イマスガ，後者トハ合イマス．

［Y. Nishina and S. Tomonaga : *On the Creation of Positive and Negative Electrons, Proc. Phys. -Math. Soc. Jpn.* Third Ser. **15** (1933) 248–249.

Y. Nishina, S. Tomonaga and S. Sakata : *On the Photoelectric Creation of Positive and Negative Electrons, Suppl. Sci. Pap. I. P. C. R.* **17** (1934) 1–5］

参考文献

[1] 中根良平・仁科雄一郎・仁科浩二郎・矢崎裕二・江沢 洋編『仁科芳雄往復書簡集』，I, II 巻 (2006), III 巻 (2007), 補巻 (2011) として，みすず書房から刊行された．その後 2019 年に，さらに大量の書簡が発見された．

[2] 仁科芳雄『原子力と私』，学風書院 (1950).

[3] M. Born : *My Life*, Taylor & Francis (1978). p.210.

[4] C. Reid : *Hilbert*, Springer (1970). pp.158–167.

[5] 堀 健夫：「日本物理学会誌」，**32** (1977), 788–793.

[6] W. ハイゼンベルク：『部分と全体』，山崎和夫訳，みすず書房 (1974), pp.120–124, 124–129.

[7] J. Mehra and H. Rechenberg : *The Historical Development of Quantum Theory*, Vol. 5. Pt. 2, Springer (1987). p.823.

[8] 朝永振一郎『スピンはめぐる』，中央公論社 (1974), みすず書房 (2008). 第 4 話.

[9] 玉木英彦・島村福太郎・竹内 一・矢崎裕二：日本物理学会講演，1984 年 4 月 4 日，1985 年 4 月 1 日，1986 年 3 月 29 日．

「日本物理学会誌」1990 年 10 月号は「仁科芳雄生誕百周年記念」特集号となっている．

8. 量子力学の建設者たち
―― ド・ブロイの死去に寄せて

〈座談会〉　伏見康治・江沢 洋
高林武彦・岡部昭彦

　岡部（司会）　この 1987 年 3 月 19 日にフランスの物理学者，ルイ・ド・ブロイ博士が長逝されました．先年のディラックに続くド・ブロイの訃報は，これでもう，1920 年代の量子力学の建設者たちはすべていなくなったのだ，という感慨を深めるようなことでした．綺羅星のように輝く物理学の群像が織りなした 20 世紀最大の出来事を，その最後の人であるド・ブロイに託してお話いただく意味は小さくないと思います．ド・ブロイは 94 歳という長命であり，なにか伝説中の人物のような面すらありましたが，幸いに高林先生は同じポアンカレ研究所に留学され，親しくその謦咳に接した数少ない 1 人であられるわけで，そのあたりからお話を願えませんでしょうか．

8.1　ド・ブロイの思い出

　岡部　高林先生がおいでになりましたのは，かれこれ 30 年くらい前になりますか．そのときド・ブロイはすでに 70 歳を過ぎていたわけでしょうか．
　高林　1952 年に還暦だったんですから，65 歳前後のころですね．もっと若い，1930 年代のことは渡辺（慧）先生がご存知なんですけれども，伏見先生いかがでしょうか．
　伏見　もっぱら渡辺さんを通じてド・ブロイの風貌というか，性格みたいなものを教えられただけですね．時間的には先だから言いますと，渡辺さんとは東大

の物理に一緒に入ったわけなんですが，彼はほとんど物理教室には出てこないで，もっぱらアテネ・フランセへ通っていて，フランス語をものにすることばかり考えていた．まだ学生時代に，ド・ブロイの波動力学の翻訳をしちゃったわけですね（『波動力学研究序説』，岩波書店，1934 年刊）．そしてその翻訳をおみやげにド・ブロイのところへ行ったわけでして，フランス政府留学生の制度の最初のイグザンプルとして行ったんですね．ですから，彼ははじめからド・ブロイにあこがれていたわけで，それに対して着々と手を打っていったわけですから，僕なんかとは全然違う．

　高林　ド・ブロイは物理学者としていろいろ変わったところがあります．物理学者は一般に中産階級の出身が多いと思いますけれど，ド・ブロイはフランスでパリ伯に次ぐ名門とされる家柄に生まれたということが 1 つです．そこでは歴代，将軍とか政治家などが続いてきたのですが，ルイとその兄のモーリスのところで突然，物理学者が出たわけです．その後，現在も閣僚などに一族の者がいるはずです．とにかくそういう名門に生まれたのですが，ド・ブロイ自身は社交界に出入りすることを好まなかったと言っています．

　若いころ彼に影響を与えた者としては，ベルクソン，ポアンカレ，ランジュヴァンなどがあげられると思います．ただし影響を受けたというのは同調したというのではないんですが．まず，ベルクソンの影響についてですが，この意味でド・ブロイは文学のほうでのマルセル・プルーストに比べられることがあります．しかしこの比較は誤解を生む恐れがあり，注意しないとまずいです．それはともかく，ド・ブロイがだいぶ後に出した *Physique et microphysique* という本の中にあるベルクソンについて書いたエッセイは興味深い．ベルクソンというと，普通，相対論に関係していろいろ言われますけれども，ド・ブロイは量子力学との関係みたいなことを書いているわけです．ド・ブロイの『物質と光』は *Matière et lumière*，ベルクソンのは『物質と記憶』*Matière et mémoire* ですか，ほかにも *Continu et discontinu* という本もありますし，そういう表題もベルクソンを連想させますね．

　江沢　渡辺先生もベルクソンのことをかなり書いておられましたね．

　伏見　そうですねえ．僕はベルクソンなんて直接には何も読んだことないけれど，耳学問で渡辺さんからいろんなことを教えていただいた．

　江沢　ド・ブロイの影響でしょうか，それともそれ以前のことでしょうか．

　伏見　それ以前ですね．そのころは，ある意味ではベルクソンははやっていたんじゃないですか．

8. 量子力学の建設者たち ── ド・ブロイの死去に寄せて   93

高林　ベルクソンはフランスでは第1次大戦前が全盛だったようですが，その後もかなり．日本ではむしろ1930年代でしょうね．

伏見　エラン・ヴィタール (*élan vital*) という言葉だけは渡辺さんから何度も聞かされた．

高林　ベルクソンは，「時間はたくさんの可能性の間のためらいにほかならない」という，パス・インテグラルを連想させるようなことを言っているんですね．また飛んでいる矢についてのゼノンのパラドックスを論じていますが，この考察をド・ブロイは不確定性原理のさきがけと見ています．この本は翻訳されてよさそうなものと思うんですけれども．

伏見　いつごろ出たんですか．

高林　1947年です．英訳は1955年で，それにはアインシュタインが序文を書いています．その死の年です．

江沢　ド・ブロイはあまり社交的でなかったという話ですね．高林先生がいらっしゃったときはどうだったんですか．

高林　パリの西郊のヌイイという町で，マンションに1人でバトラーみたいなのを置いて住んでいました．マンションと言いましたのはフランス語のもとの意味なので，日本で言うマンションのことではないですが，そこからメトロで通うんですね．メトロには普通車のほかにちょっと一等車みたいなところがあることはあるんですけれど．ヌイイからメトロで直通でアンスティテュの前で降ります．単に「アンスティテュ」と言えば，アカデミー・フランセーズの建物のことを指すんですが，そこへ「永年書記」として週に1回来ます．それから週2回ほどポアンカレ研究所に来ます．

特に非社交的なことはないんですが，国際交流などについてはやや消極的ですね．1935年にワルシャワの会議に出たさい池にはまるという椿事があり，それにこりて以来，旅行嫌いになったと言われますね．ちょっと恥しがりと言いますか，話していて顔が赤くなったりします．

伏見　ほお，人嫌いだったのかな．

高林　人嫌いではないんですけれど．いつか私が友人に自分は timide で，ド・ブロイとあまりディスカスもできないのを残念に思っていると言いましたら，このフランス人が「timide なのは君ではなく，ド・ブロイのほうなんだよ」と言ったのを思い出します．

伏見　講義か何かをお聞きになったんですか．

高林　講義は Amphithéâtre Darboux という大きな教室でやっていました．ノートを両手で持って，そこの教壇の上を端から端まで行ったり来たりしながら読み上げていくんです．

岡部　小さい声でぼそぼそということではないんですね．

高林　そんなことはないんですが，ちょっと独特の調子ですね．

伏見　原稿をちゃんとつくってくるわけですね．

高林　ノートが自家用に優雅に製本してあって，それを読み上げていくわけで……．

伏見　その場で思いつきで話すということではないんですね．

高林　毎年，その年に講義したことがほぼそのまま本になって，それで1年に1冊ずつ本が出ます．これはもっぱら Gauthier-Villars という出版社から……．

岡部　研究所のコロキウムとかセミナーのようなところではよくお話しになるんですか．

高林　火曜のコロキウムに来ると，一人一人と丁重に握手をかわします．握手など frail な感じですが．それからいちばん前に座り，両側にはデトーシュとマダム・トヌラがいます．もちろん質問したりやっていました．

岡部　高林先生がお話しなさったときにも，ド・ブロイが発言されたということをたしかどこかで拝見しましたが．

高林　質問されて，答に窮したりしましたけれども．それから，ときどき手書きのノートをド・ブロイのところへ持っていって，ちょっと説明して渡すのですが，するとそれをアカデミーで紹介してくれるわけで，一週間もするともうゲラ刷りが届きます．こういうことで，そのころの「コント・ランデュ」にポツリポツリ6篇ほど私のノートが出ております．とにかくタイプする必要がないのがいいですね．

　ド・ブロイがちょっと変わっていると言いましたが，経歴について見ますと，フランスではエコール・ノルマルとかエコール・ポリテクニクとかの出の者が幅をきかせているのですけれども，ド・ブロイはそういう出でないということが1つ．

伏見　そういう意味では，エリート・コースではないんですか．

高林　いわゆるエリート・コースではないんです．ソルボンヌの文科で歴史みたいなことをやってリサンシエになったところで理科に転じた．

江沢　若いときは夢想家のように思われていたそうですね．変人というのかな．それで，彼の物質波の考えもはじめはそんな目で見られたと言います．実験を引

き受けた人もいたようですが，本気にはしていなかったらしい．

伏見 大人になっても人と会ってすぐ顔を赤くするなんていうのはやっぱり変人だね．

江沢 そうですね．何かあったんでしょうか，小さいときに．

高林 父親がわりと早く死んで，おばあさんとお母さんとで育てられた．それに姉があり，末っ子で女の中で育った．兄のモーリスは年がずっと離れています．

江沢 十七歳も違うんですね．さきほどバトラーを雇ってとおっしゃったけれども，女の人，つまり女中さんは雇わなかったという話ですけれども．

高林 バチェラーにバトラーがついている．

伏見 独身で通しちゃったわけですね．モーリスとは十七歳も違うんですか．そうなると，もうお父さんだね．

高林 神聖ローマ帝国の貴族として，兄が Duc（公爵）で，弟が Prince（皇太子）でしたが，何十年も後，1960 年に兄が亡くなったとき，この Prince が Duc を継ぐことになります．

それはさておき，次にアインシュタインの影響について考えましょう．これについてはまず，第 1 次大戦が終わったときに，ドイツとフランスとの間の交流がなかなか回復せず，当分敵対関係にあったが，アインシュタインだけは別だったということがあります．アインシュタインは 1922 年にコレージュ・ドゥ・フランスでの会議に呼ばれ，そこで哲学者・文学者・数学者などを含めた広い範囲のエリート学者と会っています．ドイツ人はフランスへ呼ばれなかったけれども，スイス国籍を保持していたアインシュタインは自由に行けた．また，ソルヴェイ会議とか国際連盟の知的協力委員ということで，マリー・キュリーとかランジュヴァンとかジャン・ペランとかと親交をもっていた．そういうわけで，アインシュタインの光量子もフランスでは割合あっさり受け入れられる状況があったように思われます．ところが，ドイツやコペンハーゲンでは，人々は光量子をなかなか受け入れず，コンプトン効果が発見されたり，光量子でアインシュタインがノーベル賞を得た後になってさえ，「ボーア–クラマース–スレーター理論」のようなものが出され，しかもそれが大いに注目を浴びているのです．

8.2 ド・ブロイと量子

高林 量子力学の出来方から言いますと，その主流的な論理の発展として，プ

ランク，アインシュタイン，ボーア，ゾンマーフェルトという正統なコースがあったのに対して，ド・ブロイはひょいと闖入者のようなかっこうで入ってきたと思われがちですね．しかし，ド・ブロイ自身は第1次大戦の前にすでに量子をやり始めていました．兄のモーリスから第1回ソルヴェイ会議の話をいろいろ聞かされて，量子に興味をもった．この会議は1911年でしたが，ランジュヴァンとその少し後輩にあたるモーリス・ド・ブロイがその秘書役のようなことをやったわけです．このモーリスは海軍を中途でやめてから自宅に実験室を作り，X線などの実験をやっていました．

とにかく，こういう発端で弟は量子に興味をかきたてられたのですが，彼はまた以前からポアンカレの『科学と仮説』などをさかんに読んでいました．このポアンカレが1912年に死にまして，大きなショックを受けたと言っています．これらはすべてまだボーアの理論も何もなかったころのことですね．

伏見　第1回ソルヴェイ会議ではポアンカレが主役であったんだな．

高林　そのあくる年に死んでしまった．ボーアの理論が出るのは1913年ですね．

江沢　光について言われていた粒子と波動の二重性ということでしょうか，ド・ブロイの関心は．

高林　ド・ブロイは，そのころはまだ20歳前後で，とにかく物理と数学を勉強していたわけですが，そこにはやはりフランスの物理の伝統が背景としてあるように思います．ことにフレネルなどの波動論ですが，そのうえで先ほどのアインシュタインの光量子が影響しました．実際は，戦争中，彼は5，6年間軍務に引っぱられていましたから，戦争が終わり1919年に復員してから仕事を始めることになるわけで，兄モーリスの実験所に出入りすることになります．

伏見　渡辺さんに聞いたのは，モーリスは昔の豪奢なお屋敷の絨毯の敷いてある上でX線の実験をやっているというようなことでした．モーリスはX線の大家なんでしょう．

高林　X線の大家です．後には宇宙線の実験に移り，そこから，たとえばルプランス-ランゲなどが出ることになりますが．X線に対してはもともと波か粒子かということがだいぶ長い間はっきりしなくて，ラウエでもって波ということになった後でも，粒子説を依然としてとっている人もかなりいるんですね．ブラッグ自身，元来ちょっと特殊な粒子説をもっていたわけですし，とにかくX線が粒子だという見方もずっと続いていました．

ド・ブロイがアインシュタイン流の光量子の見方でウィーンの公式を出してく

8. 量子力学の建設者たち——ド・ブロイの死去に寄せて　97

る論文を書いたのも，コンプトン効果の出る前，1922年のことでした．ド・ブロイがちょっと違うところは，「光の原子」という言葉を使っていることですね．それが質量をもっている，極度に軽いけれども有限の質量をもっているという，そういう描像を彼はその後も長くもち続けることになるのですが，とにかく光の粒子がちょっとでもいいから質量をもっているのだとすれば，その光が波でもあると言えば，普通の原子あるいは電子のほうも質量をもっているけれども，やっぱり波動性をもっているというアナロジーにいきやすかったと思うんです．

　江沢　粒子説に立ってプランクの公式を導いた仕事もあるんですね．

　高林　最初はウィーンの公式を導いて……．

　江沢　ええ，ウィーンの公式を導いて，そのあと……．プランクの公式を展開すると，$\exp(-nh\nu/kT)$ の n に関する和になりますね．つまり，光量子 $h\nu$ が n 個くっついたものが1つのユニットとして飛んでいる，n が $1, 2, 3, \cdots$ といろんな値をとるとプランクの式が理解できる．非常におもしろいんです．

　高林　ドイツではボーテも同じ考えで論文を書いています．とにかく，これはボース統計の実体論的モデルとでも言うべきものですね．そういうことで，ド・ブロイは一昔前のアインシュタインと一種の平行線をたどっていたわけです．ところが翌年には彼は例の位相波の3つのノートを書くことになります．一方，ボースの論文もそのころに書かれ，いずれもが（ド・ブロイについてはノートをまとめた学位論文）アインシュタインに届けられます．ド・ブロイの位相波あるいは物質波の考えの中にボース統計的なものがすでに含意されていることをアインシュタインが見抜いた．

　伏見　だから，そういう意味でまったく天から降ってきたアイディアというわけでもなさそうですね．いろいろなサジェスチョンがうごめいていたという……．

　江沢　ブリルアンとの関係も言われますね．

　高林　おやじさんのマルセル・ブリルアンはコレージュ・ドゥ・フランスの教授で，その息子のレオン・ブリルアンはド・ブロイの少し年上で，ゾンマーフェルトのところで学んだことがありますね．

　江沢　ド・ブロイ自身がブリルアンこそ波動力学の開祖だと言っているそうです．ド・ブロイの「波と量子」のアイディアと非常に似てたみたいですね．ブリルアンは，ボーアの量子条件の解釈をするんですけれども，原子核のまわりを電子がまわっているときに，電子が何か波を出すというんですね．その波のほうが電子の何倍も速く軌道をまわるとするんだけど，周期運動をしているものだから，

自分の出した波に出会うことがある．こんなふうに一種の同調がおこるということが量子条件であるとブリルアンが言っていた．原論文は読んでないんですが，ヤンマーの本（『量子力学史 2』，東京図書）にそう書いてあります．何回目かのソルヴェイ会議で，ド・ブロイが講演したときにブリルアンの話をしているんだそうですけれど．

　高林　1927 年の第 5 回ソルヴェイ会議ですね．ド・ブロイはここで「量子の新力学」と題して報告しまして，いろいろ歴史的なことも述べています．その脚注でマルセル・ブリルアンを先駆者として引用していますが，私はそのブリルアンの論文を見ていないんです．そこに，たとえば $\lambda = h/mv$ というような式が書かれていたかどうかですね．

　もう 1 つ関係があるように言われるのは，シュレーディンガーの 1922 年の論文ですね．これは，例のワイルのゲージ理論と量子条件との間のアナロジーに注目するものです．この論文と量子条件を波の共鳴として出してくるド・ブロイの理論との間の歴史的関連については，ラマンらが調べて書いています（*Historical Studies in the Physical Sciences*, vol. 1 (1969)）．このラマンというのは，実はパリ時代に私についていた科学史好きのインド人です．この問題は江沢さんの『波動力学形成史』にも扱われていますし，さらにヤンが昨年日本で開かれた量子力学の基礎についての国際シンポジウムでの講演で再びとり上げました．

　江沢　ワイルのは位相ではないですね．虚数単位の i がはいっていないから．

　高林　ワイル–シュレーディンガーにおけるスケール因子がド・ブロイ–シュレーディンガー–ワイルでは位相因子に置き換わるわけですね．

8.3　量子物理学の「体験」

　岡部　ド・ブロイ逝去とともに今年はシュレーディンガーの生誕百年にもあたります．今日，ご出席の先生方は，伏見先生が 1930 年代の東大の物理をご卒業，高林先生が 1940 年代，江沢先生が 1950 年代ということでほぼ 10 年くらいの間があるわけです．シュレーディンガーとかド・ブロイに限らず，あの時代の革命にそれぞれ，いろんな形で対応されたわけですけれども，そのあたりのことを伏見先生からお話しいただけませんでしょうか．

　伏見　そういう意味では僕は落第なんだな．というのは，ほとんど歴史を知らないんですよ．阪大へ行って，湯川さんとか武谷三男とかとつきあって科学史をはじ

めて教えてもらったという感じなんです．阪大へ行ってから歴史の本を読み始め
たんですね．菊池（正士）さんの下でとにかく原子核実験を始めたから，原子核な
んてあまり興味なかったんだけれど，しようがないから原子核の昔の本を読んだ．
どういうふうに発達してきたかを知りたいと思って，たとえばラザフォードの伝記
がちょうど出たので，それから J.J. トムソンの *Recollections and Reflections* な
んてのを読んで，それが非常におもしろいんだ．ラザフォードのはカナダのイー
ヴという教授の書いたもので，これはオーソドックスなんですが，J.J. トムソンの
思い出話なんていうのは，自分で語っているわけだから，とてつもなくおもしろ
かった．そういうふうな勉強の仕方でいわば歴史を知ったのであって，何年にど
ういう論文が出てといったような形での追跡をついぞしたことがないんです．歴
史の発展といったものを教えてもらったのは湯川さんと武谷さんだね．

　岡部　菊池先生の歴史意識というのはいかがでしたか．

　伏見　菊池さんはまさに歴史の中で生きてきた方で，有名な陰極線の回折，今
の言葉で言えば電子線の回折現象といったようなものは，まさにド・ブロイの予
言を実証しようとして始めた実験ですから，まさに歴史の流れの最先端に乗って
おられた方です．ただ，菊池先生は僕のような本読みではないんですよ．菊池先
生の知識は，主として人と話をすることによって得られる，悪い言葉で言えば耳
学問，だけど非常にいい耳学問だったと思いますね．理研という雰囲気の中で人
と話をしている間に栄養を吸収したという感じですね．そういう意味で，歴史の
流れの雰囲気を書物によって知ったというよりは，むしろ雰囲気の中で体得され
ていったという感じですね．

　だから，阪大に行かれたときに原子核物理学に切り換えてしまうというのも，
そのころ理研は全部が原子核に傾斜してしまったからです．まず，高峰研究室の
藤岡由夫先生，長岡研究室で杉浦義勝さん，西川研はもちろんのことですね，そ
れから仁科研でしょう．4つの研究室がいちどきにコッククロフト－ウォルトン
の装置を造り始めた．そういう雰囲気の中で大阪に来られたものだから，菊池さ
んも原子核をやらなければということになったんだと思います．まわりの雰囲気
から肌で知識を吸収しておられた．

　僕はそういう雰囲気の圏外にいますから，そういうことも知らない．それから，
湯川さんや武谷さんのように科学史的な追求をやっているわけでもない．むしろ
J.J. トムソンのおもしろい物語を読んでいるという形ですから，僕はあまり歴史
を語る資格はないね．

江沢 でも，量子論の発展ということから言うと，先生はまさにその中で生きてこられたわけですから……．

伏見 それは，要するに学生の勉強の続きみたいなものですね．まず渡辺 慧さんと一緒にプランクの熱力学を読んだとかというような話の積み重ねですね．僕の量子力学は，もっぱらノイマンの *Mathematische Grundlagen der Quantenmechanik* です．読んでからしまったと思ったけれども．それからディラックの第1版を読んだんですがね．ノイマンの本は数学のところはわかるんですけれどね，しかし，ディラックのほうはわからないですね．

江沢 ノイマンの本は，今でいう自己共役性の条件を見出して量子力学の枠組みをしっかりと作ったけれど，そこに現われる演算子が実際に自己共役だということは，ほとんど証明していないんですね．それがなされるのは加藤敏夫先生からで，だいたいは戦後の発展……．

岡部 高林先生の場合は，もう高等学校ぐらいからそういう雰囲気があったのでしょうか．

高林 僕は三高なものですから，どうものんびりしていまして．三高というところはだいたいあまり勉強をしないところですね――湯川さんや朝永さんは例外的で．最初の刺激は図書室でかじった石原 純の本です．それから講師の国井（修二郎）さんから吹き込まれました．吉川（泰三）先生の講義は坦々たるものでしたが，熱輻射論のことがキルヒホッフからプランクまでなぜか妙に詳しかったですね．これは当時の習慣だったのでしょうか．1937年ですが，ボーアが隣の京大に来て話をするというんで，のぞきに行きたいとは思ったけれども，その勇気がなくて，後で惜しいことをしたと……．ただし，彼のいろんな思考実験の話や複合核の話などは翌年出た藤岡さんの『現代の物理学』で読みました．

岡部 東大に入られてからはいかがですか．

高林 量子論について申しますと，まず酒井（佐明）先生の半年の講義がありましたけれども，どうもあまり先へ進まないで，マトリックスみたいなところでもたもた……．

伏見 僕が2年生のときに酒井先生はドイツへの留学から帰って来て，帰朝ほやほやの量子力学の講義をなさるというので，3年生相手らしいんだけど，僕は2年生だけれども聞きに行ったんです．酒井先生はきわめて正直な方で，私のドイツ語では，自分の知っていることはハイゼンベルクの講義でわかるけれども，知らないことの話になると結局はわからないという，そういう話なんですね．わか

ることというのがマトリックスの計算だし．それで 2, 3 回出て，あきらめてやめましたけれども．

高林 酒井さんの講義が前座みたいで……，そのあと落合（麒一郎）さんの量子力学という 1 年間の講義がありました．相対論も落合さんでしたね．

伏見 僕も落合先生に習ったけれどもね．相対論の講義を聞いて，それから卒業論文が，半年は坂井卓三さんで，半年は落合さんでした．

高林 僕らのころは日本でもいろんな量子力学の本が出ていました．ことに岩波の物理学講座と共立の量子物理学講座が出ていました．しかし，いちばん印象にあるのは，やはりディラックの本だったでしょうか．本郷の下宿でディラックの訳本とにらめっこしていたことを思い出しますが，なかなかわからないで……．誰の訳でしたかね．

江沢 仁科，朝永，小林，玉木でしょう．

高林 そうそう，第 2 版の．

伏見 第 2 版はだいぶわかりやすくなっていた．

高林 量子力学の教科書ということでは，いちばん早く出たものとしてワイルの本 *Gruppen Theorie und Quantenmechanik* がありましたね．量子力学の入門書としては最も不適当なものが外国でも訳書でも最初に出たというのは皮肉ですね．

伏見 どうして山内（恭彦）さんがあれを翻訳したのか，いまだに僕にはわからない．僕は一大損害を受けたよ．今日ここに，ワイルの生誕百年を記念して出版された本を持ってきましたが（*Hermann Weyl 1885–1985*, Springer, 1986），その中のヤン先生の書いたものを斜めに読んだ感じでは，ワイルの本はたいへんすぐれたものなのだろうけれど，ほとんど誰も読んでいないのではないか，と．

江沢 シュレーディンガーも閉口したようですね．ワイルの書いたものを読むのは，直接に話を聞くのに比べて，何とむずかしいことか，と言っています．さっき高林先生が引き合いに出してくださった『波動力学形成史』ですが，その中に入れたシュレーディンガーからワイルへの手紙にそう書いてあるんです．

岡部 高林先生は，戦後に量子力学史をお書きになるわけですけれども，戦争中に孜々として蓄積されたわけですか．

高林 量子力学がどうも気になっていて，その論理や背景をいろいろ調べていました．坂田さんが言っておられましたけれども，朝永さんはずいぶん時間をかけて量子力学を勉強したんだと……．朝永さんの『量子力学 I』の序文の「本書はあまり急がないで量子論を勉強しようとする人のために書かれた，云々」とい

う言葉にもそれは反映していますね．朝永さんは，たとえば何とかいう人の行列力学の本を一生懸命やったんだそうですね．

江沢 無限次元の行列の話．A. ウィントナーの本，*Spektraltheorie der unend-lichen Matrizen*(1929) でしょう．あれは行列力学の数学的基礎づけを目指したようですけれど，数学どまりの本ですね．朝永先生は欄外にびっしりと書き込みをしながら読まれたんですね．ページが真っ黒になるくらい．

高林 行列力学から量子力学に入るというやり方は，結局，みんななかなかものにできなくって，シュレーディンガーが出てわかったという人が多いようですね．フェルミあるいはベーテでさえそうだったといいますし，ゾンマーフェルトもシュレーディンガーが出たところで *Wellenmechanische Ergänzungsband* を書いた．当時は「量子力学」という言葉と「波動力学」という言葉とが半々くらいで用いられていた．このゾンマーフェルトだけでなく，パウリ，フレンケル，モット等の本も「波動力学」でした．それがいつの間にか「量子力学」一本になってしまいましたね．

伏見 やっぱり波動というのは直観的なんですかね．

江沢 量子力学という言葉をつくったのはボルンです．ハイゼンベルグより前の1924年に Über Quantenmechanik という論文を「ツァイトシュリフト」に書いています．そう言えば，ボルンとヨルダンの本，*Elementare Quantenmechanik*(1930) がありましたね，行列力学の．

伏見 いい教科書だと思うな．

高林 あの本に対してパウリが辛辣な書評を書いたんですね．その最後に「ただし，紙質は良い」という．その言葉がボルンにカチンときた．

江沢 1930年の出版ですから，もう波動力学もできていたんです．それなのに行列だけで書いたから……．ボルンが自分で言っていますが，あれはローカル・パトリオティズム，つまりゲッティンゲンの偏見で書いた本で，それがまずかったと．

伏見 しかし，それに徹したというのはやっぱり1つの見識ではないかな．

江沢 それはそうですけれども．ヨルダンがそうしろと強く言ったからそうしたみたいなことがボルンの自伝に書いてあります．ヨルダンは，行列力学のほうが基本的で深い内容をもっていると主張した．たしかにそのとおりで，波動力学は変換理論の与える多様な表現の1つにすぎないのですからね．

高林 先ほど岡部さんのご質問がありましたので，僕などが量子論についての

8. 量子力学の建設者たち――ド・ブロイの死去に寄せて　103

昔の勉強のことに関してあれこれ語るのはおこがましいのですが，ちょっとまた学生のころについてつけたします．この時期，政治情勢は悪化の一途をたどっていましたが，日本の理論物理がちょうど自立しかけていた時期に相当していたように思われます．これはあとから振り返って見てそう思われるということで，当時はもちろんそういうことに気づきませんでした．

　東大では理論は物性論のほうに傾いていまして，モット－ジョーンズの本，*The Theory of the Properties of Metals and Alloys*のゼミなどがあったわけです．その一方，落合さんからハイゼンベルク－パウリの論文，*Zur Quantendynamik der Wellenfelder*(1929, 1930)の写真コピーを与えられて，そのゼミをやりかけたり，またハイトラーとか，先ほどの岩波講座の湯川・坂田『原子核及び宇宙線の理論』などをかじったりしていました．仁科さんの講義，渡辺さんのフリーな講義なども聞きました．しかし私はだいたいうかうかと過ごしてしまい，その間に時勢はつるべ落しで進み，真珠湾にまで突入し繰り上げ卒業になります．

　岡部　話は戦後になりますが，江沢さんの場合にはいろんなものが一挙に出てきたときにお育ちになって，かなり早熟的な勉強をされたんではないかと思いますけれども，どうでしたか．

　江沢　真珠湾に始まったあの戦争の終わったときが中学1年なんです．それまで模型飛行機つくりに熱中し，飛行機の設計技師になることを夢見ていたのに，敗戦で日本では飛行機がつくれないことになった．それで，何か代わりになるもの，熱中できるものをさがしていたんでしょうね．いちばんはじめにこれはおもしろそうだと思ったのは，菊池先生の『物質の構造』です．あの本は，開くと素朴実在論では現在の物理は理解できないと書いてある．何か非常に不思議な話で，ひきつけられたんですね．あと，よく覚えているのは伏見先生の「自然」の「原子物理シリーズ」という連載，全部を読んだわけではないんです．「不確定算術」というのと「連続の中の不連続」というのと，あの2つを非常におもしろいなと思って読みました．不確定性があるにもかかわらず区別できるためには，離散的でなければならないというところがあって，そこに何か深いことがありそうに思える一方で，もう1つよくわからない．

　あのころは本屋に行っても本はないんですね．ただし，古本屋には結構いろんなものがあった．というのは，僕が住んでいたのは，中島飛行機のあったところの近くなんですね．その工場から出たり，技術者が売りに出したりしたんでしょう．一例ですが，坪井忠二『振動論』は良い力学入門だったと思います．でも量

子力学はなかった．新刊で湯川秀樹『量子力学序説』が出て，それから朝永振一郎『量子力学I』が出ました．湯川先生の本は序章くらいしか読めなかった．熱中したのは朝永先生の本のほうです．積分ができなくて，高校の先生にやってもらったりした．とにかく「急がないで勉強する」ための時間はたっぷりあったのです．天野 清『量子力学史』の新刊300円を無理して買ったら，あとでゾッキ本が50円で店に出ていてがっかり，という時代でもありましたね．

ゼーマン効果でひっかかって先生に質問したら，先生の母校の教授のところに連れていってくれた．質問したら「高校生がそんなことを考えるのは，まだ早い．理論物理に進みたいのなら論理的に考える訓練をすべきだ．それには熱力学を勉強するのがよい」といわれた．何を質問したのかと言いますと，ゼーマン効果で原子のエネルギー準位がずれるというけれど，磁場は電子に仕事をしないはずではないか，ということです．この問題は大学に入るまで解けませんでした．

大学に入ってシフの『量子力学』に出会い，ディラックでなければ本物でないと言われながら読んだものです．ディラックは第3版が出て，例の「ブラ」($\langle$）と「ケット」($\rangle$）が評判になりました．bracketのまん中のcは何か——ロシア語のwithだ，なんて，これは木庭二郎先生のジョークです．そのほか，いろいろ読み散らしました．大学での講義は山内恭彦先生で，たしか半年間でした．先生方のお話と比べると，かえって短くなっているんですね．初期の量子力学の原論文を読んだのは大学院に入ってからで，そんなことをしてたら仕事にならないぞと先輩から忠告をされて——天野 清や高林先生の『量子力学史』を読んで，いろいろ宿題を背負いこんでいたわけです．

高林 ちょっと思い出したことをもう1つつけたしたいのですが，伏見先生の『ろば電子』のうしろのほうだったと思いますが，量子力学というものの全体についての見取図のようなものが書かれていまして，これが非常に勉強の道しるべになった記憶があります．

伏見 『ろば電子』は昭和17年(1942年)に出たんだな．

江沢 そのころ高林先生は……．

高林 本は17年ですけれども，雑誌に連載されていたときに見たのかと思います．伏見先生の図式で第2量子化がどういう位置づけになっているかというようなことが頭に入ったわけです．

伏見 僕の学位論文がそうなんですよ．

江沢 いくつかある図式の1つが朝永先生の教科書の書き方に一致しているの

ですね．ド・ブロイ波も古典的波動と見て粒子像と対等に置き，量子化によって両者を統一する．

岡部　伏見先生はいい種まきをされたわけです．

伏見　僕は最初，ガモフの『不思議の国のトムキンス』を翻訳して出したんですが，これは湯川先生がこの本を買ってきて，おもしろいぞと言って見せびらかすものですから，湯川先生にこの本を貸していただいて，山崎純平君という学生と一緒に翻訳したわけです．たとえば，自転車に乗って走っている人がぺちゃんこになって見えるなんていう話は，物理屋としてはものすごくおもしろい表現だと思うんだけれども，普通の人にそのおもしろさがほんとうにわかるのかなと思った．この本でガモフは一挙に名声を得て，その後，続々と書き始めるわけですけれどもね．

高林　科学の vulgarization ということでド・ブロイはユネスコの第 1 回のカリンガ賞というのを受けました．第 2 回がガモフです．『ろば電子』が外国語に訳されていれば伏見先生が第 3 回だったでしょうね．

岡部　伏見先生は『ろば電子』に相当の力を注がれたのでしょうね．

伏見　理研の先生がた，特に嵯峨根遼吉とか矢崎為一とかという原子核物理屋はバークレーに行ってローレンスの下でサイクロトロンを一緒につくったりしていたんです．矢崎さんというのが山梨の非常なお金持ちで，自費でしょっちゅうアメリカへ行くんです．語学が非常に達者でいろんなニュースをしこんでくるんです．僕は理研の 2 号館へ出かけて行ってはニュースを仕入れてきた．「ろば電子」という言葉さえ最初は矢崎さんから教えてもらった．

江沢　『ろば電子』を読みますと，実は今度はじめて気づいたのですが，中に時局風刺が出てくるんですね．よくお書きになれたと思うんです．もちろん意識してお書きになったんでしょうけれど，文句は出なかったんですか．

伏見　まじめな本だと思われていたんでしょう．検閲されなかった．大阪に住んでいたということもよかったんだと思いますね．

8.4 量子力学の建設者たち

江沢　伏見先生，量子論の解釈のことで湯川先生にお話しなさって，それきりにされた論文があるということですが．

伏見　そのころ僕は「公理論的基礎づけ」なるものにほれ込んだ．阪大に行く

前に正田建次郎の『抽象代数学』を読んで大いに感激した．阪大で熱力学の講義を仰せつかったわけです．湯川先生からお譲りいただいてね．そのころワイルの『群論と量子力学』を手に入れたばかりだったんです．これを見ると，ヴィンター・ゼメスター（冬学期）で話した講義録であると書いてあるんですね．大学の講義はこのくらい程度の高いものでなければならないというわけで，はじめての講義ですから，大いに緊張したわけです．図書室でかたっぱしから熱力学の教科書を調べたわけです．『ハンドブーフ・デア・フィジーク』に「熱の諸理論」というのがあるんです．それをあけてみますと，その中にカラテオドリというギリシアの数学者の書いた「熱力学の公理論的基礎づけ」というのがあって，正田建次郎に毒されている僕は「これだ」と思ったわけです．それを種本にして講義をしたんですが，評判は悪いわけです．

そういう公理論的基礎づけの1つとして，ノイマンとバーコフの「量子論理」という表題の論文が出たわけです．そこに，こういう公理をたてればいっさいが出てくるという公理のシステムが書いてあるわけです．しかし，その公理がきわめて抽象的で，僕は直観的な意味を与えたいと思ったわけです．それで書いたのが「量子力学の基礎」と題する論文です．ところが，どういうわけか湯川さんがこれを読んだんですね．その論文には「その一」とあるんですが，湯川さんにご注意を受けて，「その二」はついに出なかった．そのほかにもいろいろ湯川さんにやっつけられたことがあるんです．インフェリオリティー・コンプレックスがある．

江沢　コンプレックスは創造の原動力になると言いますね．シュレーディンガーにもかなりインフェリオリティー・コンプレックスがあったんじゃないでしょうか．

高林　誰に対してですか．

江沢　はじめは原子物理学の主流の外にいるという感覚です．波動力学をつくったあとも，結局，量子力学が自分でわからなくなってしまいましたね．しかし，どうにもできない．解釈問題でゆきづまったんですね．

高林　年のせいもあるかもしれませんね．ド・ブロイあたりを境にして，それより年長の人々はそれを使って何かをやるということにはあまり進まなかった……．

江沢　ボルンなんかはどうですか．

高林　ボルンもそれほどやっていないように思いますが．

伏見　そもそも量子論を言い出したプランクも量子論がわからない．アインシュタインも本当にはわかっていない．そうすると，わかっている人は誰だったんだろう．

高林　エーレンフェストは自殺してしまいましたし.

伏見　ハイゼンベルクはわかっていたのかな.

高林　いろんなわかりかたがあるでしょうが, そもそもわかるというのはどういうことか…….

江沢　自分の理解に満足していたか, と考えてみると…….

伏見　ハイゼンベルクの最後のウアマテリーという話はその後何も発展しないんですか.

高林　ハイゼンベルクが亡くなるのとちょうど同じころに, ゲージ理論の方からいわゆる「スタンダード・モデル」ができあがってくるわけですね. それで弟子たちがもうやらんですむわい, やれやれということになった傾向がありますが. これは山崎（和夫）さんに聞いてみたいですが.

伏見　残念なような感じがするな. 非常に気宇広大な構想だったのにな.

江沢　ある意味では, 今の統一理論のほうに向かっていたとも言えますね. いろんなアイディアを残しているでしょう. 今の場は, ある意味では, ウアマテリー, 成分が多くなったけれども, 変換に関する対称性を仮定して出発するところは同じです.

高林　それに「対称性の自発的破れ」なども. ハイゼンベルクは統一理論のために一般的に「非線形性」と「対称性」とを強調したわけですね. そもそも素粒子というものは対称性の現われなんだという哲学. ただどうも戦後ハイゼンベルクの評判が良くないもので…….

伏見　評判悪いんですか. 戦争のおかげという意味ですか.

高林　ユダヤ人に対するナチスのあれをハイゼンベルクが知らなかったはずがないという疑惑がいっこう晴れないことがいちばん根にあります. それから, 原子炉とか原子爆弾とかをやりかけたけれども, ハイゼンベルクは無能でできなかったじゃないか, フェルミのほうが有能だったじゃないかとか, 原爆に関連して戦時にボーアに会ったときに2人の間に入ったヒビが修理不可能となったこととか. また彼は場の量子論の適用限界をさかんに論じたが, そうならなかったではないかとか, さらに戦後の統一場理論そのものもパラノイアのように言われます. 前にデュールに会ったとき, こういう四面楚歌的とも言うべき状況について非常に嘆いていました. まあ悪く言わないのは外国ではディラックぐらいですね.

伏見　しかし, 学問的な話と政治的な話とが混雑しているのはいささかおもしろくないな.

江沢　しかし，学問の上でもレーマンとかツィンマーマンとかのいき方は理解しなかったと言われていますね．若い人が反旗をあげて1つの学派をつくった．

　高林　実はド・ブロイも戦後評判があまり良くありませんでした．1つは前にも言いましたように国際協力に消極的なことです．つまり日本で近ごろはやりの「国際化」というようなことに積極的ではない．戦後ルーマニアからもどってきたプローカが努力してフランスの素粒子論の方面で若手英才たちを外国に送り出して修業させた．それでこれらの連中はプローカの息のかかった者が多い．一方，ド・ブロイは1952年になって量子力学の正統派の解釈，いわゆるコペンハーゲン解釈に反旗をひるがえし，実在論的な解釈に回帰しようとします．これらで内外からの風当りが強くなった．しかし今この話題に入るのはやめにします．概して言って，ド・ブロイにしろハイゼンベルクにしろ，偉い学者が年をとると，それぞれにいくらか不幸になるという傾向は避けがたいように思うのですが……．

　ハイゼンベルクにもどりますと，私は今世紀の理論物理学者では，オリジナリティということでいってアインシュタインと肩を並べるのはハイゼンベルクだろうと思いますね．

　江沢　今日の話題のド・ブロイやシュレーディンガーより上ですか．

　高林　物理学者に順位をつけるというのはランダウなどがやりますが，まあ，あまり良くない趣味なんでしょうね．湯川さんがハイゼンベルクの『部分と全体』の訳書への序文で，あのころかたまって出てきた何人もの天才たちの中でハイゼンベルクは「群を抜いている」と書いておられますね．

　江沢　どういうところでしょうね．

　伏見　ハイゼンベルク，パウリを並べたときに，違いはやはり数学的なタレントだろうな．

　高林　ハイゼンベルクの仕事はいろいろ間違った要素も含んでいたり，それぞれについて言えばパウリとかディラックとかフェルミとかに劣る点もあるわけですが，そうでありながら pregnant なんですね．量子力学に関して言いますと，朝永さんと話していましたとき，「量子力学についてはハイゼンベルク，シュレーディンガー，ディラックの3人だね．それにパウリもかわいそうだからまあ入れてやることにして4人ということにしよう」とおっしゃった．パウリというのは根は古典家なんじゃないですか．量子力学に対する古典ということではなく，一般にロマンティカーに対するクラシカー．

　伏見　つまり飛躍がないということですか．

高林　マッハ的なところもあるんですね．マッハがパウリの名づけの親なんです．

伏見　それは知らなかった．

江沢　オーストリアですか．

高林　ええ，ウィーンの出です．

江沢　たしかに保守的ではありますね．着実というか．

高林　ディラックによると，あの時代には二流の学生でも一流の仕事ができた，自分も含めてですよ．ハイゼンベルクは一流だった，という意味のことを言っています．

江沢　ド・ブロイにはかなり飛躍があるんじゃないでしょうか．

高林　ド・ブロイは飛躍ですけれども，ちょっとアナロジーみたいな意味が強いと思われがちですね．

江沢　ド・ブロイがボーアの量子条件を最初に説明したときの考え方は，いま言われている軌道の長さが波長の整数倍というのとはずいぶん違うでしょう．

高林　彼はそこにいくまでに奇妙な，しかしいろいろ ingenious なアイディアを使っていますね．

江沢　ということは，考えて考えたあげくのかなり大きな飛躍だったということだと思うんですけれど．今の理解ですとごく自然に見えますけれどもね．

高林　当時，それを幻想的と見た人が多かった中で，ほとんどシュレーディンガーだけが大いに感心したという点がまさにシュレーディンガーの偉いところだと思います．ド・ブロイの出発点はアインシュタインの 2 つの式 $E = mc^2$ と $E = h\nu$ とを素朴に等置して $mc^2 = h\nu$ とし，粒子は時計を内蔵しているというイメージを得，この式のローレンツ変換性を考えるということです．そこには明らかにランジュヴァンの影響が感じられますね．そこからこの時計にはそれにシンクロナイズする位相波が伴わないと困るという着想に進むわけです．

江沢　でも，ランジュヴァンはそれを理解できたのでしょうか．ド・ブロイの学位論文を評価するのにアインシュタインの意見が必要でしたね．それはともかく，ド・ブロイの考えの道筋は，書いたものには出ていないんじゃないですか．さっきの，渡辺先生がお訳しになった『波動力学研究序説』にしてもそういう初期の考えは全然出ていないですね．

高林　量子力学が目まぐるしい勢で出来上がっていく時期にあって，もとのアイディアなどにもどっている暇はなかった．しかしド・ブロイには先ほどのイメー

ジがユングの意味での元型として晩年にいたるまでずっと残っていたことを私は知っています.

　ところで，伏見先生のころには影響力の強かったのは誰でしょうか.

　伏見　ノイマンとかワイルとかいう数学者の影響を受けたことは確かですね.しかし，物理屋として感心したのは，僕がニュートロン・フィジックスをやったせいかもしれないけど，フェルミですね.

　岡部　イタリアの「チメント」という雑誌をお読みになったというのは，フェルミの論文をお読みになるためにですか.

　伏見　そのころイタリアも後進国で，自国内の雑誌以外にイギリスとかドイツの雑誌に出さないと世界的な舞台に出たことにはならない.ところが，僕のところへあるアメリカ人がローマを通ってやってきて，フェルミが遅いニュートロン（中性子）という概念をつくり出していることを一言教えてくれたわけです.それでフェルミがすごい仕事をしていることを知って，東大へとんで行って，「リチェルカ・シアンティフィカ」と「ヌオーヴォ・チメント」をさがして読んだわけです.

　ただ，そのころイタリア語の辞書はろくなものがないんです.スローダウンに使った材料がいろいろ出てくるわけですが，そういう実験の材料がいちばん困るわけです.数学のターミノロジーだとたいていまちがいなく見当がつくんですがね.とにかくイタリアに行ったことのある外務省のお役人が自分のノートがわりにつくったイタリア語の字引きと首っぴきで読んだわけです.そのとき，湯川，坂田さんのお二人に「リチェルカ・チメント」に出たフェルミのベータ崩壊の理論を……あとでもちろん「ツァイトシュリフト」に出ましたけれどもね.

　江沢　すると，湯川理論のきっかけをおつくりになったわけですね.でも，伏見先生は中間子論のほうには行かなかった.

　伏見　実は，晴耕雨読と称して，昼間は実験をやって，夜は理論をやるという…….ただ，そのころの僕の理論はすこぶる抽象的な理論でして…….

　湯川さんの論文は，公式には東京の物理学会の席上で発表なすったわけですが，それ以前に阪大の物理教室内でお話になったわけです.そのときに湯川理論をアプリシエートできたのは僕だけだと思っている.というのは，そのとき理論家はほとんどいなかったから.

8.5 物理学者・戦争・文学

伏見 ワイルの昔話を少ししたいんですが，先ほどもお話があったように，日本で最初に量子力学の本で翻訳されたのがワイルの『群論と量子力学』で，僕は大枚6円を出して買ったんですよね．当時の6円はたいへんなものですよ．助手の初任給が65円ですから．これを読んだんですが，むずかしくてわからないんですね．むずかしいうえに，非常に気どっているわけですよ．ワイル自身が非常に気どり屋のうえに，山内先生がまた気どり屋でしょう．気どり屋が二重に重なっているわけですよね．それで山内さんにはうらみがあるんですね．あれがなかったら，もっとやさしいほかの本を読んで，もっと早くゴールに到達できたことだろうに．

江沢 アメリカ型の教科書は格が低いという感じがあったわけですか．

高林 アメリカからは初期には単に pedagogical なものが2, 3あっただけ．少し後にはケンブル，*The Fundamental Principles of Quantum Mechanics* とかポーリング–ウィルソンの本，*Introduction to Quantum Mechanics* などが出，これらは悪くないです．ただ，もっと早く出たワイル，ウィグナー，ディラック，ノイマンといったそれぞれにオリジナルな味のものではないですね．

伏見 ワイルの『空間・時間・物質』はある意味ではわかりやすいわけでしょう．どうして『群論と量子力学』はあんなにむずかしいんだろう．そのむずかしい本を先に翻訳するというのはわからないな．

江沢 むずかしいかどうかは翻訳が終わってからわかるということではないでしょうか．

伏見 ワイル関係の相対論の論文を内山龍雄さんと一生懸命に読んだわけですね，すると相対論の中での電磁気をゲージ変換で出そうという話があったでしょう．あるところまではうまくゆきそうでいて，うまく合わないですね．しかし，発想はきわめていいんじゃないかと思いますね．アインシュタインはメトリックを場所によって変わるとしたわけですね．方向ばかりでなくてスケールも変わるとしたらという，つまりアインシュタインの発想から言えば非常に自然な拡張をやろうとしたわけでしょう．それが合わないのはなぜか僕にはいまだにわからない．

高林 パウリ18歳の処女論文がこのワイル理論の批判なんですが，一方，ディラックはワイル理論の美しさを捨てがたく感じて，70歳を超えてもまだこれを進めようとしていましたね．

江沢　シュレーディンガーも，結局，一般相対論のほうへ行ったでしょう．ド・ブロイは行かなかった．ちょっと変わってますね．

高林　シュレーディンガーは波動力学以前に一般相対論にもかかわっていたので，これにもどったという面もありますね．一方，ド・ブロイは，その「二重解の理論」とアインシュタイン – グロメルの理論との間のアナロジーなどに関心をもっています．私がいたころにはポアンカレ研究所にパパペトロウとかランチョシとか一般相対論の人をよく呼んでいました．ただ元来，ド・ブロイはあまり抽象的なことは考えないほうです．だいたい，シュレーディンガーやましてディラックのような数学的なタレントは別段ない．そもそもシュレーディンガー方程式にまではいたらなかった——クライン – ゴルドンまでは自分でも彼らと同じころに達したのでしたが．

伏見　少なくとも複雑な式は動かさないね．

高林　フランスはポアンカレ以来，数学に強い人が多いわけですけれども，ド・ブロイはその点でもちょっと違っていますね．式の運転のしかたが非常にペデストリアンで，群論や解析性などもあまり使わない．

江沢　ド・ブロイにしろシュレーディンガーにしろ，あの当時の量子物理の中心から見れば田舎にいたことになるでしょう．主流とは違う考え方が中心地から離れたパリとかチューリッヒから出てきたというのは，創造ということについて考えるとき重要な事実だと思うんですが．

伏見　お兄さんがいたというのは大事な要素じゃないのかな，彼の場合には．おそらくお兄さんがいなかったら自分自身で物理に接触しようともしなかったんじゃないかな．

江沢　そうすると，お兄さんはなぜ物理をやったかということになりますが……．家がらから言えば，お兄さんのほうも変わった人ということになるでしょうね．

岡部　はじめ文学のほうから入って，途中兵隊にとられてという，そういうコースをたどったのは，あの時代の物理学者でもめずらしいわけですか．

高林　兵隊にはたくさんとられていますね．第 1 次大戦のときは，シュレーディンガーもとられています．その他ボルン，ランデ，……．

江沢　シュレーディンガーも文学や哲学に傾いていたということですね．あの時代の人は多かれ少なかれそうなんでしょうか．ゲッチンゲンの連中もそうでしょうか．ボルン，あるいはミュンヘンのゾンマーフェルトなんかはあまり文学とは関係ないんじゃないでしょうか．

8. 量子力学の建設者たち――ド・ブロイの死去に寄せて　113

高林　ボルンもハイゼンベルクも哲学は好きですね．パウリはユングにひかれます．CERN にあるパウリ記念の室には oriental mysticism 関係の蔵書がいろいろありますね．ハイゼンベルクは文学ではアイヘンドルフ，サン=テグジュペリなどが好きなようです――ゲーテは別として．一方，ディラックやフェルミはそういう方面の関心はうすい．ゾンマーフェルトもあまり関係ない．

伏見　がちがちの計算家だな．

高林　ゾンマーフェルトはまたプラグマティックですね．あそこらあたりがアメリカ流のプラグマティズムにつながっているような気がします．フェルミや，ゾンマーフェルトの弟子のベーテなんかもそうですね．

伏見　ハイゼンベルクだってパウリだってみんな弟子でしょう．彼は教師として非常に偉かった．ゾンマーフェルトの『原子構造とスペクトル線』は，そのころ第1に読むべき本だったですね．非常に教育的でいいですね．ああいう本こそ翻訳すべきだったと思うな．何を翻訳すべきかというのは重大な問題なんだな．

江沢　高林先生も，もしかしたら文科のほうへ行かれてたんではないんですか．

高林　大学へ入るときにえらい迷いましてね．文学部へ行こうかと思ったんです．それが先生方に知れて校長の森 総之助先生のところへ連れていかれまして……．森先生は東大物理のたしか第1回の卒業でした．

岡部　高林先生は詩人ですが，はじめてうかがいました．

伏見　僕自身は迷わなかったけれども，東京高校の尋常科から高等科へ行くときに文科と理科に分かれるわけでしょう．そのとき僕が理科を志望したら，先生がたはびっくりしてたですね．当然，文科へ行くものと思っていたようです．

8.6 近ごろの物理の教科書

伏見　近ごろ，物理の教科書はどういうことになっているんだろうか．つまり，これだけ新しいことが出てくると，昔流のやりかたで教えていたんでは材料が多くてどうにもならないでしょう．かといって，いろいろはしょってしまうと，若い人は消化不良をおこしますね．

江沢　近ごろ教科書はもっぱら安でに薄でにということで，軽薄短小もいいところです．きちんとした教科書は，少なくとも日本語では出ていないんではないでしょうか．

伏見　軽薄短小なものを読んで，何かにひっかかって，もう少し詳しく調べた

いと読み手が思ったときにリファーする本があるかどうか……. そういう学生が
いないんですか.

江沢 どうですか, 高林先生.

高林 昔のハンドブーフのようなものがあるといいのでしょうね. 個人による
体系的なものとしては, 昔はプランクの訳本があり, 後にはゾンマーフェルトな
ども訳されましたね. もっと新しいところでは, ランダウ–リフシッツのいわゆ
る Theoretical minimum とか, ファインマンのシリーズ. これらは読まれてい
るんでしょうね.

江沢 ファインマンは読まれているかもしれませんね. ランダウ–リフシッツ
は, 全部が読まれているかどうか. 『力学』は薄いですから評判がいい. しかし,
『量子力学』となると, 読み通す人がいるのかどうか. 『場の古典論』もいい本だ
と言いますけれども, どのへんまで読んでますか.

高林 伏見先生, 網羅的な教科書を出されてはいかがですか. 「伏見物理」と
いった感じの.

伏見 一昨年, ドイツへ行ったときに本屋を見たら, 僕の高等学校時代からあ
るポールの本があった. 僕はガモフ先生にも影響されたけれども, ポール先生に
も影響された. 僕が戦争中持っていたのが9版とか10版だった. それが19版に
なって依然として出ている. ああいう立派な教科書を誰かが書くべきだな.

江沢 近ごろは薄い本しか書かせてくれないんです.

伏見 ポール先生の本について説明しますとね, 100人近い学生が階段教室に
いるわけですね, たくさんの学生には細かい実験が必ずしも見えないわけです.
実験台の前には幻灯機が置いてあって, 光で後ろに影絵を映し出すわけです. 小
さな装置でも大きく映るわけですよ. それで, ポール先生の教室を「ポール・テ
アター」と言うんですよ.

江沢 伏見先生はプラズマ研究所時代にそういうデモンストレーション実験を
たくさんなさったと聞いたんですが. かなりお続けになったんですか.

伏見 もっと続ければよかったと思ってますけれども, 忙しくなってだめになっ
たんですが. 近ごろ, プラズマ研究所へ行ったときに, 昔のことをまとめようじゃ
ないかとたきつけているんですけれどもね. 昔はとうていできそうになかった実
験が手軽にできるようになっています. そういう知恵をもった方々が何人かお集
まりになって, デモンストレーション実験の教科書をおつくりになるといいと思
うな.

8. 量子力学の建設者たち——ド・ブロイの死去に寄せて　　115

江沢　教科書でなくとも，そういうものを発表できる雑誌があるといいんですけれども．理論にしても，横から見たり，ひっくり返して見たりして楽しむには，むしろ雑誌がいいですね．もっとも，パイエルスは *Surprises in Theoretical Physics* という短篇集を出しました．訳書は『秘訣集』となっていますが．

シュレーディンガーの書庫に入ったことがあるんですけれども，彼の本にはいろんな書き込みがありまして，さっきお話に出たワイルの書いた『数学と自然科学の哲学』など特にそれが多くて，いまドイツ語ではリプロデュースできないけれど，「バカ」とか「とんでもない」とか「まちがい」とか……．

岡部　それはどこにあるんですか．

江沢　オーストリアのチロルにシュレーディンガーが晩年に住んでいた家がありまして，そこにいろいろ残っているんです．勝手に見ていいよと言われて，ひっくり返していたらノーベル賞が出てきたり，日記があったり……．アメリカの科学史家が来て整理したというんですが，まだゆきとどいていなくて，手紙やら別刷りやらいろんなものが束ねてほうり込んである．今度，百年祭で展示をするそうですから，そのときは整理するかもしれません．

岡部　戦後すぐにもどっているんですか．

江沢　1956 年にウィーン大学に帰っています．ドイツの降伏が 1945 年 5 月ですから，それよりかなりあとですね．それで，1961 年に亡くなっていますから，それまでに 5 年間しかない．

高林　ウィーン大学にシュレーディンガーの部屋というのがそのままおいてありましたし……．

江沢　胸像もできていましたね．あそこの図書館にかなりいろいろなものがあるというんですけれども，まだ見ていないんです．

岡部　物理学のウィーンというのは……．

高林　19 世紀ではシュテファンやロシュミットからマッハとボルツマン．今世紀になるとエーレンフェスト，パウリら多くは国外へ出ていきます．第 1 次大戦で敗れたオーストリア帝国が解体するのに伴っています．ヒトラーの時代にはさらにアンシュルス（併合）．シュレーディンガーはオーストリアの運命とともに翻弄された多くの人々の中の一人ですね．

江沢　ダブリンに行くとシュレーディンガーの大判の研究ノートがありまして，何ページにもわたって議論や計算が続いたあとに「うそ」とか「やり直し」とか書いているところもあります．考えの道筋を，メモ風でなく，ちゃんとした文章

で克明に書くんですね.

伏見 僕なんか, うそだとわかったらやめちゃうんだが.

高林 あのころの外国の学者の間では手紙のやりとりが研究自体の重要な部分になっていますね. つまり, 手紙をかわすことで競争しあい協力しあっているわけで, それを並べるだけですでに 1 つの科学史になるような. ベーテなんて自分の書く手紙に一貫ナンバーを打っているそうですね.

江沢 1 つは, タイプライターで打つからコピーがとれるということがありますね. もちろん手書きの手紙もあって, もらった人が保存している. ミュンヘンの科学・技術史博物館には手紙のコレクションがあります.

伏見 シラードというのは何でも手紙を書くんですよ. 自分が得たアイディアのプライオリティーの証拠を残すために手紙を書くんですね. 消印の日付が必要なんですね.

江沢 僕がベル・テレフォンの研究所に行ったときには, 着いてから 2 日目か 3 日目に特許の係の人が来まして, 新しいアイディアが出たらノートに書いて, 必ず誰かに見てもらえ, そしてその人に何月何日, 確かにアンダスタンドしたというサインをもらえと言われました. これは特許におけるプライオリティーの確保のためですね.

高林 今では電話で議論したりして, 外国でも手紙で議論することは減りつつあるのでしょうか.

伏見 20 世紀後半の科学史を書く 21 世紀の科学史屋はずいぶん困るだろうな.

高林 今は生きている科学者が自分用の科学史を書くのがふえる傾向もありますね.

江沢 自伝ですか. ファインマンのものは訳も出て有名ですが, その他にボルン, エルザッサー, パイエルス, モット ……. ハイゼンベルクの『部分と全体』も自伝の形をとっていますね. その反対の極で, 最近, 科学史の専門家が出てきたのはいいんですが, すなおに飲み込めないところもあって.

伏見 歴史というものは, いろんな方々が自己流の刀の使い方でそれぞれ切り込んでこられたわけで, いろんな曲折をたどるのは非常におもしろいわけですが, しかしこれから育つ学生さんのことを考えると, 紆余曲折もあんまり細かい筋を追っていくというのは, ある特定のテーマのケース・ヒストリーはいいにしても, 全体を次世代の人に伝えるのはお気の毒だと思うので, なんらかの意味において次世代の学生のために整理された教科書があるべきだと感ずるんですがね. 若い

人には紆余曲折ではなく，それまでの成果の集大成を早く与えて，そこから先のことをやれるようにすることが大事ではないかと思うんですけれどもね．

高林 科学史にこりだすと，先のほうがおろそかになってしまいますので．それから，もう1つ科学史家のつらいところは，一流の人々について調べると，それに感心してしまって，インフェリオリティーが増すこと，また自然を自分の眼でじかに見るというセンスが鈍るおそれがあること，そういうネガティブな面もありますね．

伏見 たとえば，パイスという人ははじめ素粒子のほうで大いにやるつもりでいたんでしょう．だけど彼は素粒子で一流の仕事ができないとあきらめをつけて，もっぱら科学史家になっちゃったんでしょう．

高林 パイスは若いころにも科学史的なものを1, 2書いており，元来そういう傾向をもっていたわけですが，プロ的になったのはだいぶ年をとってからでしょうね．彼はシュウィンガーやファインマンと同齢ですが，QED で彼らに及ばず，また新粒子では西島さんやゲルマンに及ばなかったわけです．その後 SU(6) についての異常なハッスルぶりなどあせりが見えました．そして間もなく科学史に比重を移したようです．

江沢 科学史をやるか新しいことのほうに力を入れるかは個人の問題ですよね．科学史を細かにたどる人がいてもいいわけだし，いないと困るでしょう．科学史の専門家ができて，物理の研究者と離れてしまうのはまずいと思いますけれども．

伏見 科学史のほかに，ガモフとか伏見とかという通俗科学書を書くということについてはどうですか．

江沢 大いに必要だと思います．しかし，そういうものを書くと，まわりから叱られます．ところで，ものを読むということの考え方が最近変わってきているんじゃないですか．一度さっと読んでわかったような気分になる，それが読むということだ．科学の解説書もそういうふうに変わってきている．『ろば電子』だって本当はいろんな読み方ができるんですよね．いい教科書をつくるということにしても同じで，さっと読んでわかるところばかりでも困るわけで，読んだあとで何日間も考え込まされるという部分もやはり必要です．

伏見 時代が確かに変わってきて，分析的に読んでいくということはやらなくなって，フィーリングで読んで，わからなくてもフィーリングで気持ちがいいかどうかということですね．

江沢 分析的に読む人がいなくなったのか，大勢の中に埋もれて見えなくなっ

ただけなのかという問題もあると思いますね．数量文化の時代になって，よく読む人もいるには違いないんだけれども，商売の対象になりにくいというふうになってきているんじゃないでしょうか．商業ベースに乗らない出版に助成金を出すなどの対策が必要なんじゃないでしょうか．

伏見　物理の学生の数が戦争前後のころに比べて，今ものすごく多いですね．どのくらい多いんだろう．

高林　一桁以上ですかね．

江沢　だから薄い教科書がアプリシエートされる理由もあると思うんですけれどもね．それがすべてではないというところをどこかが見ていないといけない．

伏見　昔，100人に1人読ませればよかったものを，今，100人に読ませなければならないとなると，それは質が変わりますね．

岡部　今夕は記念すべき座談会になったかと思います．長時間にわたって，ありがとうございました．

第 3 部
量子力学の発展

9. ディラックの名著『量子力学』

9.1 行列力学と波動力学

19 世紀末から 20 世紀のはじめにかけて，光のエネルギーが $\hbar\omega$ という塊としてやりとりされることが発見された．ω は光の角振動数（振動数の 2π 倍）で，$\hbar$ は 1.055×10^{-34}J·s という普遍定数である．光は粒子だといいたいところだが，一方で光は干渉し回折するので波であるともいわねばならない．粒子と波のディレンマ！

また，原子は光を出すが，種類ごとに一連のきまった角振動数 ω の光しか出さないことが早くから見出されていた．たとえば水素原子なら次のとおり：

$$\omega = 2.87, \quad 3.87, \quad 4.34, \quad 4.59, \quad 4.76, \quad \cdots \quad \times 10^{15}\text{s}^{-1}. \tag{1}$$

1913 年にボーアは，これは原子のなかにあって光を出す電子が，トビトビのエネルギー E_1, E_2, E_3, $\cdots$ の運動しかできず，エネルギー E_m の運動から E_n の運動に変わるとき，その差を光のエネルギーの塊 $\hbar\omega$ として放出するからだと唱えた．光の角振動数を ω_{nm} とすれば

$$\omega_{nm} = (E_m - E_n)/\hbar \tag{2}$$

だというのである．ボーアは，原子核のまわりを公転する電子の運動にある条件を課して，そのエネルギーをもとめ，(2) を実験値 (1) に一致させることができた．しかし，ボーアの条件は不可解であったし，そもそも原子核のまわりを公転する運動は加速度運動なので，電磁気学によれば電子は常に光を出してエネルギーを失い，とてもボーアのいうエネルギーのきまった運動などできないはずなのであった．電子の公転運動から計算してみると，電子は 10^{-10}s くらいで原子核に墜落

9. ディラックの名著『量子力学』　　121

し，原子は潰れてしまうはずとなる．ニュートンの力学とマクスウェルの電磁気学で完成したと思われた古典物理学は数々の難問に悩まされることになった．

しかし，1925 年にハイゼンベルクが行列力学を，1926 年にシュレーディンガーが波動力学をはじめると，量子力学はたちまち形をなした．

ハイゼンベルクの行列力学では，粒子の座標とか運動量といった物理量をすべて行列で表わし，それらの関数として計算されるエネルギーの行列

$$\mathcal{H} = \begin{pmatrix} H_{11} & H_{12} & H_{13} & \cdots \\ H_{21} & H_{22} & H_{23} & \cdots \\ H_{31} & H_{32} & H_{33} & \cdots \\ \vdots & \vdots & \vdots & \ddots \end{pmatrix} \tag{3}$$

(これを (H_{mn}) と書く) を適当な行列 S をみつけて変換し

$$S^{-1}\mathcal{H}S = \begin{pmatrix} E_1 & 0 & 0 & \cdots \\ 0 & E_2 & 0 & \cdots \\ 0 & 0 & E_3 & \cdots \\ \vdots & \vdots & \vdots & \ddots \end{pmatrix} \tag{4}$$

のように対角形にしたとき，この対角要素 E_1, E_2, $\cdots$ が系のとり得るエネルギー値をあたえる．

物理量の行列をつくるのには規則がひとつある．粒子の位置座標 x の行列 (x_{mn}) と運動量 p の行列 (p_{mn}) とは，順序を変えた積の差に対する条件

$$\sum_k (p_{mk}x_{kn} - x_{mk}p_{kn}) = -i\hbar\delta_{mn} \tag{5}$$

をみたすエルミート行列でなければならないのである．エルミート行列とは $q_{mn} = \overline{q_{nm}}$ となる行列をいう（ ̄は複素共役を表わす）．たとえば

$$x = \sqrt{\frac{\hbar}{2m\omega}} \begin{pmatrix} 0 & \sqrt{1} & 0 & \cdots \\ \sqrt{1} & 0 & \sqrt{2} & \cdots \\ 0 & \sqrt{2} & 0 & \cdots \\ \vdots & \vdots & \vdots & \ddots \end{pmatrix}, \quad p = i\sqrt{\frac{m\hbar\omega}{2}} \begin{pmatrix} 0 & -\sqrt{1} & 0 & \cdots \\ \sqrt{1} & 0 & -\sqrt{2} & \cdots \\ 0 & \sqrt{2} & 0 & \cdots \\ \vdots & \vdots & \vdots & \ddots \end{pmatrix}$$

$$\tag{6}$$

をとれば (5) が満足されている．これで水素原子の電子のエネルギーをきめるには大変な計算が必要だが，バネ（バネ定数 k）につけた質点（質量 m）の場合な

ら，エネルギーは，古典力学では

$$\mathcal{H} = \frac{1}{2m}p^2 + \frac{k}{2}x^2 \quad \left(\omega = \sqrt{\frac{k}{m}}\right) \tag{7}$$

である．行列力学では，エネルギーの表式は古典力学のものをそのまま使う．それで，分子の振動などが扱えるのだ．(7) に上の行列を代入して

$$p^2 = -\frac{m\hbar\omega}{2}\begin{pmatrix} -1 & 0 & 0 & \cdots \\ 0 & -3 & 0 & \cdots \\ 0 & 0 & -5 & \cdots \\ \vdots & \vdots & \vdots & \ddots \end{pmatrix}, \quad x^2 = \frac{\hbar}{2m\omega}\begin{pmatrix} 1 & 0 & 0 & \cdots \\ 0 & 3 & 0 & \cdots \\ 0 & 0 & 5 & \cdots \\ \vdots & \vdots & \vdots & \ddots \end{pmatrix}$$

となるから

$$\mathcal{H} = \frac{\hbar\omega}{2}\begin{pmatrix} 1 & 0 & 0 & \cdots \\ 0 & 3 & 0 & \cdots \\ 0 & 0 & 5 & \cdots \\ \vdots & \vdots & \vdots & \ddots \end{pmatrix} \tag{8}$$

が行列力学における振動子のエネルギーを与える．これは変換をするまでもなく対角形であって，この振動子は

$$E_n = \left(n + \frac{1}{2}\right)\hbar\omega \quad (n = 0, 1, 2, \cdots) \tag{9}$$

というトビトビのエネルギーしかとれないという結論になる．これは，実は角振動数 ω の光のエネルギーを与えているのだが，それを説明すると長くなる．

なお，今は，たまたまエネルギーの行列が対角形になったが，位置座標と運動量の行列として (6) をとる必然性はなかった．行列力学の規則は (5) だけだ．(6) の代わりに

$$x' = S^{-1}xS, \quad p' = S^{-1}pS$$

をとっても (5) をみたすことは容易に確かめられる．だから，これらをとってもよかったのだ．そうすると，エネルギーの行列は

$$\mathcal{H}' = \frac{1}{2m}p'^2 + \frac{k}{2}x'^2 = S^{-1}\mathcal{H}S$$

となり，対角形でない．その場合には変換 (4) をして $\mathcal{H}'$ を対角化することになる．

シュレーディンガーの波動力学は，まるでちがう．上の振動子なら

$$\left\{ \frac{1}{2m}\left(-i\hbar\frac{d}{dx}\right)^2 + \frac{k}{2}x^2 \right\} u(x) = Eu(x) \tag{10}$$

という微分方程式を考える. 方程式のつくりかたは御覧のとおりで, 古典力学の
エネルギーの式 $\mathcal{H} = (1/2m)p^2 + (k/2)x^2$ で運動量を $-i\hbar d/dx$ でおきかえ, x は
関数 $u(x)$ を x 倍するものとする. ただし, p^2 の $(-i\hbar d/dx)^2$ とは $-i\hbar d/dx$ を 2
度くりかえして演算することを意味する.

微分方程式の解 $u(x)$ は E が特別の値でないと $x \to \pm\infty$ で発散してしまう.
シュレーディンガーは微分方程式の「いたるところ有限な解が物理的に意味がある」
と考える. これは, シュレーディンガーより後のことになるが, 粒子が状態 $u(x)$
にあるとき, どこにいるか観測すると区間 $(x,\ x+dx)$ に見出す確率は $|u(x)|^2 dx$
で与えられることがわかった. だから, $x \to \pm\infty$ で $u(x)$ が発散しては粒子は無
限遠ばかりにいることになって実験の対象にならないのである.

微分方程式 (10) を解いて, x 軸上いたるところで有限な解を求める方法を説明
すると長くなる. ここでは解の例をあげるだけにしよう:

$$u_0(x) = e^{-\alpha x^2/2}, \ u_1(x) = xe^{-\alpha x^2/2}, \ u_2(x) = (2x^2-1)e^{-\alpha x^2/2}, \ \cdots . \tag{11}$$

ただし, $\alpha = m\omega/\hbar$ である. (10) に代入してみれば, これらが順にエネルギー

$$E_0 = \frac{1}{2}\hbar\omega, \quad E_1 = \frac{3}{2}\hbar\omega, \quad E_2 = \frac{5}{2}\hbar\omega, \quad \cdots \tag{12}$$

に対応していることがわかる. これは, 行列力学から得た (9) に一致している.

振動子に限らない. 水素原子に対しても, その他, 試した限りの系で行列力学
と波動力学は一致した答を与えた. シュレーディンガーは一致には理由があるこ
とを指摘した. 波動力学では, 運動量を「$-i\hbar d/dx$」で, 座標を「x をかける」こ
とで置き換えるが, それらの積を考えると

$$px\,u(x) = -i\hbar\frac{d}{dx}\left(xu(x)\right) = -i\hbar\left(u(x) + x\frac{du(x)}{dx}\right),$$

$$xp\,u(x) = x\left(-i\hbar\frac{d}{dx}u(x)\right) = -i\hbar x\frac{du(x)}{dx}$$

となるから, 辺々引き算して

$$(px - xp)u(x) = -i\hbar u(x) \tag{13}$$

となって, これは行列力学の基本ルール (5) と同じ形ではないか.

行列力学と波動力学を結びつける変換理論がディラックらによって展開され,

124

両者を含む体系として量子力学が成立した．その物理的な内容を明らかにする上で，ボーアの哲学的な考察[1] が大きな寄与をした．

9.2 量子力学の教科書

量子力学の教科書は，1928 年にでたワイルの『群論と量子力学』[2] がほとんど最初であろう．翌年ゾンマーフェルトの『原子構造とスペクトル線』(Atombauund Spektrallinien) への追加として『波動力学的補巻』(Wellenmechanischer Ergän-zungsband) がでたが，その表題のとおり波動力学の解説である．

ワイルの『群論と量子力学』は，量子力学の体系を提示している．まずベクトルとその複素共役ともいうべき対偶ベクトル (duale Vektoren) を対象とするユニタリー幾何学を述べ，量子論の物理的原理を説明して「量子論の抽象的骨組とそれが扱う問題」を提示する：いま，ここに組成の知れた物理的形象 (Physikalishe Gebilde) があるとする．形象の個々の特別な状態は，これに属するユニタリーな系空間 (Systemraum) における大きさ 1 のベクトルによって表わされる．形象の任意の物理的量は，この空間におけるエルミート演算子によって表わされる．そして，いう．基本的問題は古典物理学におけるような「この特別な状態におけるこの物理量の値如何ではなく，物理量のとりうる可能な値如何，またある定まった 1 つの状態で，その量が，可能なこの値をとる確率は如何」である．これらの問いに対する量子力学からの答が続いて述べられているが，いまは省略して，後のディラックにもでてくる次を引用しよう：

一定方向の単色光を発生すれば光子のエネルギーおよび運動量が確定する．さらに，ニコル・プリズムの向き s に対して光子の偏光状態 λ_s が対応する．λ_s の値は ± 1 の 2 つに限る．光子の λ_s が $+1$ のときにはこのニコルを通過し，-1 のときには通過しない．ニコルの助けにより，光子のエネルギーおよび運動量の確定を破ることなしに $\lambda_s = +1$ の光子だけが選び出される．こうして状態の精密な決定の極限に到達する．偏光光線の途中に他の向き σ にニコルをおけば，それによって $\lambda_\sigma = +1$ の光子を選び出すことができる．しかし，そうして得た光は向き s においたニコルが全くなかった場合と同一の性質を有する．すべての光子を $\lambda_s = +1$ に確定したことは，第 2 のニコルによって破られてしまう．

1930 年になって 3 冊の教科書がでた (表 1).

表1 量子力学の教科書トリオ.

著者	書名	序文	出版社
M. Born und P. Jordan	Elementare 量子力学	1929 年 12 月	Springer
W. Heisenberg	量子論の物理的原理	1930 年 3 月	Hirzel
P. A. M. Dirac	量子力学の諸原理	1930 年 5 月	Oxford

ボルンとヨルダンの本は, 行列力学の解説である. 題して Elementare Quantenmechanik というが, これを初等量子力学と訳してよいか, どうか? Elementare が Element に通ずるとしたら, 量子力学の要点とでもなろうか? しかし, 量子力学的な状態の概念や観測の特質など理論構成の説明は弱い.

ハイゼンベルクは『量子論の物理的原理』[3] を刊行する理由を, こう述べている：新しい数々の実験は, 量子力学の重要な結論を確証した. それにも拘らず, 今日でも多くの物理学者は, 新しい原理の正当性を明確に理解するよりもむしろ一種の信仰の如きものでそれを信じている状態である. これを打破したい.

ディラックの『量子力学の諸原理』はワイルの本と同じく量子力学の理論的構造を述べているが, それをワイルのように出来上がった形で叙述するのでなく, どのような物理的理由によって現在の形をとるようになったかを明らかにしようとしている. それを節を改めて説明しよう.

9.3 ディラックの『量子力学の諸原理』初版

ディラックの『量子力学の諸原理』の初版がでたのは 1930 年, その後, 何度も改訂されて版を重ねた (表 2). そして初版から各国語に翻訳された (表 3). 日本語訳は[4], やや遅れ第 2 版からである[5].

初版の序文にディラックは書いている：

新理論の書物を著す者は, これを表現する数学的形式を 2 つのうちから選ばねばならない. 1 つは記号的な方法, 他の 1 つは表現によるもの. 前者は基本的な量を直接に抽象的に扱い, 後者はこの量の座標を扱う. これまで量子力学は, 唯一ワイルの『群論と量子力学』を別として, 後者の方法で提示されてきており, 波動力学あるいは行列力学の名で知られている. けれども記

号的な方法の方が事物の本質に深く触れるように思われる．将来この方法が
よりよく理解され，特有の数学が開発されるにつれ，ますます広く用いられ
るようになると思う．この理由から私は記号的な方法をえらび，表現は実際
問題の計算の補助として用いるにとどめた．その結果，量子力学の歴史的発
展の路をたどることはできなくなった．しかし，新概念の理解は直接になさ
れるのである．

表2　ディラックの『量子力学の諸原理』．

初　　版	1930	状態とオブザーバブル：抽象的アプローチ．電子の負エネルギー状態は陽子．2000 部を売る．
第 2 版	1935	全面的な書き換え：具体的に・読みやすく．状態概念，3 次元・非相対論的に・量子力学は根本的改革が必要と明示するため．陽電子，場の理論．
第 3 版	1947	ブラ・ケット記法．量子電気力学：Wentzel 場を使う・古典電気力学との対応・電子と場の相互作用はスペキュレーションなしで行けるところまで．
第 4 版	1958	量子電気力学に電子の生成・消滅を含める．くりこみ理論批判：成功は限られた問題においてのみ．理論的基礎に及ばず．
改　　訂	1967	量子電気力学：低エネルギーでのみ有効．状態をケットではなく線形演算子で表わす．くりこみ理論：種々の粒子の相互作用がわかれば不要になろう．
重　　版	1984	

表3　ディラックの『量子力学の諸原理』，翻訳．

ドイツ語	1930	
フランス語	1931	
ロシア語	1932	M. P. Bronshtein 訳．D. Iwanenko 編，2, 3 か月で 3000 部売る．
	1937	第 2 版の訳．C. Angluski 訳，M. P. Bronshtein 編．
	1960	第 4 版の訳．V. A. Fock 編．
	1979	1960 年版の増刷，Dirac『量子力学講義』とともに．
日本語	1936	第 2 版の訳．仁科・朝永・小林・玉木訳，岩波書店．
	1954	第 3 版の訳．朝永・玉木・木庭・大塚訳，岩波書店．
	1963	英語原書のリプリント，みすず書房．
	1968	第 4 版の訳．朝永・玉木・木庭・大塚・伊藤大介訳，岩波書店．

9. ディラックの名著『量子力学』   127

『量子力学の諸原理』の第I章は「重ね合わせの原理」．その第1節は「波動と粒子」で，量子力学では古典物理学の法則や概念から離れる必要があるとして，光が干渉や回折における波動性と並んで光電効果におけるような粒子性も示すことをあげる：

> 波動と粒子は同一の物理的実在を記述するのに便利な抽象である．この実在が波動と粒子を同時に含むと考えたり，それらを古典物理の意味で結びつけたりしようと試みてはいけない．量子力学は与えられた実験条件のもとで何がおこるかを決定できるように基礎法則を定式化しようとするのであって，波動と粒子の関係に深く立ち入ろうと試みるのは無用であり，無意味である．

この種の哲学は本書の随所に散りばめられている．そのため当時のソヴィエトの訳本 (表3) には出版社が意見をつけた[6]：

> この本に弁証法的唯物論とは根本的に異なる見解や意見が含まれていることに当社も気づいている．当社は，これが，わがソヴィエット科学者の反対を刺激し，弁証法的唯物論によりわれわれの科学をより高いレヴェルに引き揚げる可能性をもたらすことを信ずるものである．

初版の訳者ブロンシュタイン，編者イワネンコについては文献［7］のp.227などを参照．

9.4 重ね合わせの原理と確率

ディラックは第I章・第2節で早速，量子力学の特質に光子の偏極 (polarization) によって切り込む[8]．平面偏光した光で光電効果をおこすと，電子は特定の方向に出る．したがって，光子は特定の方向をもつとしなければならない．平面偏光した光を偏光器に通して角 α と $\alpha + (\pi/2)$ に偏光した2つの成分に分けることができる．それぞれの強度は古典光学によれば $\cos^2 \alpha$ と $\sin^2 \alpha$ となる．これを最初の光子は偏極状態0に，終わりの2つの成分の光子は状態 α と $\alpha + (\pi/2)$ にあると言い表わすことにしよう．では，状態0の光子は，どのようにして状態 α と $\alpha + (\pi/2)$ とに変わるのか？

この問いに答える前に，個々の光子が偏光器を通るとき何がおこるかをさぐる実験を選び，その結果を見よう．本当に重要なのは，この種の問いであって，量子力学はこれに定まった答を与える．

最も直接的な実験は，ただ 1 個の光子のみからなるビームを用い，それぞれの成分のエネルギーを測ることである．この場合，量子力学の予言は，ある場合には全部のエネルギーを一方の成分がもち，ある場合には他方の成分がもつ．エネルギーの一部分を一方が，一部分を他方がもつということは決しておこらない．光子のかけらというものはないのだ．

　実験を何度もくりかえすと，回数でいって $\cos^2 \alpha$ の割合で α 成分がエネルギーをもち，$\sin^2 \alpha$ の割合で $\alpha + (\pi/2)$ 成分がもつ．だから，確率 $\cos^2 \alpha$ で光子は α 成分に現われ，確率 $\sin^2 \alpha$ で $\alpha + (\pi/2)$ 成分に現われるということができよう．確率までしか予言できないのである．光子の独自性は，因果律の犠牲において保たれる．

　さて，どのようにして光子は状態を変えるのか．量子力学がいうところは，実験の結果を誤りなく予言し記憶するための方便を与えるにすぎない．深い意味づけをしようとしてはならない．まず，状態 0 にある光子は部分的に状態 α にあり部分的に状態 $\alpha + (\pi/2)$ にあると考えることができる．部分的に状態 β にあり部分的に状態 $\beta + (\pi/2)$ にあると考えてもよい．もっと沢山の状態を部分的に占めていると見てもよい，しかし，これ以上に詳細な描像はつくれない．われわれは，このような物言いに慣れるほかないのである．

　光を偏光器に通した後，一方のビームのエネルギーを測ったら光子はどうなるのかというと，部分的に一方のビームに部分的に他方のビームにいた状態から突然，完全に一方のビームにいる状態に変わるのである．その結果として，2 つのビームは干渉性を失う．量子力学によれば，ボーアが指摘したとおり [9] 不確定な予言不可能な位相変化を観測がひきおこす．因果律がこわれるのも，そのためなのである．

　「読者は，これでは何も言ったことにならない」というだろうとディラックも書いている．「しかし，理論物理学の目的は，あらゆる実験と比べられる結果を算出することであって，実際の経過がどうであるかに答える必要はないのだ」．

　この後，状態 A が状態 B と C の重ね合わせであるとは，「A についてのどんな観測結果も，B か C の少なくともどちらかに同じ観測をして 0 でない確率で得られることをいう」のだといった定義や，A と B を重ね合わせて，その結果に C を重ね合わせても，順序を変えて重ね合わせても同じだといった話，光子は自分自身としか干渉しない，さもないとエネルギー保存則に抵触するといった話が続く．どれも重要だが，先を急がないと与えられた紙数を超えてしまう．

ここで観測について一言．状態 ψ_1 で物理量 α の観測をして確率 p で結果 a を得たとしよう．その直後にその同じ系で α の観測をすると同じ結果 a が確率 1 で得られるはずである．観測は系の状態を乱し別の状態に変えてしまうのである．

第 2 の観測として別の物理量 β を測る場合，α と β が特別の組であると，β の観測の結果 b という結果の得られる確率 p' が，第 1 の α の観測を行なったか否か（第 1 の観測で状態が変わるということがあったか否か）によらないということが起こる．ただし，ここで確率 p' とは，第 1 の観測結果を知らないとしてのものである．こういうことが起こるかどうかは，第 1 の観測をする前の系の状態 ψ_1 にもよるが，特に ψ_1 が何であってもこうなるとき，α と β は**共立する** (compatible) という．3 つ以上の観測量は，そのどの 2 つも共立するとき共立するという．

共立する観測は同時に行なってもよい．同時に行ない得る独立な最大数の観測を**極大観測** (maximum observation) という．極大観測がなされた後の状態では，その極大観測をくりかえせば同じ結果が得られる．どんな状態も何らかの極大観測で指定されると考えられるので，どんな状態にも特有の極大観測量をもつはずである．

9.5 状態と観測量の記号的な代数

第 II 章は，いよいよ状態と観測量の記号的な扱いである．「記号的」と訳したのは symbolic だが「象徴的」という気持もディラックはもっていたかもしれない．

原子的な系は，与えられた仕方で用意したとき，そしてそれが任意回くりかえせるとき，与えられた状態 (state) にあるという．用意するとは，光子の場合でいえば偏光器を通すといったことだという程度の定義しかない．

状態を記号的に ψ で表わす．これは，複素数 c_1, c_2 をとって

$$\psi_0 = c_1\psi_1 + c_2\psi_2 \tag{14}$$

のように加え合わせても状態をあたえる．これが重ね合わせである．この加法は可換であり結合則 $(c_1\psi_1 + c_2\psi_2) + c_3\psi_3 = c_1\psi_1 + (c_2\psi_2 + c_3\psi_3)$ にしたがう．もし，適当に $c_k \neq 0$ をとって

$$c_1\psi_1 + c_2\psi_2 + \cdots + c_n\psi_n = 0 \tag{15}$$

にできれば，これらの ψ_r は 1 次従属であるという．与えられた系で 1 次従属な

130

ψ_r の数に限りがあれば，それが系の状態空間の次元である．

任意の状態 ψ にそれ自身 ψ を重ね合わせて $c_1\psi + c_2\psi$ としても，同じ状態を表わす．だから，ψ と任意の複素数倍の $c\psi$ は区別がない．$c_1\psi_1 + c_2\psi_2$ と $\psi_1 + c'\psi_2$ とは区別がなく $(c' = c_2/c_1)$，それでいて光の楕円偏光を表わしきるためには c' は 2 つのパラメタを含む必要があり，複素数でなければならない．これが重ね合わせの係数に複素数を許す理由である．

ここで ψ_r に対応して同じ状態を表わす（同じ添字をもつ）ϕ_r を導入する．ただし，ψ の世界での重ね合わせ (14) に対応するのは

$$\phi_0 = \bar{c}_1\phi_1 + \bar{c}_2\phi_2 \tag{16}$$

のように係数が複素共役になるという違いがある．この意味では，ϕ は ψ の複素共役といったものだが，ψ や ϕ には実数部分，虚数部分はない．このことを強調するために ϕ は ψ の**複素虚** (complex imaginary) であるということにする．

ϕ の重要な機能は ψ との積 $\phi\psi$ である．常に ϕ を左側に書く．積は一般に複素数だが，互いに対応する状態の積 $\phi_r\psi_r$ に限って正の実数とする．ϕ に関する分配の法則 $(\phi_1 + \phi_2)\psi = \phi_1\psi + \phi_2\psi$ や ψ に関する分配則，複素数 c 倍に関する $\phi(c\psi) = c\phi\psi$ も $\phi_r\psi_s = \overline{\phi_s\psi_r}$ も成り立つと仮定する．

$\phi_r\psi_s = 0$ となる ϕ_r と ψ_s は**直交**している (orthogonal) といい，$\phi_r\psi_r = 1$ の ψ_r は**規格化**されている (normalized) という．ϕ_r, ψ_s がともに規格化されているとき

$$e^{ia}\phi_r\psi_s + e^{-ia}\phi_s\psi_r \leq 2, \quad \text{故に} \quad |\phi_r\psi_s| \leq 1 \tag{17}$$

が証明される．

さて，状態 ϕ_r がある極大観測量をもち，ある測定結果 $a_1, a_2, \cdots, a_n$ が確率 1 で得られるとする．別の状態 ψ_s にその極大観測を行なって確率 p でその同じ結果 $a_1, a_2, \cdots, a_n$ が得られるなら，ψ_s と ϕ_s の**一致の確率** (probability of agreement) は p であるという．ϕ_r も ψ_s も規格化されているなら一致の確率は $|\phi_r\psi_r|^2$ で与えられる．(17) を参照．規格化された ψ_1 と ψ_2 が直交していれば，$c_1\psi_1 + c_2\psi_2$ は $|c_1|^2 + |c_2|^2 = 1$ なら規格化されており，

$$\phi_1(c_1\psi_1 + c_2\psi_2) = c_1 \tag{18}$$

となるから，$c_1\psi_1 + c_2\psi_2$ が ψ_1 と一致する確率は $|c_1|^2$ である．

次の節は**オブザーバブル**の代数を扱う．オブザーバブルとは，ディラックがこ

の本で導入した概念であるが，定義は漠としている：「ある特定の時刻に関する力学量をオブザーバブルという」．これを記号 α で表わす．オブザーバブルは状態 ψ に掛けて $\alpha\psi$ とすると新しい状態ができる．この掛け算は分配則，結合則をみたすが，一般には可換でない：$\alpha_1\alpha_2\psi \neq \alpha_2\alpha_1\psi$．掛け算は，また状態 ϕ にも定義され $\phi\alpha$ に対して $\alpha\psi$ と同様に掛け算の法則が成り立つ．オブザーバブル α に対して，任意の状態 ψ_r, ψ_s について

$$\overline{\phi_s\alpha\psi_r} = \phi_r\beta\psi_s \tag{19}$$

を成り立たせるオブザーバブル β を α の**複素共役** (complex conjugate) といって $\beta = \overline{\alpha}$ と書く．$\overline{\alpha_1\alpha_2} = \overline{\alpha}_2\overline{\alpha}_1$ などが成り立つ．$\overline{\alpha} = \alpha$ のとき α は実であるという．

オブザーバブルの代数の例としては

$$pq - qp = -i \tag{20}$$

をみたす2つのオブザーバブル p, q に対して $p^nq - qp^n = -idp^n/dp$ が成り立つことから，任意の実数 c に対して

$$e^{icp}qe^{-icp} = q + c \tag{21}$$

が示されている．ここまでは数学的な準備である．

9.6 オブザーバブルの代数の物理的解釈

状態 ψ_r でオブザーバブル α の観測をして確実に結果 a が得られるということは

$$\alpha\psi_r = a\psi_r \tag{22}$$

で表わされると仮定する．$\phi_r\alpha = a\phi_r$ でもよい．

$\phi_r\alpha_1\psi_r = a_1$, $\phi_r\alpha_2\psi_r = a_2$ のとき $\phi_r(\alpha_1 + \alpha_2)\psi_r = a_1 + a_2$ は成り立つが，積に対しては $\phi_r\alpha_2\alpha_1\psi_r = a_1a_2$ は成り立たない．このことから，$\psi_r\alpha\psi_r$ は状態での測定をしたとき得る結果の平均値を与えるという解釈が引き出される．さきに状態 ψ_r でオブザーバブル α を観測して値 a を得ることが確実な場合 (22) のように書くと約束したが，この場合には平均値も $\phi_r\alpha\psi_r = a\phi_r\psi_r = a$ となり整合的である．

$\phi_r\alpha\psi_s$ は直接的な物理的意味はもたない．後の章で，これにある因子をかけた

132

ものが**遷移確率** (transition probability) を与えることを見るであろう.

9.7 状態とオブザーバブルの表現

与えられた紙数が残り少ない. 第 III 章, 固有値と固有状態をとばして第 IV 章に移ろう. ここでは状態の完全系が裏方をつとめる. 完全系 $\{\psi_p\}$ とは任意の状態 ψ を

$$\psi = \sum_p a_p \psi_p \tag{23}$$

のように展開し得るだけ沢山そろえた ψ_p の全体のことで, 特に

$$\phi_p \psi_q = 0 \quad (p \neq q), \quad \phi_p \psi_p = 1 \tag{24}$$

が成り立つとき**直交表現基底** (fundamental ψ's and ϕ's of orthogonal representation) という.

状態 ψ の表現とは ψ を (23) のように表わしたときの係数 a_p をいう. $a_p = \phi_p \psi$ なので $a_p = (p|)$ とも書く. $(\phi_p|\psi)$ のほうがわかりやすいと思うのだが, ψ_1, ψ_2 の表現を a_p, b_p とすれば重ね合わせ $c_1 \psi_1 + c_2 \psi_2$ の表現は $c_1 a_p + c_2 b_p$ となる. ψ の共役虚 ϕ の表現は $\bar{a}_p$ である. **オブザーバブル α の表現**は, 基底に対する

$$\alpha \psi_q = \sum_p \psi_p \alpha_{pq} \tag{25}$$

からきまる行列 α_{pq} である. $(p|\alpha|q)$ とも書く. 特に, α の固有 ψ を基底に用いた積 $\beta\alpha$ の表現は

$$\beta\alpha \psi_q = \beta \sum_p \psi_p \alpha_{pq} = \sum_r \psi_r \left(\sum_p \beta_{rp} \alpha_{pq} \right) \tag{26}$$

から, β と α の表現行列の積になる.

場合によっては基底の添字として連続変数を用いたくなる. 運動量のオブザーバブルを p, 座標を q とすると, 正準交換関係は $qp - pq = i\hbar$ だから (21) から

$$q e^{-icp/\hbar} = e^{-icp/\hbar}(q + c) \tag{27}$$

が得られるので, q の固有値 x' の固有状態 $\psi_{x'}$ に対して $\psi_c = e^{-icp/\hbar} \psi_{x'}$ を考えると

$$q\psi_c = e^{-icp/\hbar}(q + c)\psi_{x'} = (x' + c)e^{-icp/\hbar}\psi_{x'} = (x' + c)\psi_c$$

が成り立つ．これは x' が q の固有値であれば $x' + c$ も固有値であることで，q の固有値が $(-\infty, \infty)$ にわたる連続的な値をとることを示している．q の固有状態 ψ を基底とする表現（q 表現）では，ψ_r の表現は $(x'|\psi_r)$ という x' の関数になる：

$$\psi_r = \int_{-\infty}^{\infty} \psi_{x'}(x'|\psi_r)dx'. \tag{28}$$

ここで $\alpha_{x'r}$ と書いてきたところを——ディラックからはやや離れるが——$(x'|\psi_r)$ と書いた．特に，ψ_r として q の固有値 x' の $\psi_{x'}$ をとると $\psi_{x'} = \int \psi_{x''}(x''|\psi_{x'})dx''$ となるが，これに q を掛けると

$$q\psi_{x'} = x'\psi_{x'} = \int_{-\infty}^{\infty} q\psi_{x''}(x''|\psi_{x'})dx'' = \int_{-\infty}^{\infty} x''\psi_{x''}(x''|\psi_{x'})dx''$$

となる．これをみたす $(x''|\psi_{x'})$ はデルタ関数 $\delta(x'' - x')$ である．$\psi_{x'}$ の q 表現は $\delta(x'' - x')$ なのだ．q の q 表現は

$$\phi_{x''}q\psi_{x'} = x'\int_{-\infty}^{\infty} \delta(x'' - y)\,\delta(y - x')dy = x'\delta(x'' - x') \tag{29}$$

となる．任意の ψ_r に q を掛けると，その状態の表現は

$$(x'|q\psi_r) = \int_{-\infty}^{\infty} x'\delta(x' - x'')(x''|\psi_r)dx'' = x'(x'|\psi_r) \tag{30}$$

となる．ψ_r に q を掛けることは q 表現では $(x'|\psi_r)$ に x' を掛けることなのだ．

この流儀でいえば，ψ_r に運動量を掛けた状態の表現は

$$(x'|p\psi_r) = -i\hbar\frac{d}{dx'}(x'|\psi_r) \tag{31}$$

となる．こうして，われわれは (30), (31) により波動力学に到達した．$(x|\psi_r)$ が状態 ψ_r のシュレーディンガーの波動関数である．ディラックの本では，すでに第 IV 章に入っている．

この後ディラックは変換理論，運動方程式，中心力場の運動，摂動論，衝突問題，同種粒子の系，輻射論，電子の相対論と量子力学を展開している．

9.8 終わりに

ディラックの『量子力学の諸原理』の初版を見てきた．1935 年の第 2 版では「抽象的なアプローチ」をやめて全面的に書き直した．初版の難しさは抽象的な点にもあるが，いろいろな新概念の定義があいまいな点にもある．それも改善され，

かなり読みやすくなった．以後の改定版もそれぞれ興味深い（表2を参照）．われ
われが初版に集中したのは歴史的興味からである．終わりが駆け足になったのは
残念だ．

　昨年，L. M. ブラウンによるディラックの『量子力学の諸原理』の初版から現在
の版にいたる歴史的レヴューが現われた[11]．

　編集部からはディラックの『一般相対性理論』[10]にも触れるように言われて
いたが，その余裕もなくなった．別の機会にとりあげたい．

文献

[1]　N. Bohr『ニールス・ボーア論文集1，因果性と相補性』，山本義隆訳，岩波文
　　　庫 (1999).

[2]　『群論と量子力学』，山内恭彦訳，第2版 (1931) の訳，裳華房 (1932).

[3]　『量子論の物理的基礎』，玉木英彦・遠藤真二・小出昭一郎訳，みすず書房
　　　(1954).

[4]　『量子力学』，仁科芳雄・朝永振一郎・小林稔・玉木英彦訳，岩波書店 (1936),
　　　第2刷 (1941).

[5]　ディラックの本の翻訳にいたる経緯については，中根良平・仁科雄一郎・仁科浩
　　　二郎・矢崎裕二・江沢　洋編『仁科芳雄往復書簡集』第I巻，みすず書房 (2006) に
　　　収録された仁科とディラックおよびオックスフォード大学出版局との往復書簡を
　　　参照．

[6]　R. H. Dalitz ed. : *The Collected Works of P. A. M. Dirac, 1924–1948*,
　　　Cambridge (1995), pp.472–473, p.475.

[7]　佐々木　力・山本義隆・桑野　隆編訳『物理学者ランダウ — スターリン体制への
　　　反逆』，みすず書房 (2004).

[8]　ディラックは1929年9月に日本に来たとき，この話をした．「重畳原理と二次
　　　元の調和振動体」，仁科芳雄訳述『量子論諸問題』，啓明会 (1932). 文献 [5] を
　　　見よ．

[9]　ディラックが引用．文献 [1] 所収の「量子仮説と原子理論の最近の発展」，
　　　pp.10–64. 特に p.54 を見よ．

[10]　ディラック『一般相対性理論』，江沢　洋訳，ちくま学芸文庫 (2005).

[11]　L. M. Brown : *Physics in Perspective*, **8** (2006), 381–407.

10. 大きな物体の量子力学，実験

量子力学から古典物理が導かれるかどうかが考えるべき問題だが，"大きな物体" について量子力学がどこまで検証されているかを，まず見ておこう．

10.1 大きな物体の波動性

10.1.1 原子

これまでに述べた波動性の実験は主として電子（質量 $m = 9.109 \times 10^{-31}$ kg）に関するものであった．もっと大きな物体も —— たとえば人間も —— 波動性を示すだろうか？ 原子の波動性は 1988 年に実証されている [1]．$C_{44}H_{30}N_4$ や $C_{60}F_{48}$ など同種の実験は他にも報告されている [2]．

1988 年の実験では，ナトリウム原子（質量 $m = 3.8 \times 10^{-26}$ kg）を速さ $v = 1.0$ km/s で細管から噴出させ，金でつくった回折格子 [図 1（左）] に通して干渉縞を得た [図 1（右）]．

原子もそうだが，一般に多数の粒子が結合した複合粒子は，重心の運動量に対するド・ブロイ波長で干渉するというのが量子力学からの結論である．重心の運動量とは，構成粒子の運動量の総和で，系全体の質量と重心の速度の積に等しい．

ナトリウム原子の場合，原子の重心の運動量は

$$p = (3.8 \times 10^{-26} \text{ kg}) \cdot (1.0 \times 10^3 \text{ m/s}) = 3.8 \times 10^{-23} \text{ kg} \cdot \text{m/s} \tag{1}$$

であるから，ド・ブロイ波長は

$$\lambda = \frac{h}{p} = \frac{6.6 \times 10^{-34} \text{ kg} \, \text{m}^2/\text{s}}{3.8 \times 10^{-23} \text{ kg} \, \text{m/s}} = 1.7 \times 10^{-11} \text{ m} \tag{2}$$

となり，図 1 に見るとおりスリットの周期は $d = 0.2 \, \mu\text{m}$ であったから

$$\text{干渉ピークの位置}: \theta_n = \frac{n\lambda}{d} = \frac{1.7 \times 10^{-11}\,\text{m}}{2 \times 10^{-7}\,\text{m}} n$$
$$= 85n\,\mu\text{rad} \qquad (n = \pm 1, \cdots) \tag{3}$$

となり, $n = \pm 1$ のピークが実験結果 [図 1 (右) の (b)] にあっている. $n = \pm 2$ のピークが見えないのは回折格子のスリットの幅が周期の半分に一致しているせいである.

原子の速度を下げたら干渉縞の間隔は確かにひろがったが [図 1 (右) の (c)], 速度の推定値から予想したほどではなかった. 速度の推定に問題があると論文の著者たちも言っている.

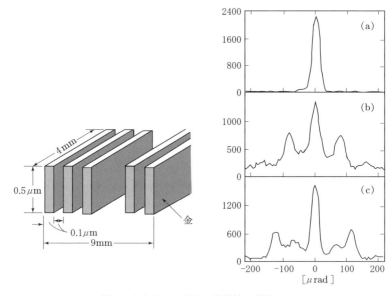

図 1 ナトリウム原子の波動性の実証.
(左) 回折格子, (右) 干渉縞. 横軸は回折角, 縦軸は検出した原子数 (計数時間は約 1 s).
(a) は回折格子なし, (b),(c) が干渉縞.
それぞれ原子の速度が $v = 1.0\,\text{km/s}, 1.0\,\text{km/s}, (1.0/1.8)\,\text{km/s}$ (推定) の場合.

10.1.2 分子

ヨード分子 I_2 (分子量 254, 質量 $M = 5.9 \times 10^{-25}\,\text{kg}$) の干渉が観測されている[3], [4]. 分子を温度 430 K の炉から噴出させたのだが, 速さ分布の最大は $\sqrt{2k_\text{B}T/M} = 167\,\text{m/s}$ にあり, 対応する運動量は

$$p = 9.9 \times 10^{-23}\,\mathrm{kg \cdot m/s} \tag{4}$$

で，ド・ブロイ波長は

$$\lambda = \frac{h}{p} = 9.4 \times 10^{-12}\,\mathrm{m} \tag{5}$$

となる．$k_\mathrm{B} = 1.38 \times 10^{-23}\,\mathrm{J/K}$ はボルツマン定数である．

ボルデらは，二重スリットの実験をする代りに次の工夫をした（図2）．ヨード分子のビームの進行方向にあわせて x 軸をとる．そして，ビームに 2 点 $\mathrm{A}_1, \mathrm{B}_1$ で $+z$ 方向に進むレーザー・ビームを当て，2 点 $\mathrm{A}_2, \mathrm{B}_2$ で $-z$ 方向に進むレーザー・ビームを当てる．$\overline{\mathrm{A}_1\mathrm{B}_1} = \overline{\mathrm{A}_2\mathrm{B}_2} = d$ である．

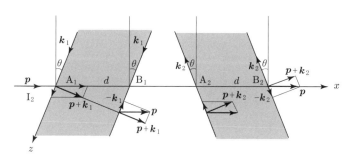

図 2　分子の干渉を見る工夫．
レーザー光の光子を共鳴的に吸収または放出させ，それによって生ずる位相のずれを見る．ヨードの分子 I_2 を用いた．

正確にはレーザー・ビームは z 軸から微小角 θ だけ傾いていて，光の波数ベクトルは点 $\mathrm{A}_1, \mathrm{B}_1$ では $\boldsymbol{k}_1 = (-k\sin\theta, 0, k\cos\theta)$ に，点 $\mathrm{A}_2, \mathrm{B}_2$ では $\boldsymbol{k}_2 = (-k\sin\theta, 0, -k\cos\theta)$ になっている．この実験ではアルゴン・レーザーを用いたので光の波長は $\lambda = 514.5\,\mathrm{nm}$ であり，

$$k = \frac{2\pi}{\lambda} = 1.22 \times 10^7\,\mathrm{m}^{-1}, \quad \hbar k = 1.29 \times 10^{-27}\,\mathrm{kg \cdot m/s} \tag{6}$$

である．この光はヨード分子に共鳴的に吸収される．光子の運動量 $\hbar k$ はヨード分子の運動量 p よりはるかに小さいことにも注意しておこう．

運動量 $\boldsymbol{p} = (p, 0, 0)$ で飛来したヨード分子は点 A_1 で光子 $\boldsymbol{k}_1$ を吸収すると

$$\text{運動量：} \boldsymbol{p}_1 = (p - \hbar k \sin\theta, 0, \hbar k \cos\theta)$$

になるが，点 B_1 で光に出会って光子を誘導放出し運動量 $\boldsymbol{p} = (p, 0, 0)$ にもどる．この間，x 方向に距離 d を走るが z 方向には l だけ走るとすれば，光子を吸収し

なかった分子に比べて

$$-kd\sin\theta + kl\cos\theta$$

の位相差が生じている．次に A_2, B_2 点では

$$-kd\sin\theta - kl\cos\theta$$

の位相差を生ずる．こうして，光子を吸収・放出しなかった分子にくらべて都合 $-2kd\sin\theta$ の位相差が生ずることになる．

この実験では $d = 1, 2\,\mathrm{mm}$ だったから，いま $d = 1\,\mathrm{mm}$ をとれば

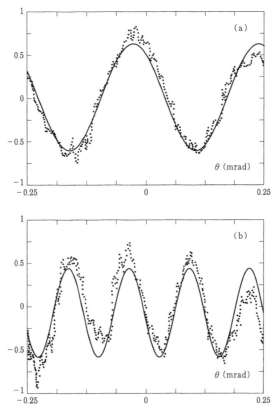

図3 ヨード分子の干渉．図2の d は (a) で 1 mm, (b) では 2 mm である．実線は観測点にベスト・フィットさせたもので，干渉パターンの周期は (a) で $2.65 \times 10^{-4}\,\mathrm{rad}$, (b) では $1.27 \times 10^{-4}\,\mathrm{rad}$ となっている．

$$2kd = 2 \times (1.22 \times 10^7 \,\mathrm{m}^{-1}) \times (10^{-3}\,\mathrm{m}) = 2.44 \times 10^4 \qquad (7)$$

となる．したがって，θ を 10^{-4} rad 程度でコントロールできれば θ の関数として干渉パターンが観測できる．

その結果が図 3 である．御覧のとおり，$d = 1\,\mathrm{mm}$ の実験 (a) で得られた θ の周期 $\theta_\mathrm{P} = 2.65 \times 10^{-4}$ rad を用いると

$$2kd\sin\theta_\mathrm{P} = 6.44$$

となり，確かに $2\pi = 6.28$ に近い．実験 (b) の $d = 2\,\mathrm{mm}$ に対する $\theta_\mathrm{P} = 1.27 \times 10^{-4}$ rad からは 6.20 が得られる．

こうして，ヨード分子の干渉を見たのに，干渉パターンはヨード分子が炉から飛び出してもつ運動量 p には無関係になっている．これも，この実験の巧妙なところである．ここで説明し残した他の工夫については原論文を見ていただく．

10.2 どの道を通ったか

朝永が「光子の裁判」[5] で生き生きと描き出したように，二重スリットの干渉実験において，光子が（あるいは電子その他の粒子でも）「どちら」のスリットを通ったか観測すると干渉縞が消えてしまう．いや，消えねばならないとして思考実験がくり返し語られてきた[6]．しかし，実際の実験はむずかしかった．

それに相当する実験が，1998 年，オーストリアの A. ツァイリンガーのところで成功した．次のようにしたのである（図 4）[7]．

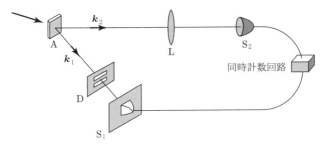

図 4　二重スリット D の実験．どちらのスリットを通ったか観測すると干渉縞は消える，等々．2 つの光子の相関を利用して実験した．

結晶にレーザー光を当てると 2 つの光子が"それぞれの運動量 $\hbar\boldsymbol{k}_1, \hbar\boldsymbol{k}_2$ の和

140

が一定（＝pとおく）"という強い相関をもって発生する，光パラメトリック・ダウン・コンヴァージョンという過程がある．

この過程によってAで発生した2つの光子の一方，光子1を二重スリットDに通して背後のスクリーンS_1上で干渉縞を見る．他方の光子2はレンズLに通して，その背後の面S_2で観測する．

(a)　面S_2をレンズLから焦点距離fだけ離れた位置におくと，Lに入射した平行光線（定まった方向をもつk_2）を観測したことになり，相関$k_2 + k_1 = p$によりk_1の方向も確定する（アインシュタイン–ポドルスキー–ローゼンの実験の場合[8]と同じ！）．k_1の方向が確定したことは，光が平面波になったことで，これは2つのスリットDのどちらも平等に通る．したがって，S_1上に干渉縞ができるはずであって，実際それは観測された！

この場合，面S_2上で光子2を検出することが不可欠で，もし検出しないとS_1上に干渉縞は現われないという．光子2は破壊されないかぎり光子1が二重スリットのどちらを通るかの情報をもっている（その情報を引き出す可能性がある）からだ，と説明されている．

(b)　二重スリットDの背後に検出器をおいて光子1を捕えると，レンズLから焦点距離fだけ離れた位置に置いた面S_2上にDによる干渉縞が現われる！

これもアインシュタイン–ポドルスキー–ローゼンの実験の場合と同じで，Dの背後の光子1は二重スリットを通って2つの異なった波数ベクトルの状態の重ね合わせになっていた．それを観測したので，それと相関をもつ光子2も同様の状態に収縮し，したがって二重スリットを通ったのと同じ干渉縞をつくることになったのである．

(c)　面S_2を，Lから距離$\overline{DA} + \overline{AL}$にある物体がレンズLによって像を結ぶ位置におく．それは，スリットDから光が出たら，それがLによってスリットの像を結ぶ位置である（実際には$\overline{DA} + \overline{AL} = \overline{LS_2} = 2f$にした）．こうしたら$S_1$上の干渉縞が消えた！　ダウン・コンヴァージョンによる2つの光子の強い相関によってS_2での観測がDの2本のスリットのどちらを光子1が通ったかの観測になったという．

10.3 量子飛躍を見る

原子が光を出すのは，電子が高いエネルギー準位から低い準位にジャンプ（量子飛躍）するときだという．電子の状態ベクトルでいえば

$$\psi(t) = \alpha(t)u_{高} + \beta(t)u_{低} \tag{8}$$

のように時間 t とともに連続的に変化している．電子が高い準位にいる状態 $u_{高}$ の係数 $\alpha(t)$ が連続的に減少し，低い準位にいる状態 $u_{低}$ の係数 $\beta(t)$ が連続的に増加するのだ．くどいようだが，シュレーディンガーの微分方程式にしたがう変化だから連続なのである．その背後で，いつか量子飛躍が起こっているのだろうか？　それは，あり得ない．不連続な変化は観測にともなうものである．

時刻 t_1 に観測したとき電子が高い準位に見出される確率は $|\alpha(t_1)|^2$ であり，すでに遷移が起こっていて電子が低い準位に見出される確率は $|\beta(t_1)|^2$ である．

そして，この観測で電子が高い準位に見出されたなら，その瞬間に状態ベクトルは $u_{高}$ の向きに変わり $\psi(t_1) = e^{i\phi_1}u_{高}$ となる．

$$\psi(t_1) : \alpha(t_1)u_{高} + \beta(t_1)u_{低} \longrightarrow e^{i\phi_1}u_{高} \tag{9}$$

という変化が突然に起こるのだから，これは状態の量子飛躍である．普通は波束の収縮[1] という．不連続的な変化なので "原子 ＋ 光" の系のシュレーディンガー方程式には従うべくもない．(9) が起こった後は，$\psi(t_1) = e^{i\phi_1}u_{高}$ からシュレーディンガー方程式にしたがう連続的な時間変化がはじまる．

観測で電子が低い準位に見出された瞬間，あるいは放出された光子が観測された瞬間に，低い準位に向けて波束の収縮が起こる．そして以後，そこから新規まきなおしにシュレーデンガー方程式にしたがう時間変化がはじまる．

さて，量子飛躍の観測と銘打った実験は（参考文献[9], [10] を例にとる），いわゆるレーザー光の罠に 1 個の原子を閉じこめ（図5），それが出す光を光電子増倍管でとらえて，図6の結果を得た．

---

1)　粒子の位置の測定を頭においた命名である．すなわち，波動関数が空間にひろがっている状態で位置の観測をして粒子を x_1 に見出したとすれば，その途端に波動関数は点 x_0 以外では 0 に変わる．波束が小さくなるのだから収縮というのだ．

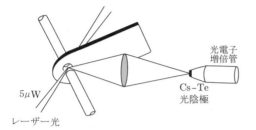

図5 量子飛躍の観測.
レーザー光はウェイスト・サイズ 5 μm まで絞りこむ. そこにイオンがトラップされる. イオンの出す光をレンズで集めて光電子増倍管に入れる.

図6 光電子増倍管で見た光の強度. 横軸は時間, 縦軸が 1 ms 当たりの光子数. 上段からトラップしたイオンが 3 個, 2 個, 1 個の場合.

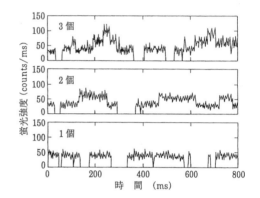

原子は Hg$^+$ イオンで, 最外殻電子1個のエネルギー準位は図7のようである. E1 194 nm と記した遷移は電気双極子遷移で, 速く起こるが, E1 11 μm の遷移は遅く希にしか起こらない. E2 193 nm, E2 282 nm は電気四重極遷移で, もっともっと遅くて, それぞれ平均 10 ms, 100 ms もかかる. ここで 194 nm などは,

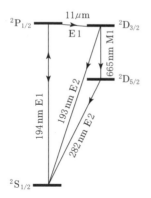

図7 Hg$^+$ イオンの最外殻電子のエネルギー準位と遷移. 原子のエネルギー準位を示す $^2D_{5/2}$ などの記号は, 中央に合成軌道角運動量 L の値 0, 1, 2, 3, ⋯ を記号 S, P, D, F, ⋯ で示し, その左肩に合成スピンの値 S を $2S+1$ としておき, 右下に全角運動量 J をおく.

その遷移で放出／吸収される光の波長を示している．1 nm は 10^{-9} m である．

そこで，基底状態 $^2S_{1/2}$ にあるイオンに E1 194 nm の遷移に共鳴するレーザー光（すなわち，波長 194 nm の光）を当てると，これを電子は吸って準位 $^2P_{1/2}$ に上がる．そこから基底状態への遷移は速いから直ちに起こる．そのほとんどは誘導放出で，当てたレーザー光と同じ方向に放出するが，他の方向への自発放射も混じっている．電子は光を出して下の準位に落ちると，またレーザー光にたたき上げられる．また光を出して落ちる．このくり返しがイオンの活動期であり，図6の台地を与える．

しかし，レーザー光にたたき上げられた $^2P_{1/2}$ から隣の $^2D_{3/2}$ に遷移する確率も小さいとはいえ 0 ではない．これが起こると，この準位から基底状態への遷移は極めて遅いので光はパタっと出なくなる．電子は $^2D_{3/2}$ に棚上げになる．たまたま $^2D_{5/2}$ に落ちても，そこで棚上げになる．これが図6に見る光子検出数 0 の"暗黒期"である．

それでも基底状態に落ちる確率は 0 ではない．それが起これば，イオンは再び活動期に入る．この暗黒期から活動期への転換が上の準位から基底状態への量子飛躍を告げていることになる．この実験は量子飛躍がランダムにおこることを示している．

10.4　量子力学でみる原子

これから述べるのは，大きな物体の話ではないが，原子の中のような小さな世界にも大きな世界と共通する面があるという話である．

量子力学で水素原子の定常状態を求めると，それはボーア模型と同じく確定したエネルギー値 E_n をもち，次の波動関数をもつ：

$$u_{n,l,m}(r, \theta, \varphi) = R_{n,l}(r)Y_{l,m}(\theta, \varphi) \tag{10}$$

主量子数

$$n = 1, 2, 3, \cdots$$

与えられた n に対し　方位量子数

$$l = 0, 1, \cdots, n-1$$

与えられた l に対し　磁気量子数

$$m = -l, -l+1, \cdots, l.$$

$|u_{n,l,m}(r,\theta,\phi)|^2 r^2 dr\sin\theta d\theta d\varphi$ が,電子の位置を観測したとき,微小体積 $d\tau = r^2 dr\sin\theta d\theta d\varphi$ に見いだす確率を与える.

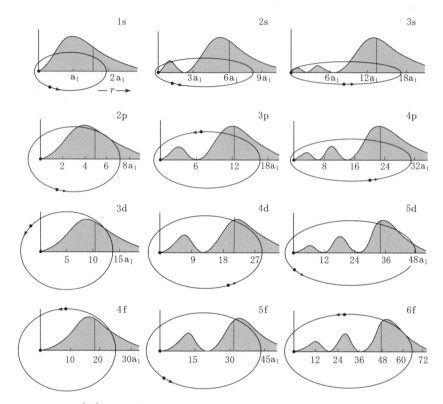

図8 ホワイト[11] のみた水素原子の電子の運動.連山のように見えるのは動径存在確率密度 $|R_{nl}(r)|^2 r^2$.楕円はゾンマーフェルトの古典量子論による軌道.ただし,方位量子数 l を $l+(1/2)$ に置き換えてある.連山の主峰は電子がゆっくり通る遠日点のあたりにある.

電子に対するこの記述は,ボーアのものとまるで違うように見えるが,案外そうでもない.角部分 $|Y_{l,m}(\theta,\varphi)|^2$ については本巻の2.3.1節にゆずり,動径部分について,まず図8をお目にかけよう[11].横軸は原子核からの距離 r である.縦軸は $r^2|R_{n,l}(r)|^2$ で電子の動径距離を観測したとき $(r, r+\varDelta r)$ の範囲の値を得る確率を方向について平均した値の $1/\varDelta r$ 倍を表わす.この確率が遠日点のあたりで大きくなっているのが見どころの1つ.これは,ボーア模型で電子が遠日点のあたりをケプラーの面積速度一定の法則に従ってゆっくり走ることに対応し

ている．近日点のあたりの小さな山は，そこで r の変化が一瞬やむことに対応している のではないか．途中の凹凸は本巻第2章，図2に示すド・ブロイの波に関係づけられるのだろうか？　いや，これはどうも難しい．

その凹凸のためボーアの楕円軌道とのつながりが切れるかと思うと，意外にも r の任意のベキ r^k につき，量子力学的平均値

$$\langle r^k \rangle_{\text{QM}} = \int_0^\infty r^k |R_{n,l}(r)|^2 r^2 dr \tag{11}$$

と古典力学による時間平均

$$\langle r^k \rangle_{\text{CM}} = \frac{1}{T} \int_0^T r(t)^k dt \tag{12}$$

は前者が有限のときほとんど等しい（表1）．

表1　r^k の平均値．（単位：a_{B}^k）

	古典量子論 （時間平均） $l' \to l + \dfrac{1}{2}$,	量子力学 （期待値，$\langle u_{n,l,m}, r^k u_{n,l,m} \rangle$） $l = 0, 1, 2, \cdots, n-1$
$\left\langle \dfrac{1}{r^3} \right\rangle$	$\dfrac{1}{n^3 l'^3}$	$\dfrac{1}{n^2 \left(l + \dfrac{1}{2}\right)(l+1)}$
$\left\langle \dfrac{1}{r^2} \right\rangle$	$\dfrac{1}{n^3 l'}$	$\dfrac{1}{n^3 \left(l + \dfrac{1}{2}\right)}$
$\left\langle \dfrac{1}{r} \right\rangle$	$\dfrac{1}{n^2}$	$\dfrac{1}{n^2}$
$\langle r \rangle$	$\dfrac{1}{2}\left[3n^2 - l'^2\right]$	$\dfrac{1}{2}\left[3n^2 - l(l+1)\right]$
$\langle r^2 \rangle$	$\dfrac{1}{2}n^2\left[5n^2 - 3l'^2\right]$	$\dfrac{1}{2}n^2\left[5n^2 + 1 - 3l(l+1)\right]$

ここで，量子力学による $R_{n,l}(r)$ は参考文献[15]に与えられている．古典力学の方の T は電子が軌道を一周する時間で，角運動量 L が面積速度の $2m$ 倍であること，楕円の面積 S が $\pi\sqrt{1-\varepsilon^2}a^2$ であることから

$$T = \frac{2m}{L}S = \frac{2\pi a^2 m \sqrt{1-\varepsilon^2}}{L} = \frac{2\pi a_{\text{B}}^2}{\hbar}n^3 \tag{13}$$

となる.

　同様に，原子核と電子の軌道素片 ds とが張る三角形の面積（本巻第2章，図13）は $(1/2)r^2 d\theta$ であり，電子の面積速度は角運動量を L とすれば $h = (1/2m)L$ であるから，電子が ds を通過する時間は

$$dt = \frac{r^2 d\theta}{(L/m)}$$

となる．r は本巻第2章，式 (19) により

$$r = \frac{\kappa}{1 + \varepsilon \cos\theta}$$

である．κ と ε は本巻 p.11 の式 (18) に与えられている．こうして (12) は

$$\langle r^k \rangle_{\mathrm{CM}} = \frac{1}{2\pi a^2 \sqrt{1 - \varepsilon^2}} \oint r^{k+2} d\theta \tag{14}$$

となる．$k = -2$ の場合が簡単だ：

$$\langle r^{-2} \rangle_{\mathrm{CM}} = \frac{1}{a^2 \sqrt{1 - \varepsilon^2}} = \frac{1}{n^3 l} \frac{1}{a_{\mathrm{B}}^2} \tag{15}$$

ただし，$L = l\hbar$ とおき，p.16 の (34) 式の $a = n^2 a_{\mathrm{B}}$ を用いた．これに対して r^{-2} の量子力学的平均値は古典力学の (15) で $l \to l + (1/2)$ とすれば得られる．いや，$k = -2$ に限らず，ほぼ同様の対応がある．ド・ブロイの量子条件で補強したボーア模型は原子をよくみていたといえよう．

10.5 原子内の電子の動きを見る

　原子にレーザー光の短いパルスを当てると図9のような形の電子の波束をつくることができる．この図は原子核を通る平面で切った断面で，実験[12], [13] では原子核を中心に球殻状に存在確率密度の大きいところができる．そして，この球殻の半径が伸びて縮んでまた伸びて … という振動をくりかえすのが観測されたのである．これは図10のように沢山のケプラー軌道の上を電子たちが足並みそろえて回っている場合になぞらえられる[12]．

波束をつくる　実験は Rb[13] と K[12] というアルカリ金属の原子を用いて行なわれたのだが，水素原子とみても大差はない．原子に光を当てると電子の状態が刻々に変わる．当てる前には電子は基底状態 $u_{1,0,0}$ にいたとして，時刻 t の波動関数を

図9 カリウムの価電子の波束——球殻の断面を示す．主量子数 $n = 85 \sim 95$ の固有関数の重ね合わせである．イーゼルらは，この波束の半径が伸縮する振動を見た[12]．

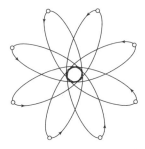

図10 イーゼルらのみたリュードベリ原子内の電子．電子たちのケプラー運動の足並みがそろっているので，図9の波束が図11の示すように半径を伸縮することになるのだという解釈．

$$\psi_t(\boldsymbol{r}) = \sum_{n,l,m} a_{n,l,m}(t) u_{n,l,m}(\boldsymbol{r}) e^{-iE_n t/\hbar} \tag{16}$$

と書こう．和は前の(10)に示した範囲にわたる．$(n, l, m) \neq (1, 0, 0)$ の $a_{n,l,m}(t)$ は $t = 0$ にはゼロで，以後は微分方程式

$$i\hbar \frac{d}{dt} a_{n,l,m}(t) = e\langle n, l, m | x | 1, 0, 0 \rangle \mathscr{E}(t) e^{-i(E_1 - E_n)t/\hbar} \tag{17}$$

に従って変化する．御存知の，状態変化を求める摂動論の方程式である．$\mathscr{E}(t)$ は光の電場で，光の偏りは x 方向とした．$e\langle n, l, m | x | 1, 0, 0 \rangle$ は遷移行列要素であって，選択則により $l = 1$ 以外はゼロである．その0でないものを以下 X と略記する．光のパルスが通り過ぎた後には

$$a_{n,l,m}(\infty) = \frac{1}{i\hbar} X \int_{-\infty}^{\infty} \mathscr{E}(t) e^{-i(E_1 - E_n)t/\hbar} dt \tag{18}$$

となる．積分範囲は，光のパルスが原子に当たっている間とすればよいが，ここに書いたように $(-\infty, \infty)$ としておけば間違いない．

いま，光のパルスとしてガウス型の

$$\mathscr{E}(t) = \mathscr{E}_0 e^{-\alpha t^2} e^{i\bar{\omega}t} \quad \left(\alpha = \frac{4 \log 2}{\tau^2} \right) \tag{19}$$

をとろう．時刻 $t = 0$ にピークがあり，$t = \pm\tau/2$ にピークの半分の高さになるので τ がパルスの持続時間の目安になる．$\bar{\omega}$ はパルスの中心周波数の 2π 倍である．

これを (18) に代入して，積分すると

$$a_{n,l,m}(\infty) = \sqrt{\frac{\pi}{4 \log 2}} \frac{e\mathscr{E}_0}{i\hbar} \cdot X \exp\left[-\frac{(E_1 + \hbar\bar{\omega} - E_n)^2 \tau^2}{16\hbar^2 \log 2} \right] \tag{20}$$

が得られる．そして，E_n が $E_{\bar{n}} \equiv E_1 + \hbar\bar{\omega}$ からあまり離れていると $a_{n,l,m} \sim 0$ となることがわかる．それが 0 と異なるのは

$$|E_n - E_{\bar{n}}| \lesssim 2\sqrt{\log 2} \frac{\hbar}{\tau} \tag{21}$$

の範囲の n に対してのみである．中心角周波数 $\bar{\omega}$ を大きくしておくと $\bar{n}$ も大きくなる．次に示す実験では $\bar{n} = 89$．その近辺では，$n = \bar{n} + q$ とおくと

$$E_n = -\frac{I}{(\bar{n}+q)^2} = E_{\bar{n}} + \frac{2I}{\bar{n}^2} q \quad (|q| \ll \bar{n}) \tag{22}$$

という近似が成り立ち，エネルギー準位は，ほぼ等間隔 (間隔 $2I/\bar{n}^3$) である．これが大事な点で，この範囲の n を重ね合わせた (16) は一定の周期

$$T_{\bar{n}} = \frac{\pi\hbar}{I} \bar{n}^3 = \frac{2\pi\mu a_{\mathrm{B}}^2}{\hbar} \bar{n}^3 \tag{23}$$

で，あまり拡散しないで振動する．その周期は古典力学でだした (13) と同じだ！このとき，l は 1 に限られているので角度については波束ができない．前にこの波束を球殻状といったのは，このためである ($l = 1$ だから球対称は粗雑すぎたが)．

波束の振動の検出　波束の電子は高い励起状態にあるので 1 万 V/m くらいの電場をかけることで原子から剥ぎとることができる．波束は図 10 のようにケプラー運動の集団ともみられるが，電子が剥がれやすいのは，電場が単位時間当たりにする仕事は $-e\mathscr{E} \cdot \boldsymbol{v}$ だから (この $\mathscr{E}$ は細字だがベクトルを表わす)，速度 $\boldsymbol{v}$ が大きくなる近日点付近である．したがって，電子の剥がれやすいときは周期的にくる．周期は電子の古典的ケプラー運動の周期 $T_{\bar{n}}$ である．実験 [12] は，この予想を裏書した (図 11)．波束は，いずれ広がるが，ある時間の後にもとに戻ることも観測されている．原子の内部の電子の動きが見えたのである．実験では $\bar{n} = 89$ だったから，その原子の半径は $0.4\,\mu\mathrm{m}$ もある．いわゆるリュードベリ原子である [14]．

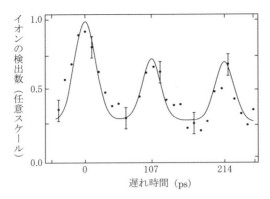

図 11 遅れ時間とは，波束をつくるパルスをかけてからイオン化のパルスをかけるまでの時間．それに対してイオン化の頻度 (縦軸) が周期的な変化をする．周期 107 ps は，主量子数 $\bar{n} = 89$ 近傍の準位間隔からきまるケプラー運動の周期に一致している[12]．

10.6 高く励起した原子

水素原子の電子の軌道角運動量 $\boldsymbol{L}$ がほとんど z 軸方向を向いている $m = \pm l$ の状態では，電子の運動は，ほとんど xy 平面上に限られることを第 2 章の図 1 で見た．では，原子核からの距離 $r = \rho a_\mathrm{B}$ はどうか．わかりやすいのは電子が主量子数 n の状態で角運動量が最大の $l = n-1$ の状態にある場合で[15]，波動関数が $u_{n,n-1}(\rho) Y_{n-1}^m(\theta, \varphi)$ で動径 ρ への依存性は

$$u_{n,n-1}(\rho) = N\rho^{n-1} e^{-\rho/n} \tag{24}$$

で与えられる．図 12 には $(\rho, \rho+d\rho)$ に電子が存在する確率の密度 $|u_{n,n-1}(\rho)|^2 \rho^2$ を $n = 25$ と $n = 50$ の場合に描いた．$\rho = 0$ から無限大にいたる積分がそれぞれ 1 になるように規格化してある．見ての通り高い励起状態 $n \gg 1$ では原子核から距離 $\rho = n^2$ のところに極大があり，その前後のある距離を除いてほとんど 0 である．

この状態 (24) は，エネルギー

$$E_n = -\frac{e^2}{4\pi\epsilon_0} \frac{1}{2a_\mathrm{B} n^2} \tag{25}$$

の固有状態であるが，原子核からの最も確からしい距離 $\rho = n^2$ における位置のエネルギーは

$$V = -\frac{e^2}{4\pi\epsilon_0} \frac{1}{a_\mathrm{B} n^2} \tag{26}$$

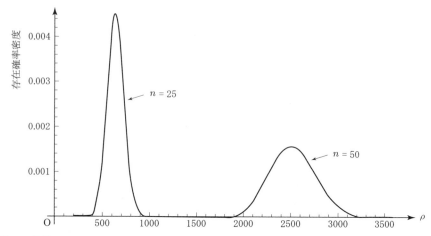

図12 状態 (24) における電子の原子核からの距離 $r = \rho a_\mathrm{B}$ に関する存在確率密度 $|u_{n,n-1}(\rho)|^2 \rho^2$ を示す. ρ の $[0, \infty)$ にわたる積分は,それぞれ1に規格化してある.これで見ると,$n \gg 1$ のとき電子はかなりよく定まった軌道をまわっていることがわかる.

であるから,運動エネルギーの確からしい値は

$$K = E_n - V = \frac{e^2}{4\pi\epsilon_0} \frac{1}{2a_\mathrm{B} n^2} \tag{27}$$

となる.これを,電子の速度を v として $mv^2/2$ に等しいとおけば

$$\frac{m}{2} v^2 = \frac{e^2}{4\pi\epsilon_0} \frac{1}{2a_\mathrm{B} n^2}$$

となるが,両辺に $2/r = 2/(a_\mathrm{B} n^2)$ をかけると

$$m\frac{v^2}{r} = \frac{e^2}{4\pi\epsilon_0} \frac{1}{r^2} \qquad (r = a_\mathrm{B} n^2) \tag{28}$$

となる.なんと,これは電子にはたらく(遠心力)=(核からのクーロン引力)の式ではないか! 高い励起状態で非常に肥った軌道をまわる電子は古典力学の運動方程式に従っていたのである.これはボーアの対応原理の現われといおうかと思ったが,エーレンフェストの定理[16]を思い出せば,驚くほどのことではないかもしれない.

参考文献

[1] D. W. Keith, M. L. Schattenburg, H. I. Smith and D. Pritchard : *Phys. Rev. Lett.* **61** (1988), 1580.

10. 大きな物体の量子力学，実験　　151

[2] O. Carnal and J. Mlynek : *Phys. Rev. Lett.* **66** (1991), 2689 ; F. Riehlw *et al.* : *Phys. Rev. Lett.* **67** (1991), 177 ; M. Kasevich and S. Chu : *Phys. Rev. Lett.* **67** (1991), 181 ; J. Robert *et al. Europhys. Lett.* **16** (1991), 29 ; A. Anderson *et al. Phys. Rev.* **A34** (1986), 3513 ; P. J. Martin *et al. Phys. Rev. Lett.* **60** (1988), 515 ; P. E. Mosckowitz *et al. Phys. Rev. Lett.* **51** (1983), 370 ; J. A. Levitt and F. A. Bills *Am. J. Phys.* **37** (1969), 905 ; I. Estermann and O. Stern *Z. Phys.* **61** (1930), 95 ; M. Arndt *et al. Nature* **401** (1999), 680.

[3]　Ch. Bondé *et al.* : *Physics Lett.* **A 188** (1994), 187.

[4]　もっと，はるかに大きい分子の波動性も！　L. Hackermüller, S. Uttenhaler, K. Hornberger, E. Reiger, B. Brezger, A. Zeilnger and M. Arndt : Wave Nature of Biomolecules and Fluorofullerenes, *Phys. Rev. Lett.* **91** (2003), 090408.

[5]　朝永振一郎『量子力学と私』，江沢 洋編，岩波文庫 (1997); 本巻の第 12 章.

[6]　R. P. ファインマン『物理法則はいかにして発見されたか』，江沢 洋訳，ダイヤモンド社 (1968) ; 岩波現代文庫，岩波書店 (2001).

[7]　A. Zeilinger : *Rev. Mod. Phys.* **71** (1999) S288.

[8]　江沢 洋：量子論の発展とパラドックス，日本物理学会編『量子力学と新技術』，培風館 (1987)，第 10 章，本巻の第 14 章.

[9]　W. M. Itano *et al.* : *Phys. Rev. Lett.* **59** (1987), 2732.

[10]　江沢 洋：量子力学の基礎に関わる実験，「日本物理学会誌」**43** (1988), 535.

[11]　H. White : *Phys. Rev.* **37** (1931), 1416.

[12]　J. A. Yeazell, M. Mallalieu, J. Parker and C. R. Stroud, Jr. : *Phys. Rev.* **A40** (1989), 5040.

[13]　L. D. Noordam, A. ten Wolde, A. Lagendijk and H. B. van Linden van den Heuvell : *Phys. Rev.* **A40** (1989) 6999.

[14]　D. クレップナーほか：高励起原子，霜田光一ほか訳，『量子力学の新展開』，別冊サイエンス 58 (1983).

[15]　江沢 洋『量子力学 II』，裳華房 (2002), p.47. ここでは，原子核は動かないとしているので，$\mu = m$ とする.

[16]　小谷正雄・梅沢博臣『大学演習・量子力学』，裳華房 (1959), p.152.

11. 重ね合わせの破壊

　量子力学的な世界の特徴は状態の重ね合わせ，ないし干渉から生ずる．シュレーディンガーの猫が注意をひくのは生と死の重ね合わせ状態をとるからである．もし，猫が確率 p_L で生きており，確率 $1 - p_L$ で死んでいるのだったら，それは見る人の知識不足を意味するにすぎない．

　状態の重ね合わせは，実際に古典物理の世界に現われるだろうか？

11.1 環境による干渉性破壊

11.1.1　分子の形

　アンモニアの分子 NH_3 では，3つの水素原子 H がつくる正三角形の重心を通ってその面に垂直に x 軸をとれば，窒素原子 N は x 軸に沿って H_3 の面を突き抜けて往復振動することが知られている．

　窒素原子 N に対しては，x 軸上に H_3 の面に関して対称な W 字型のポテンシャル $V(x)$ がある（図1）．N の定常状態をきめるシュレーディンガー方程式

$$\left\{ -\frac{\hbar^2}{2M_N}\frac{d^2}{dx^2} + V(x) \right\} u(x) = Eu(x) \tag{1}$$

の解は，ポテンシャルの対称性 $V(-x) = V(x)$ を反映して $u_s(-x) = u_s(x)$ か $u_a(-x) = -u_a(x)$ のいずれかの対称性をもつ．前者は左右対称，後者は左右反対称であるという．

　エネルギー準位の下端では，対称な状態のエネルギーが反対称なものより少しだけ低いが，ほとんど同じで，次の準位からは大きく離れている．そこで，あらためて u_s を基底状態の波動関数とし，$u_a(x)$ を第一励起状態の波動関数としよう．それらのエネルギーを E_s, E_a とする（図1）．

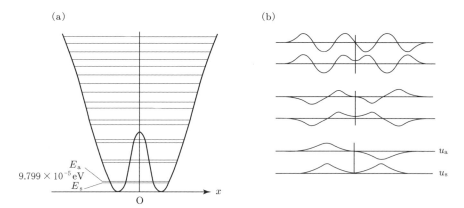

図1 アンモニア分子における窒素原子の往復振動のポテンシャル (a) と定常状態の波動関数 (b). ポテンシャルに引いた水平の線はエネルギー準位を示す. 最低の2つの準位のエネルギー差は 9.799×10^{-5} eV で, 温度にすれば 1 K 強に当たる.

N の往復振動

それらから時間を含むシュレーディンガー方程式

$$i\hbar\frac{\partial}{\partial t}\psi(x,t) = \left\{-\frac{\hbar^2}{2M_N}\frac{\partial^2}{\partial x^2} + V(x)\right\}\psi(x,t) \tag{2}$$

の解をつくることができる. すなわち

$$\psi_s(x,t) = u_s(x)e^{-iE_st/\hbar}, \quad \psi_a(x,t) = u_a(x)e^{-iE_at/\hbar}.$$

そして, これらの重ね合わせ, たとえば

$$\psi(x,t) = \frac{1}{\sqrt{2}}\left\{u_s(x)e^{-iE_st/\hbar} + u_a(x)e^{-iE_at/\hbar}\right\} \tag{3}$$

も解であって, これは N 原子の往復振動を表わす. 実際, 原子の存在確率密度をつくってみると

$$|\psi(x,t)|^2 = \frac{1}{2}\left\{|u_s(x)|^2 + |u_a(x)|^2 + 2u_s(x)u_a(x)\cos\frac{E_s - E_a}{\hbar}t\right\} \tag{4}$$

となり, $t=0$ の

$$|\psi(x,0)|^2 = \frac{1}{2}\left|u_s(x) + u_a(x)\right|^2$$

は $x>0$ で大きく, $x<0$ で小さい. したがって, 窒素原子 N は $x>0$ の側にいる確率が大きい. 時間がたって $\dfrac{E_s - E_a}{\hbar}t_1 = \pi$ の時刻 t_1 になると

$$|\psi(x, t_1)|^2 = \frac{1}{2}\Big|u_{\mathrm{s}}(x) - u_{\mathrm{a}}(x)\Big|^2$$

となって，これは $x<0$ で大きく，$x>0$ では小さい．窒素原子 N は大きな確率で $x<0$ の側に移っている．さらに時刻 $2t_1$ を調べると，N は 1 往復を終えていることがわかるだろう．以後，窒素原子 N は同様の振動をくり返す．

形のない分子

アンモニア分子を低温にすることができたとすれば，分子は基底状態に落ちるだろう．基底状態の N の波動関数 $u_{\mathrm{s}}(x)$ は偶関数で，N 原子は H_3 平面の $x>0$ の側にいるのでもなく $x<0$ の側にいるのでもない．$x>0$ の側にいる状態と $x<0$ の側にいる状態との重ね合わせ状態にある．これはシュレーディンガーの猫の状態ともいうべきもので，アンモニア分子は定まった形をもたない．

このことは，分子構造論のはじめにフントが気づき「光学異性体の存在に矛盾する」一般的な困難として指摘していた[1]．光学異性体はパストゥールがパラ酒石酸の結晶を左手型と右手型に分けたとき発見した (1847)．

酒石酸の水溶液が，直線偏光をとおすとその偏光面を回転させるが，酒石酸と化学的には区別できないパラ酒石酸は回転させない．この不思議をパストゥールは解いた．パラ酒石酸の結晶が酒石酸の結晶と，それと外形が鏡像の関係にある結晶とに分別できることを見出し，それぞれの溶液に直線偏光を通すと一方では

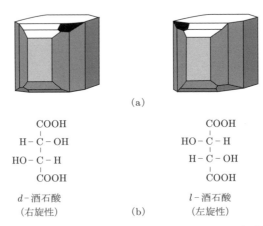

図 2　酒石酸の結晶と分子の構造式．d (dextro–) が右型，l (levo–) が左型を意味する．左右は，結晶 (a) では黒くした面によって，分子構造 (b) では H–C–OH と HO–C–H の相対的な向きによって区別される．

偏光面が左に回転し，他方では右に回転することを示したのである．このような物質は，他にもたくさんあって，われわれに身近なものに蔗糖がある．

結晶の右手型，左手型は，元をただせばそれぞれの分子の形が互いに鏡像の関係にあるのだ．フントは，量子力学によれば，そのような分子は定常状態では "左手型と右手型の重ね合わせ" になっているはずで，偏光面を回転させることはできない，というパラドックスにぶつかったのである．それを解決するものとして，今日では環境の影響が考えられている[2], [3]．

11.2 環境

実験の対象は，たいてい環境の影響にさらされている．"真空" 中にもかなりの数の分子は飛び交っているし，電磁輻射もある．宇宙空間にも 3K の背景輻射が満ちている．こうした環境が，本来はすべて量子力学にしたがっている対象を古典物理的にするのだといわれるようになった[4]．

環境の効果は 2 つある．光学異性体の例でいえば――

左手型の分子と右手型の分子を，パストゥールがしたように分別したとしよう．それでも，もし対称，反対称状態の間にエネルギー差 ΔE があると振動 (3) が起こって，せっかく分別した右型分子集団に左型が混じりこむ．旋光性が現われるためには，ΔE は 0 か，そうでなくても $\hbar/\Delta E$ が観察の時間より長くなっている必要がある．その実現が環境の効果の第一である．

仮にそうなったとしても，左型と右型の重ね合わせ状態があり得ることに変わりはない．その状態では，物理量 A の期待値

$$\left\langle \frac{\text{左} \pm \text{右}}{\sqrt{2}} \middle| A \middle| \frac{\text{左} \pm \text{右}}{\sqrt{2}} \right\rangle$$

$$= \frac{1}{2} \{\langle \text{左} |A| \text{左} \rangle + \langle \text{右} |A| \text{右} \rangle\} \pm \frac{1}{2} \{\langle \text{左} |A| \text{右} \rangle + \langle \text{右} |A| \text{左} \rangle\} \quad (5)$$

に干渉項が現われる．すなわち，右辺の第 2 括弧内の 2 項である．もし，これらが消えれば，左手型，右手型の半々の混合物と同じことになる．環境の第一の効果によってほとんど縮退した 2 つの状態の間の干渉項は特別にもろく，環境との相互作用で容易に破壊されるという．

もっと一般に，大きさ a の物体が位置 x にある状態と a だけ離れた $x+a$ にある状態を考え，物体を種々の環境にさらしたとき，それらの間の干渉が消えるま

での時間が評価されている（表1）[4]．もし x と $x+na$ の干渉であれば表の時間の $1/\sqrt{n}$ 倍で消える．干渉項の破壊に大気の分子の衝突がとりわけ有効であることがわかる．

表1　干渉項が消えるまでの時間/s

a (m)	10^{-5} 塵	10^{-7} 塵	10^{-8} 大きな分子
宇宙背景放射	1	10^{16}	10^{24}
室温の黒体輻射	10^{-13}	10^{-2}	10^6
太陽光（地上）	10^{-15}	10^{-7}	10^{-1}
大気（地上）	10^{-30}	10^{-22}	10^{-18}
"真空"	10^{-17}	10^{-9}	10^{-5}

$(10^{12}$ 分子$/\mathrm{m}^3)$

　このように環境の作用によって量子力学の世界から古典物理的な姿が立ち現われるという議論がさかんである[5], [6]．ここでは，その片鱗しか紹介できなかったが，研究はまだ進展途上にあり，十分な理解までにはまだまだ距離があるように思われる．

参考文献

[1]　F. Hund : *Z. Physik* **43** (1927), 805.

[2]　A. Amann : in *Fractals, Quasicrystals, Chaos, Knots and Algebraic Quantum Mechanics*, A. Amann, L. Cederbaum and W. Gans ed. Kluwer (1988) ; *Synthese* **97** (1993), 125. この問題を最初に論じたのは P. Pfeifer, Thesis (ETH-Zürich, 1980) だというが，未見.

[3]　A. S. Wightman and N. Glance : *Nuclear Phys.* B (Proc. Suppl.) **6** (1989), 202 ; A. S. Wightman : *Nuov. Cim.* **110B** (1995), 751.

[4]　E. Joos and H. D. Zeh : *Z. Physik* **B 59** (1985), 223.

[5]　R. Omnès : *Understanding Quntum Mechanics*, Princeton University Press (1999) ; *The Interpretation of Quantum Mechanics*, Princeton Univ. Press (1994) ; *Foundations of Physics* **25** (1995), 605 ［亀井 理・水野光子訳，「数理科学」1997 年 10, 11 月号］.

[6]　D. Giulini, E. Joos, C. Kiefer, J. Kupsch, I.-O. Stamatescu and H. D. Zeh : *Decoherence and the Appearance of a Classical World in Quantum Theory*, Springer (1996).

12. 「光子の裁判」と量子の不思議

12.1 光子の裁判から

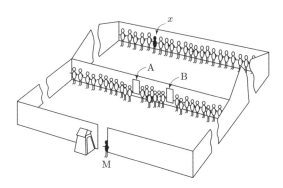

図1　実地検証の行なわれた家[1]．中仕切りと奥の壁には警官が並んでいる．しかし，Neither A nor B の実地検証では中仕切りの窓のところに警官はいない．

　図1は朝永先生の「光子の裁判」[1]の第7図である．この家で光子の振舞の実地検証が行なわれたのだ．被告である光子は門 M で門衛につかまって入門手続きをさせられた後，家の中に向けて放たれ，うまく室内に入ったと思ったら家の奥の壁に並んだ警官たちの一人に捕獲された．そして，捕獲の位置 x がカードの上に黒丸でいちいち記録された．何百回となく繰り返された記録の集積が図2である．
　このカードには，Neither A nor B という記号がついている．それは，部屋の中仕切りの窓のところには警官がいなくて，A, B どちらの窓でも光子は捕えられていなかったということを意味する．
　この Neither A nor B（AでもBでもない）のカードに記録された黒丸（警官が被告を捕えた位置）は奇妙な縞模様を呈している．

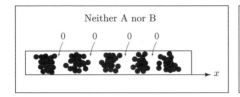 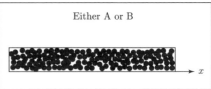

図2　カード Neither A nor B [1].　　　図3　カード Either A or B [1].

　実は，この検証の前に，中仕切りの窓のところにも警官を配置して，被告がA, Bどちらの窓を通ったかを確認した検証が行なわれた．もちろん，被告は窓Aで捕えられれば窓Bで捕えられることはなく，Bで捕えられればAで捕えられることはない．そこで，この場合に奥の壁のどこで捕獲されたかを記録したカード（図3）には Either A or B（AまたはB）という記号がつけられている．このカードの黒丸の並び方は，図2の並び方と著しくちがう．Neither A nor B の縞模様は何を示しているのだろう？

　光は波であるというから，図2の縞模様は2つの窓A, Bを通って奥の壁にきた光の波の干渉によるとも考えられる．しかし，その模様が点の集まりであるところが気になる．そして窓A, Bのところで光子を一たん捕獲したら，直ちに放したにもかかわらず模様が図3のように変わったというのも奇妙である．

　朝永先生が，この物語を書いた1949年から30年以上たって Neither A nor B の実験が光子を用いて行なわれた [2]．それから数年の後，電子についても同様の実験が行なわれた [3]．いずれの場合にも，朝永先生の予想したとおりの点々からなる奇妙な縞模様が得られたのだ！

　ここでは，ぼくも関係した電子の実験について話そう．

12.2　電子の裁判——Neither A nor B

　図4が1989年に実際に行なわれた電子の裁判の実験において，光子の裁判について朝永先生のフィクション [1] に出てくる図2に相当する写真である．

　この実験では，電子をポツリポツリと送り込んで，検出器に最初の電子が到達したときの写真が(a)，それから(b)，……，(d)と到達する電子が増えてゆく様子を次々の写真が示している．電子の到達する位置 x は，始めのうちランダムに見えるが，電子の数が十分に増えたとき，朝永先生のフィクション（図2）と同様

な縞模様が現われている．

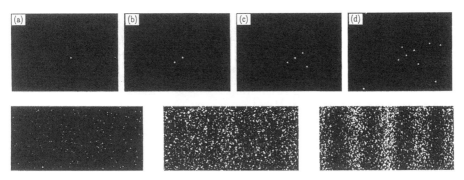

図4 電子の裁判の実験で検出された電子の到達位置を記録した写真（参考文献［4］）より（上段：本文 p.66，下段：口絵 p.7）．(a) は最初の電子が検出器に到達したとき．それから次々に到達する電子の位置を記録に加えてゆく．始めのうちは電子の到達する位置はランダムに見えるが，記録される電子の数が十分に増えると縞模様が現われる．縞と縞の間（図2では0と印したところ）には，始めから電子はきていなかったのだ．

12.2.1 実験はこうする

実験は，おおまかに言って図5のような装置（電子顕微鏡）で行なわれた．図の一番上に見えるのが電子銃で，その先端の尖った針とその下の第1陽極との間に電圧 $V_1 = 3 \sim 5\,\text{V}$ をかけて針先から電子を引き出し，第2陽極との間にかけた $V_0 = 5 \times 10^4\,\text{V}$ で電子を加速する．電子の電荷を $-e$，質量を m とすれば，電子の運動量の大きさは

$$p_z = \sqrt{2meV_0} = 1.21 \times 10^{-22}\,\text{kg m/s} \tag{1}$$

となる．その下にある電子レンズは，電子の運動量の向きをそろえるためのものである．顕微鏡の軸を z 軸とし，下向きを正とする．

運動量が p_z にそろった電子はバイプリズムに飛び込む．バイプリズムというのは接地した平行な金属板（間隔 $2b$, $b = 5\,\text{mm}$）の中央に細い（半径 $a = 0.5\,\mu\text{m}$）導線を張り，これを電位 $10\,\text{V}$ にしたものである．電子は導線に引かれ，導線の右側を通った電子は左向きに，左側を通った電子は右向きに運動量を得る．すなわち，運動量の x 成分

$$\mp p_x, \quad \begin{cases} x > 0 \\ x < 0 \end{cases} \text{の側を通ったとき} \tag{2}$$

を得るのである．計算によれば，だいたい

$$p_x = 4.1 \times 10^{-27} \, \text{kg m/s} \tag{3}$$

である．x 軸は図 5 でいって z 軸に垂直な右向きにとる．この電子線バイプリズムが図 1 の中仕切りの 2 つの窓の役をする．ただし，いまは Neither A nor B の実験をしたいので，電子がどちらの窓を —— 導線のどちら側を —— 通るかはチェックしない．

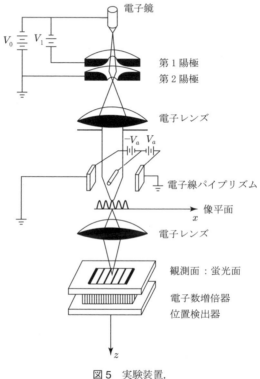

図 5 実験装置．

そうすると，バイプリズムの下の像平面に，そこに到達する電子の数が増えるにつれ，図 4 に示したような縞模様が現われてくる．実は，像平面に現われる縞模様を写真に撮るにはなお多少の手続きが必要なのだが，それは後の話としよう．

12.2.2 電子の波動性

像平面に縞模様が現われる理由を，量子力学は次のように説明する．電子は波動性をもっており，運動量 $p = (p_x, p_z)$，エネルギー E の電子は

$$\psi_1(x, z, t) = \exp\left[\frac{i}{\hbar}(p_x x + p_z z) - \frac{i}{\hbar}Et\right] \tag{4}$$

のように振舞う．

バイプリズムの導線の両側を通ってきた波が，重なるところでは

$$\psi(x, z, t) = \left\{\exp\left[\frac{i}{\hbar}(p_x x + p_z z)\right] + \exp\left[\frac{i}{\hbar}(-p_x x + p_z z)\right]\right\} \times \exp\left[-\frac{i}{\hbar}Et\right] \tag{5}$$

となる．

これらの式について，説明を捕っておこう．$e^{i\phi} = \cos\phi + i\sin\phi$ であることは御存知としよう．このうち $\cos\phi$ に注目すれば——$\sin\phi$ でも同じことであるが——z' 方向に進む波長 λ，振動数 ν の波動は

$$\psi_c(x', z', t) = \cos\left(\frac{2\pi}{\lambda}z' - 2\pi\nu t\right) \tag{6}$$

と表わされる．量子力学によれば，運動量 $\boldsymbol{p} = (0, p'_z)$，エネルギー E をもって運動する粒子には波長 $\lambda = h/p'_z$，振動数 $\nu = E/h$ の波動が伴う．h はプランクの定数である．(6) を運動量とエネルギーで書きかえれば

$$\psi_c(x', z', t) = \cos\left(\frac{p'_z}{\hbar}z' - \frac{E}{\hbar}t\right) \tag{7}$$

となる．

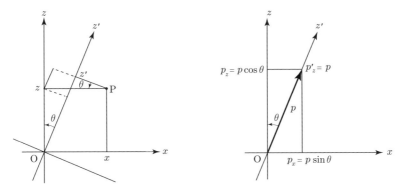

図6　z' 方向に進む波を，角 θ だけ回転した座標系 (x, z) から見る．
(a) 点 P の座標はどう見えるか？　(b) 運動量の成分はどう見えるか？

162

いま，z' 軸から図 6 のように角 θ だけ回転した z 軸をもつ座標系 (x, z) では $z' = x \sin\theta + z \cos\theta$ となるから，この座標系から波 (6) を見ると

$$\psi_c = \cos\left(\frac{1}{\hbar}\{p'_z(x\sin\theta + z\cos\theta)\} - \frac{E}{\hbar}t\right)$$

$$= \cos\left(\frac{1}{\hbar}(p_x x + p_z z) - \frac{E}{\hbar}t\right) \tag{8}$$

に見える．これが (4) に相当する式である．

12.2.3 電子の位置の観測

与えられた紙数が尽きてきた．以下，駆け足になる．電子の波動が (5) である場合，電子の位置の観測をすると範囲 $(x, x+dx)$ の値が確率 $P(x)dx$ で得られると量子力学はいう．ここに，(5) の $\psi(x, z, t)$ を用いて

$$P(x) = \left(\frac{N}{2}\right)^2 |\psi(x, z, t)|^2 = N^2 \cos^2\frac{p_x x}{\hbar} \tag{9}$$

で，N は電子の波が存在する範囲 $(-A, A)$ にわたる (9) の積分が 1 となるように定める．$\cos^2(p_x x/\hbar)$ の大きいところが縞になる．そして，電子は一たん位置 x に見いだされると，電子の波はその位置に収縮して（波束の収縮），その観測の直後に再び位置の観測をすると同じ値 x が得られる．これも量子力学の主張である．

こうして，電子が見いだされる位置の確率が大きい縞の間隔は

$$D = \frac{\pi\hbar}{p_x} = 8.1 \times 10^{-8}\,\mathrm{m} \tag{10}$$

となる．実は，外村らの実験 [3] では，電子顕微鏡の性能を利用して像平面の (9), (10) を 2000 倍に拡大してから図 5 の観測面で観測している．

では，この場合の観測とは何か？　外村らの観測装置は図 5 のようなもので，観測面に蛍光板をおき，電子の到達位置から光が出るようにしてある．観測の常として，続いて増幅過程がくる．すなわち，蛍光板から 1 個の光子が出ると，それを光電面に受けて電子に変え，3000 V の電圧で加速して電子数を 10^7 倍まで増殖した上で位置検出器に導いている．そこで電子数はさらに 100 倍され，位置が検出される [4]．位置の観測が行なわれるのは，この増幅過程の前で，蛍光板から 1 個の光子が出たときとすべきだろうか？　そうだとすると，朝永先生のフィクション（図 1）で奥の壁に並んだ警官たちは，外村たちの実験では蛍光板の蛍光粒子たちということになる．こうして電子の到達位置は位置検出器の与える点の集

まりとして表示され，点の密度は (9) に従って縞状になる．

12.3 Either A or B の実験

これは，まだ行なわれていないが，もし行なわれたとすると，窓 A, B のところで電子の位置を観測するので，電子の波は A または B で波束の収縮をおこし，それまでもっていた運動量の情報を失ってしまう．そのために図 4 の像平面に，したがって観測面に到達する位置は A からきた電子の分布と B からきたものの分布の和になるであろう．このことはファインマンがはっきり述べている [5]．

一言つけ加える．2 つのスリットの一方 a_1 で電子の位置 x_1 の観測をすると，波束の収縮がおこり電子の波動関数は位置の固有関数 $e^{i\alpha_1}\sqrt{\delta(x_1-a_1)}$ になる．位相 α_1 はランダムである．位置 a_1 に到達したときの電子波の位相がランダムであり，固有関数に任意の位相 α_1 をつけても同じ固有関数であるからである．他方のスリットで位置の観測をされた電子についても同様で，両者が下のスクリーンで出会うと，干渉項 $e^{i(\alpha_1-\alpha_2)}e^{ik_{x1}(x_1-a_1)}e^{-ik_{x2}(x_2-a_2)}$ を生ずる．この項は，しかしランダムな位相 $\alpha_1-\alpha_2$ のため度重なると消えてしまう．

参考文献

[1] 朝永振一郎：光子の裁判, 『量子力学と私』江沢 洋編, 岩波文庫 (1997)；
『物理学への道程』江沢 洋編, みすず書房 (2012)；そのもとは「基礎科学」, 弘文堂, 1949 年 11, 12 月号.

[2] Y. Tsuchiya, E. Inuzuka, T. Kurono and M. Hosoda, 所収：P. Hawkes ed., *Advanes in Electronics and Electron Physics*, Academic Press, **64 A** (1982).

[3] A. Tonomura, J. Endo, T. Matsuda, T. Kawasaki and H. Ezawa, *Am. J. Phys.* **57** (1989), 117.

[4] 外村 彰『目で見る美しい量子力学』, サイエンス社 (2010), pp.64–68.

[5] R. P. ファインマン『物理法則はいかにして発見されたか』, 岩波現代文庫 (2001), pp.192–227.

13. 干渉の量子力学

13.1 光子は自身としか干渉しない

　光の干渉ときけば，まず思い出すのが，ここに標題としたディラックの言葉[1]である．

　たとえば，ヤングの実験（図 1）[2]．光源から八方に広がる光を針孔 S で絞り，ごく近接した 2 つの針孔 A, B に通すと，背後のスクリーンに美しい縞模様が現われる．

　これは光の波の干渉の結果だという．スクリーン上の点 P で針孔 A から来た光の電場 E_A と針孔 B から来た光の電場 E_B が重なり合って強めあえば，電場は 2 倍になって光の強度は 4 倍になる．打ち消しあうなら電場は 0，光の強度も 0 となる．しかし，これは光を古典的な電磁波とみなしたときの話である．

　「光線の強度が，その中にある光子の確からしい数に比例するのだとしたら」とディラックはいう．針孔 A を通ってきた 1 つの光子と針孔 B を通ってきたもう 1 つの光子とがスクリーン上の点 P で出会って干渉すると考えることになり，「あるときは 2 つの光子が互いに消しあい，あるときは 2 つの光子が 4 つの光子にな

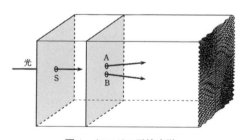

図 1　ヤングの干渉実験．

る」ということが起こるとしなければならなくなる．「これはエネルギーの保存則に矛盾する．」

そこで，ディラック先生が宣うには，

「量子力学では，波動は1つの光子についての確率に結びつけるもので，それによって各々の光子を2本の光線［APとBP］のどちらにも部分的に入れてやり，上の困難をのりきるのである．」

このディラックの結論は謎めいている．

13.2 光の量子力学

量子力学では，対象とする系の"状態"はベクトルで表わし．"物理量"はそのベクトルに作用する演算子で表わす．「初耳だ」とおっしゃる方も，どうか，しばらく耳をかして下さい．

生成と消滅の演算子

光の量子力学で基本となる状態は，光子が1つもない状態（無粒子状態）だ．それを表わすベクトルを u_0 と記そう．基本となる演算子は，光子を1つ生成させる $\hat{a}^\dagger$ と消滅させる $\hat{a}$ である．**無粒子状態のベクトル u_0 に生成演算子を作用させると1粒子状態のベクトル u_1 ができる**（図2）：

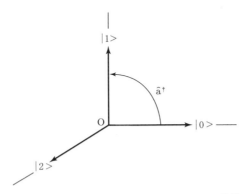

図2 光の状態ベクトル．本当は，光子が3個ある状態，4個ある状態，……の状態ベクトル $|3>$, $|4>$, … もあって，互いに直交している．光の状態ベクトルの空間は，だから，無限次元なのだ！

$$\hat{a}^\dagger u_0 = u_1 \tag{1}$$

これが，状態ベクトルに演算子が作用するということの一例である．1粒子状態というのは，光子が1つある状態であって，それに消滅演算子を作用させれば，もとの黙阿弥——無粒子状態！

$$\hat{a} u_1 = u_0. \tag{2}$$

(1) といっしょにして書けば

$$\hat{a}\hat{a}^\dagger u_0 = u_0 \tag{3}$$

となる．まず$\hat{a}^\dagger$を作用させ，次に$\hat{a}$を作用させる．"順次の作用"が演算子の"積"の定義である．

無粒子状態にあたまから消滅演算子を作用させると，状態のゆき場がなくて

$$\hat{a} u_0 = 0. \tag{4}$$

こうなってから生成演算子を作用させても

$$\hat{a}^\dagger \hat{a} u_0 = 0 \tag{5}$$

にしかならない．

(3) では$\hat{a}^\dagger$をまず作用させ，その後で$\hat{a}$を作用させた．その順序を (5) では逆にした．2つの結果は，御覧のとおり違う．その違いは，(3) と (5) のベクトル差をつくれば歴然となる：

$$(\hat{a}\hat{a}^\dagger - \hat{a}^\dagger \hat{a})u_0 = u_0.$$

こうして，演算子の"差"が自然に立ち現われた．この式は，ベクトル u_0 に作用するとき

$$\hat{a}\hat{a}^\dagger - \hat{a}^\dagger \hat{a} = 1 \tag{6}$$

がなりたつことをいっている．右辺は1をかけることを意味し，"ベクトルを変えない"怠け者の演算子である．

実は，生成・消滅演算子の場合，光の状態空間の"どんなベクトルに作用するときにも"(6) はなりたつ．光というものは真空の各点に分布している振動子が隣へ隣へと振動を受け渡してゆくことで伝播するのである．この根源のメカニズムに量子力学を適用すると，(6) が出てくる．(6) こそが基本であって，(1)〜(5) はこれから導かれるべきものであるが，いまは説明に便利な道をとった．

話を続けよう. (2) に $\widehat{a}^\dagger$ を作用させれば

$$\widehat{a}^\dagger \widehat{a}\, u_1 = u_1.$$

これを (5) と並べて

$$(\widehat{a}^\dagger \widehat{a}) u_0 = 0 \cdot u_0$$
$$(\widehat{a}^\dagger \widehat{a})\,\widehat{a}^\dagger u_0 = 1 \cdot \widehat{a}^\dagger u_0$$

と書いてみると, 一般に

$$(\widehat{a}^\dagger \widehat{a})(\widehat{a}^\dagger)^n u_0 = n \cdot (\widehat{a}^\dagger)^n u_0 \quad (n = 0,\, 1,\, 2,\, \cdots) \tag{7}$$

がなりたつのでは？　という想いがわくだろう. 実際, これはなりたつのである. たとえば, $n = 2$ の場合, いったん $\widehat{a}^\dagger \widehat{a}\widehat{a}^\dagger$ を引いて加えて

$$\widehat{a}\,(\widehat{a}^\dagger)^2 = \widehat{a}\,\widehat{a}^\dagger \widehat{a}^\dagger$$
$$= (\widehat{a}\widehat{a}^\dagger - \widehat{a}^\dagger \widehat{a})\,\widehat{a}^\dagger + \widehat{a}^\dagger (\widehat{a}\widehat{a}^\dagger - \widehat{a}^\dagger \widehat{a}) + (\widehat{a}^\dagger)^2 \widehat{a}$$

と書き, (6) を用いれば

$$\widehat{a}\,(\widehat{a}^\dagger)^2 = 2\widehat{a}^\dagger + (\widehat{a}^\dagger)^2 \widehat{a} \tag{8}$$

となるから, これを u_0 に作用させ (4) に注意すれば

$$\widehat{a}\,(\widehat{a}^\dagger)^2 u_0 = 2\widehat{a}^\dagger u_0. \tag{9}$$

(7) の形にするため $\widehat{a}^\dagger$ を作用させれば

$$(\widehat{a}^\dagger \widehat{a})(\widehat{a}^\dagger)^2 u_0 = 2(\widehat{a}^\dagger)^2 u_0$$

となり, (7) が $n = 2$ のとき確かめられた. 他の n の場合の証明も, まったく同様にできる.

(7) を物理学者は次のように読む：$\widehat{a}^\dagger$ は光子を生成する演算子であって, $\widehat{a}^\dagger u_0$ が無粒子状態から光子 1 個を生成した状態——すなわち光子が 1 個ある状態 u_1 となったように, (7) の $(\widehat{a}^\dagger)^n u_0$ は "光子が n 個ある状態" を表わす. 式で書けば

$$(\widehat{a}^\dagger)^n u_0 = \sqrt{n!}\, u_n \quad (n = 0,\, 1,\, 2,\, \cdots) \tag{10}$$

おや, 右辺の $\sqrt{n!}$ は？　その由来を明かすには, 状態ベクトルの内積というものを導入しなければならない. まず, ベクトル u_0 の自身との内積を $\langle u_0,\, u_0 \rangle$ と書いて, これを 1 と約束しよう：

$$\langle u_0, u_0 \rangle = 1. \tag{11}$$

一般のベクトル φ と ψ の内積も $\langle \varphi, \psi \rangle$ と書くが，これは一般に複素数で，積の順序を変えると

$$\langle \psi, \varphi \rangle = \langle \varphi, \psi \rangle^* \tag{12}$$

となるものと約束する．＊は複素共役を表わす．さらに，生成と消滅の演算子の関係を

$$\langle \psi, \widehat{a}\,\varphi \rangle = \langle \widehat{a}^\dagger\,\psi, \varphi \rangle \tag{13}$$

によってつける約束にする．(12) により

$$\langle \widehat{a}\,\varphi, \psi \rangle = \langle \varphi, \widehat{a}^\dagger\,\psi \rangle \tag{14}$$

となるから，内積の左右の席をかえると $\widehat{a} \rightleftarrows \widehat{a}^\dagger$ という交替がおこるのである．

これだけ多くの約束をすると，相互に矛盾が生じていないか心配になる．いや，大丈夫だ．実際，すべての約束をみたすモデルが作れるから ――.

さて (10) の $\sqrt{n!}$ に帰ろう．再び $n=2$ の場合について，(10) のそれ自身との内積を見る．ベクトルの自身との内積は，そのベクトルの長さの 2 乗をあたえるのだ．いまは，(10) というベクトルについて，$n=2$ の場合に，長さの 2 乗を計算してみようというのである．(13) により

$$\langle (\widehat{a}^\dagger)^2 u_0, (\widehat{a}^\dagger)^2 u_0 \rangle = \langle u_0, \widehat{a}\,\widehat{a}\,\widehat{a}^\dagger\widehat{a}^\dagger u_0 \rangle. \tag{15}$$

ここで (8) を思い出し，それに $\widehat{a}$ を左からかけると

$$\widehat{a}\,\widehat{a}\,\widehat{a}^\dagger\widehat{a}^\dagger = 2\widehat{a}\,\widehat{a}^\dagger + \widehat{a}\,(\widehat{a}^\dagger)^2\,\widehat{a}$$

となるが，右辺の第 1 項を (6) によって変形し

$$\widehat{a}\,\widehat{a}\,\widehat{a}^\dagger\widehat{a}^\dagger = 2(\widehat{a}^\dagger\,\widehat{a} + 1) + \widehat{a}\,(\widehat{a}^\dagger)^2\,\widehat{a}$$

として (15) に代入すれば，(4), (11) により

$$\langle (\widehat{a}^\dagger)^2\,u_0, (\widehat{a}^\dagger)^2\,u_0 \rangle = 2.$$

つまり，(10) というベクトルの長さは，$n=2$ の場合，2 乗が 2，すなわち 2! に等しいのである．

同様にして，(10) の長さは，一般に，2 乗したとき $n!$ に等しいことが証明され

る．(10) の右辺を $\sqrt{n!}\,u_n$ と書いたのは，ベクトル u_n の長さを 1 にしたかったからにほかならない．いっそ

$$u_n = \frac{1}{\sqrt{n!}}(\widehat{a}^\dagger)^n u_0 \quad (n = 0, 1, 2, \cdots) \tag{16}$$

と書けば意図がはっきりするだろう．これを用い，ついでに $\widehat{N} = \widehat{a}^\dagger \widehat{a}$ という演算子を導入すれば，(7) は

$$\widehat{N} u_n = n u_n \quad (n = 0, 1, 2, \cdots) \tag{17}$$

と書かれる．

(16) と (17) とは光子の量子力学にとって特別に重要な式である：無粒子状態の状態ベクトル u_0 から (16) の手続きでつくったベクトル u_n が"光子が n 個ある状態"を表わすことを，(17) はいっている．$\widehat{N}$ は光子数という物理量の演算子であって，量子力学では，一般に演算子 $\widehat{Z}$ を作用させたとき

$$\widehat{Z}\psi = z\psi \quad (z \text{ は数})$$

のように単に"ある数 z があって単に z 倍"されるだけのベクトル ψ があれば，それは"物理量 $\widehat{Z}$ が確定値 z をもつような状態"を表わすのである．このような数 z は演算子 $\widehat{Z}$ の**固有値**とよばれ，ψ は演算子 $\widehat{Z}$ の"固有値 z に属する"**固有ベクトル**とよばれる．

光子数の演算子 $\widehat{N}$ については，(i) 固有値が (17) の n（正の整数または 0）しかないこと，(ii) 固有値 n に属する（長さ 1 の）固有ベクトルが (16) ひとつしかない[1] ことが証明される．物理の言葉でいうと，(i) は光子が $\frac{1}{2}$ 個とか $\frac{7}{3}$ 個とかいう半端な数だけであるような状態は決してないことを意味している．

電場の演算子

さて，原点から発してひろがってゆく光の電場は，これも物理量だから量子力学では演算子で表わされるのであって，その演算子は，観測点の位置ベクトルを $\boldsymbol{r}$，観測時刻を t とすれば，

$$\widehat{E}(\boldsymbol{r}, t) = \widehat{E}^{(+)}(\boldsymbol{r}, t) + \widehat{E}^{(-)}(\boldsymbol{r}, t) \tag{18}$$

---

1)　(14) に「絶対値 1 の複素数」をかけたベクトルも同じく「長さ 1 の固有ベクトル」であるが，これは (14) と同じものとみなす．

の形をとる．ただし，光の波数を k，角振動数を ω として

$$\widehat{E}^{(+)}(\boldsymbol{r},\,t) = i\sqrt{\frac{1}{4\pi R}\frac{\hbar\omega}{2}}\,\frac{e^{i(kr-\omega t)}}{r}\,\widehat{a} \tag{19}$$

である．$\widehat{a}$ を $\widehat{a}^{\dagger}$ に変え，その係数を複素共役に変えると $\widehat{E}^{(-)}$ になる．実は，いま，仮に光を大きな半径の球内に閉じ込めたとしていて，その半径が R である．(19) の先頭の因子は――やはり空間を埋める振動子の量子力学から導かれるものだが――次の重要な結果をもたらす．

電場のエネルギー密度は，一般に $\frac{1}{2}\widehat{E}^2$ であって――物理量を表わす式の形は量子力学でも古典物理と変わらない！――

（電場のエネルギー密度）

$$= \frac{1}{4\pi R}\frac{\hbar\omega}{2}\frac{1}{r^2}\cdot\frac{1}{2}\left[\widehat{a}^{\dagger}\widehat{a}+\widehat{a}\,\widehat{a}^{\dagger}-(\widehat{a})^2 e^{2i(kr-\omega t)}-(\widehat{a}^{\dagger})^2 e^{-2i(kr-\omega t)}\right]$$

となり，球内全体では

$$（電場のエネルギー） = \int_0^R （密度）\cdot 4\pi r^2 dr.$$

ところが

$$\frac{1}{4\pi R}\int_0^R \frac{1}{r^2}\cdot 4\pi r^2 dr = 1$$

であるのに対して

$$\frac{1}{4\pi R}\int_0^R \frac{e^{\pm 2ikr}}{r^2}\cdot 4\pi r^2 dr = \frac{e^{\pm 2ikR}-1}{\pm 2ikR}$$

は R を大きくとればいくらでも小さくなるので

$$（電場のエネルギー） = \frac{\hbar\omega}{2}\cdot\frac{1}{2}(\widehat{a}^{\dagger}\widehat{a}+\widehat{a}\,\widehat{a}^{\dagger})$$

としてよい．光の磁場のエネルギーも，これと同じだけあるから，球内の

$$（光のエネルギー） = \hbar\omega\cdot\frac{1}{2}(\widehat{a}^{\dagger}\widehat{a}+\widehat{a}\,\widehat{a}^{\dagger}).$$

ここで (6) を用いれば

$$（光のエネルギー） = \widehat{N}\hbar\omega + \frac{1}{2}\hbar\omega \tag{20}$$

とも書ける．$\widehat{N}$ は光子数の演算子であるから，この結果は，光子のそれぞれが $\hbar\omega$ のエネルギーを荷うことに照応している．(18) の右辺の付加項 $\frac{1}{2}\hbar\omega$ は真空の零

点振動のエネルギーで，これについても言うべきことは多いが，省略する．

13.3 干渉の量子力学

ヤングの干渉実験の装置（図 1）で，針孔 A を通った光の電場 $\widehat{E}_A$ は (18) の形をしており，A から観測点 r までの距離を r_A とすれば

$$\widehat{E}_A^{(+)}(r,\, t) = i\sqrt{\frac{1}{4\pi R}\frac{\hbar\omega}{2}}\,\frac{e^{i(kr_A - \omega t)}}{r_A}\,\widehat{a}_A \tag{21}$$

である．$\widehat{a}$ は A を通った光子の消滅演算子で，これを $\widehat{a}_B$ に変え r_A も r_B に変えれば，針孔 B を通った光の電場 $\widehat{E}_B$ が得られる．

どちらの針孔を通る光も，もとはといえば針孔 S を通ってそこに来たのである．このことは，S を通ってきた光の電場をやはり (19) の形に書き，その光子の消滅演算子を $\widehat{a}$ とすれば

$$\widehat{a} = \xi\widehat{a}_A + \eta\widehat{a}_B, \quad |\xi|^2 + |\eta|^2 = 1 \tag{22}$$

と表わされる．これが光線の"分裂"の表現である．

1 次の干渉 [3]

スクリーン上の点 P における電場は，針孔 A，B から来る光の電場の重ね合わせ

$$\widehat{E}(\mathrm{P},\, t) = \widehat{E}_A + \widehat{E}_B \tag{23}$$

であたえられる．

いま，スクリーン上の点 P で光の強度を観測するために光電子増倍管を用いるものとしよう．これに光が当たると，光は極板の原子に衝突して電子を叩き出し，その電子がまた原子から電子を叩き出し，……，電子が増倍管の中でネズミ算式に増殖して"目に見える"電流になり，計数器をカチッと動かす．こうして計数は原子のイオン化にはじまるのであって，それは 1 個の光子が原子に吸収されることによる．

量子力学では，そうした吸収がおこる確率を問題にする．その確率は，吸収がおこる前の光の状態ベクトル ψ と点 P での電場の演算子 $\widehat{E}(\mathrm{P},\, t)$ で定まり，

$$(\text{吸収確率}) \propto \langle\psi,\, \widehat{E}^{(-)}(\mathrm{P},\, t)\,\widehat{E}^{(+)}(\mathrm{P},\, t)\psi\rangle \tag{24}$$

となる．$\widehat{E}^{(+)}$ は光子の消滅演算子からなり，もし ψ が無粒子状態なら $\widehat{E}^{(+)}\psi = 0$

で，吸収確率も 0 ―― 光子のない状態から吸収がおこらないのは当然である．いっそ (23) により (24) を書き下せば

$$(\text{吸収確率}) \propto \langle \psi, E_{\mathrm{A}}^{(-)} E_{\mathrm{A}}^{(+)} \psi \rangle + \langle \psi, E_{\mathrm{B}}^{(-)} E_{\mathrm{B}}^{(+)} \psi \rangle$$
$$+ \langle \psi, E_{\mathrm{A}}^{(-)} E_{\mathrm{B}}^{(+)} \psi \rangle + \langle \psi, E_{\mathrm{B}}^{(-)} E_{\mathrm{A}}^{(+)} \psi \rangle$$

となる．後の 2 項については

$$\langle \psi, E_{\mathrm{A}}^{(-)} E_{\mathrm{B}}^{(+)} \psi \rangle = \langle E_{\mathrm{B}}^{(-)} E_{\mathrm{A}}^{(+)} \psi, \psi \rangle = \langle \psi, E_{\mathrm{B}}^{(-)} E_{\mathrm{A}}^{(+)} \psi \rangle^{*}$$

から互いに複素共役の関係にあるので

$$(\text{吸収確率}) \propto \langle \psi, E_{\mathrm{A}}^{(-)} E_{\mathrm{A}}^{(+)} \psi \rangle + \langle \psi, E_{\mathrm{B}}^{(-)} E_{\mathrm{B}}^{(+)} \psi \rangle$$
$$+ 2\mathrm{Re} \langle \psi, E_{\mathrm{B}}^{(-)} E_{\mathrm{A}}^{(+)} \psi \rangle. \tag{25}$$

ここに Re は "実数部分をとれ" という命令である．

さらに一歩進め (21) などを代入すれば

$$\langle \psi, E_{\mathrm{A}}^{(-)} E_{\mathrm{A}}^{(+)} \psi \rangle = \frac{C}{r^2} \langle \psi, \hat{a}_{\mathrm{A}}^{\dagger} \hat{a}_{\mathrm{A}} \psi \rangle,$$

$$\langle \psi, E_{\mathrm{B}}^{(-)} E_{\mathrm{B}}^{(+)} \psi \rangle = \frac{C}{r^2} \langle \psi, \hat{a}_{\mathrm{B}}^{\dagger} \hat{a}_{\mathrm{B}} \psi \rangle,$$

$$\langle \psi, E_{\mathrm{B}}^{(-)} E_{\mathrm{A}}^{(+)} \psi \rangle = \frac{C}{r^2} \langle \psi, \hat{a}_{\mathrm{B}}^{\dagger} \hat{a}_{\mathrm{A}} \psi \rangle \, e^{ik(r_{\mathrm{A}} - r_{\mathrm{B}})}$$

となる．$1/r^2$ のところは $r_{\mathrm{A}} \sim r_{\mathrm{B}}$ とし，これを r とおいたのである．また

$$\frac{1}{4\pi R} \frac{\hbar \omega}{2} = C$$

とした．さらに

$$\langle \psi, \hat{a}_{\mathrm{A}}^{\dagger} \hat{a}_{\mathrm{A}} \psi \rangle = I_{\mathrm{A}}, \quad \langle \psi, \hat{a}_{\mathrm{B}}^{\dagger} \hat{a}_{\mathrm{B}} \psi \rangle = I_{\mathrm{B}}, \quad \langle \psi, \hat{a}_{\mathrm{B}}^{\dagger} \hat{a}_{\mathrm{A}} \psi \rangle = I_{\mathrm{AB}} \, e^{i\chi} \tag{26}$$

（ただし，$I_{\mathrm{A}}, \cdots, I_{\mathrm{AB}} \geqq 0$，$\chi$ は実数）とおけば

$$(\text{吸収確率}) \propto \frac{C}{r^2} \{ I_{\mathrm{A}} + I_{\mathrm{B}} + 2I_{\mathrm{AB}} \cos \left[k(r_{\mathrm{A}} - r_{\mathrm{B}} + \chi) \right] \}. \tag{27}$$

これは古典波動論で波の干渉を表わす式と同じ形であって，スクリーン上に "確率の" 縞模様をつくる．吸収確率について

$$\frac{(\text{最大値}) - (\text{最小値})}{(\text{最大値}) + (\text{最小値})} = \frac{2I_{\mathrm{AB}}}{I_{\mathrm{A}} + I_{\mathrm{B}}} \tag{28}$$

が確率の濃淡のコントラストの尺度になる．(26) から一般に

$$I_{AB} \leqq \sqrt{I_A I_B}$$

が証明されるので [4]，(28) は 1 を越えず，I_A と I_B があたえられている場合には

$$I_{AB} = \sqrt{I_A I_B} \tag{29}$$

のときコントラストが最大になる．このとき光の状態 ψ は**完全干渉性**をもつという．さらに I_A，I_B も変えられるならコントラストは $I_A = I_B$ のとき最大になる．

なお，後に述べる理由から (24) の右辺で見る干渉を 1 次の干渉という．

光子の自分自身との干渉

いま，仮に

$$\psi = \widehat{a}^\dagger u_0 = (\xi^* \widehat{a}_A^\dagger + \eta^* \widehat{a}_B^\dagger) u_0 \tag{30}$$

としてみよう．これは，S を通った光子が 1 個である状態である．それが，"A を通る光子が 1 個で B を通るもの 0 個" の状態 $\widehat{a}_A^\dagger u_0 = u_{1,0}$ と "A を通る光子が 0 個，B を通るもの 1 個" の $\widehat{a}_B^\dagger u_0 = u_{0,1}$ との重ね合わせになるわけだ．

(26) の初めの 2 式は，$\widehat{a}_A^\dagger \widehat{a}_A$ などが光子数の演算子なので

$$\langle \psi, \widehat{a}_A^\dagger \widehat{a}_A \psi \rangle = |\xi^2|, \qquad \langle \psi, \widehat{a}_B^\dagger \widehat{a}_B \psi \rangle = |\eta|^2.$$

(26) の第 3 式は

$$\langle \psi, \widehat{a}_B^\dagger \widehat{a}_A \psi \rangle = \langle \widehat{a}_B \psi, \widehat{a}_A \psi \rangle$$

として

$$\widehat{a}_A \psi = \xi^* \widehat{a}_A u_{1,0} + \eta^* \widehat{a}_A u_{0,1} = \xi^* u_0,$$

$\widehat{a}_B \psi$ も同様，に注意すれば

$$\langle \psi, \widehat{a}_B^\dagger \widehat{a}_A \psi \rangle = \xi^* \eta.$$

したがって (29) がなりたち，干渉性は完全で

$$(\text{吸収確率}) \propto \frac{C}{r^2} \left\{ 1 + 2|\xi^* \eta| \cos\left[k(r_A - r_B) + \chi \right] \right\} \tag{31}$$

となる．スクリーン上には "確率の" 縞模様ができるが，これは光子 1 個の状態で生ずるものだから，まさにディラックのいう "光子の自分自身との干渉" にほかならない．

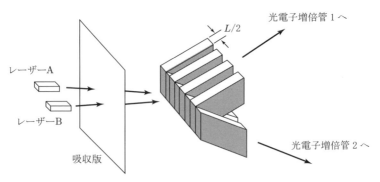

図3 マンデルらの実験に用いられた検出器の模式図．1個の光子による干渉縞を積算する．干渉縞は2つのレーザーからの光を（弱めて）交叉させてつくった．

マンデルたちは2つのHe–Neレーザーからの光を極端に弱めてから重ね合わせ，光子の自分自身との干渉を実証した[5]．弱い弱い光による干渉縞を検出するのだから，特別の工夫が必要だった．干渉を見る検出器は，薄いガラス板を重ねて$1, 3, \cdots$枚目に入る光は光電子増倍管1にゆくように，$2, 4, \cdots$枚目に入る光は光電子増倍管2にゆくようにしたもの（図3）．干渉縞の間隔lがガラス板の厚さ$L/2$の2倍のとき，運がよければガラス板$1, 3, \cdots$枚目は"明"の位置に合い，$2, 4, \cdots$枚目は"暗"の位置に合うだろう．運わるく位置がずれていれば，$1, 3, \cdots$枚目のガラス板に入る光量は減り，$2, 4, \cdots$枚目に入る光量は増す．これはマイナスの相関である．それを測るには光電子増倍管$i = 1, 2$が一定時間内に受けとる光子の数n_iの平均値$\langle n_i \rangle$からのずれ$n_i - \langle n_i \rangle$から

$$(相関係数) = \frac{\langle (n_1 - \langle n_1 \rangle)(n_2 - \langle n_2 \rangle) \rangle}{\langle (n_1 - \langle n_1 \rangle)^2 \rangle^{1/2} \langle (n_2 - \langle n_2 \rangle)^2 \rangle^{1/2}} \tag{32}$$

をつくる．平均$\langle \cdot \rangle$はlを固定して繰り返した実験についてとるもので，この相関係数はlの関数になる．上に述べたとおり，lがガラス板の厚さの2倍に一致するとき相関係数は負の大きな値をとり，$l \gg L$なら正の大きな値，$l \ll L$なら0となるはずである．実験の結果は，まさにその通りで，図4のようになった！

この実験では，検出器に入る光子は毎秒7×10^6個，つまり平均して1.4×10^{-7}sに1個の割合にした．これに対して光子がレーザーを出て検出器に入るまでの時間は3×10^{-9}sだったから，干渉装置の中に同時に存在した光子は1個以上ではないといえる．図4は，だから1個の光子の自身との干渉を示すのである．

なお，この実験が，異なる2つの光源からの光の干渉を示していることも注目

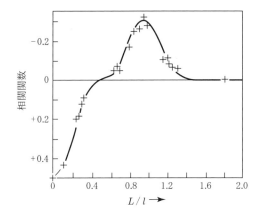

図4 マンデルらの実験[5]の相関係数(29). 理論曲線とともに示す. $\langle n_1 \rangle = \langle n_2 \rangle = 8.1$. 測定点は, それぞれ 7200 回の測定の平均. 誤差として示したのは標準偏差である.

される. この点は, これ以前にもマンデルたちが実証している[6].

13.4 干渉性の状態

前節で述べた1個の光子の干渉では, 光子がスクリーン上の1点で検出されると, それ以外の点でも検出されるということは決してない. 干渉縞をなすのは"確率"であって, 古典的な電磁波のもたらす明暗の交替ではない.

しかし, 他の点では決して検出されないかどうかは"他の点"にも検出器をおいてみなければわからないではないか.

高次の干渉

検出器をスクリーン上の2点 P_1 と P_2 におけば, それらが時刻 t_1 と t_2 に光子を検出する確率は, それぞれの位置にある原子が光子を吸収する確率で定まる. そして (24) と同様

(P_1 と P_2 での吸収の確率)
$$\propto \langle \psi, E^{(-)}(P_1, t_1) E^{(-)}(P_2, t_2) E^{(+)}(P_2, t_2) E^{(+)}(P_1, t_1) \psi \rangle \qquad (33)$$

である. このようにして測られるものを **2 次の干渉** という. さらに高次の干渉も同様に定義される[7].

(33), (17), (18) などを代入して (26) に相当する式をつくると,

$$\langle \psi, (\widehat{a}_{\mathrm{A}}^{\dagger})^2 (\widehat{a}_{\mathrm{A}})^2 \psi \rangle = \langle (\widehat{a}_{\mathrm{A}})^2 \psi, (\widehat{a}_{\mathrm{A}})^2 \psi \rangle \tag{34}$$

をもつ項から

$$\langle \psi, \widehat{a}_{\mathrm{A}}^{\dagger} \widehat{a}_{\mathrm{B}}^{\dagger} \widehat{a}_{\mathrm{B}} \widehat{a}_{\mathrm{A}} \psi \rangle = \langle \widehat{a}_{\mathrm{B}} \widehat{a}_{\mathrm{A}} \psi, \widehat{a}_{\mathrm{B}} \widehat{a}_{\mathrm{A}} \psi \rangle \tag{35}$$

をもつ項まで，いろいろ現われる．しかし，どの項でも ψ に消滅演算子が2つ作用しているので，ψ が光子を1個しか含まない (30) のような状態では2点 P_1, P_2 で吸収のおこる確率 (33) は0である．確かに，1個の光子が2ヵ所で検出されることは決してない！

干渉性のよい状態

高次の干渉までおこるような光の状態は干渉性がよい，といわれる．その典型は，干渉性の状態（コヒーレント状態[8]）といわれる次のものである．すなわち，α を任意の複素数として

$$u(\alpha) = e^{-|\alpha|^2/2} e^{\alpha \widehat{a}^{\dagger}} u_0. \tag{36}$$

指数関数 $e^{\alpha \widehat{a}^{\dagger}}$ を展開して (15) を使えば

$$u(\alpha) = e^{-|\alpha|^2/2} \sum_{n=0}^{\infty} \frac{\alpha^n}{\sqrt{n!}} u_n \tag{37}$$

となり，$u_0, u_1, \cdots$ が互いに直交する長さ1のベクトルであることに注意すれば

$$\langle u(\alpha), u(\alpha) \rangle = e^{-|\alpha|^2} \sum_{n=0}^{\infty} \frac{|\alpha|^{2n}}{n!} = 1. \tag{38}$$

こうして，(36) の因子 $e^{-|\alpha|^2/2}$ はベクトル $u(\alpha)$ の長さを1にするためのもの（規格化因子）であったことがわかる．

また，(37) の右辺を見ると，光子が n 個ある状態の係数は $e^{-|\alpha|^2/2} \alpha^n / \sqrt{n!}$ だから，状態 $u(\alpha)$ で光子数の観測をするとき

$$(\text{光子数が } n \text{ と出る確率}) = \frac{|\alpha|^{2n}}{n!} e^{-|\alpha|^2} \tag{39}$$

となる．これはポアソン分布である．レーザー光の光子数の分布はこれに近い[9]．

干渉性の状態 (37) には著しい特徴が2つある．

（ⅰ）消滅演算子の固有状態である．すなわち

$$\widehat{a} u(\alpha) = \alpha u(\alpha) \tag{40}$$

がなりたつ.

実際 (16) に $\hat{a}$ を作用させて (8) のような計算をすればわかるように

$$\hat{a}\, u_n = \frac{1}{\sqrt{n!}}\, \hat{a}(\hat{a}^\dagger)^n u_0 = \sqrt{n}\, u_{n-1} \tag{41}$$

がなりたつから, (37) に $\hat{a}$ を作用させれば

$$\hat{a}\, u(\alpha) = e^{-|\alpha|^2/2} \sum_{n=0}^{\infty} \frac{\alpha^n}{\sqrt{n!}} \sqrt{n}\, u_{n-1}$$

$$= e^{-|\alpha|^2/2} \sum_{n=1}^{\infty} \alpha \frac{\alpha^{n-1}}{\sqrt{(n-1)!}}\, u_{n-1} = \alpha\, u(\alpha).$$

（ⅱ） 干渉性の状態にある光を (30) のように分けると, それぞれがまた干渉性の状態になる.

実際, (36) に (30) を代入すれば

$$u(\alpha) = e^{-|\alpha|^2/2}\, e^{-\alpha(\xi^* \hat{a}_{\mathrm{A}}^\dagger + \eta^* \hat{a}_{\mathrm{B}}^\dagger)} u_0$$

となるが, $|\xi|^2 + |\eta|^2 = 1$ なので

$$e^{-|\alpha|^2/2} = e^{-|\xi\alpha|^2} \cdot e^{-|\eta\alpha|^2}$$

であり, 他方

$$e^{-\alpha(\xi^* \hat{a}_{\mathrm{A}}^\dagger + \eta^* \hat{a}_{\mathrm{B}}^\dagger)} = e^{-\alpha\xi^* \hat{a}_{\mathrm{A}}^\dagger}\, e^{-\alpha\eta^* \hat{a}_{\mathrm{B}}^\dagger}$$

がなりたつから

$$u(\alpha) = u_{\mathrm{A}}(\alpha\xi^*)\, u_{\mathrm{B}}(\alpha\eta^*) \tag{42}$$

となるのである. 右辺の記号の意味はすでに明らかであろう.

この定理のある意味の逆も証明される[10].

干渉性の状態における干渉

いま, ψ を干渉性の状態 (36) としよう. これは (42) のように因数分解され, それぞれの因子に対して (40) の形の式がなりたつので, 1 次の干渉の式 (26) は今度も (29) をあたえる. 1 次の干渉については干渉性の状態も光子 1 個の状態 (30) も差がなく, 完全干渉性をもつのである.

差が現われるのは 2 次の干渉からである. 光子 1 個の状態 (30) において 2 次の干渉を測る (33) が 0 であることは, すでに述べた. 干渉性の状態では, そうで

なく

(P₁ と P₂ での吸収確率) = (P₁ での吸収確率) × (P₂ での吸収確率)   (43)

となる．右辺の P_1 での吸収確率は (28) の r_A, r_B をそれぞれ距離 AP₁, BP₁ でおきかえて得られ，P₂ での吸収確率も同様である．

(43) は点 P₁ と P₂ で光子が吸収されるという 2 つの事象が干渉性の状態では確率的に独立であることを示す．この独立性は，2 点に限らず，観測点をいくら増してもなりたつ．

なお，(29) で定義した 1 次の完全干渉性を高次の干渉に拡張することも述べるべきだが……[11]．

13.5 物質粒子の波動性

ここまではもっぱら光の干渉について述べてきた．干渉の量子力学として，これでは片手おちのそしりを免れない．そこで，これから，電子や中性子，それに原子など，いわゆる物質粒子の波動性に簡単に触れておこう．原子が波のように干渉するというような話だから，実験を中心にする．電子のようなフェルミ粒子の干渉は，ボース粒子である光子の干渉とは理論的には異なってくるが，光の場合の理論を書き直してみることは読者への宿題にしよう．

電子の波動性は，古くデヴィッソンとガーマーにより 1921 年からの実験の中で発見され，G. P. トムソン (1927) や菊池正士 (1928) によって確認された．電子の運動量を p とすれば，対応する波長は $\lambda = 2\pi\hbar/p$ で与えられる．ここに $\hbar$ はプランクの定数 h を 2π で割った

$$\hbar = 1.055 \times 10^{-34} \mathrm{J \cdot s}$$

である．いま，電子を静止の状態から電位差 $V = V'[\mathrm{V}]$ で加速したとすれば[2]，波長は

$$\lambda = \sqrt{\frac{150}{V'}} \times 10^{-10} \mathrm{m}$$

となる．デヴィッソン – ガーマーの実験では加速電位差は $V = 100\,\mathrm{V}$ 前後だっ

---

2)　V' は単位を含まない純粋の数である．それに対して V は電位差という物理量であって，単位を定めないと数値は定まらない．

たから電子の波長が結晶の格子間隔程度となり，結晶格子がちょうど回折格子の役目をしたのである．G. P. トムソンや菊池は加速電位差を数百倍にして，なお，$\lambda = 2\pi\hbar/p$ が正しいことを示した．

引き続く量子力学の発展のなかで，波動性が他の素粒子にもおよぶことは当然のこととして仮定されてきた．その理論は，たとえば原子核についてなら分子の振動スペクトルにおいて正しく実験を再現したから，仮定に誤りはなさそうであったが，直接の実験的証明はなかったのである．

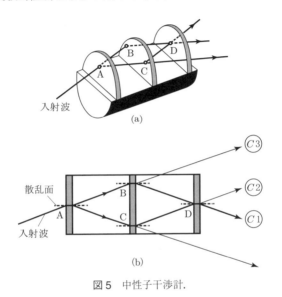

図5 中性子干渉計．

1974年になって，中性子の波動性を直接に証明する実験がオーストリア原子核研究所のラウフらによって始められた[12]．彼らは，長さ8 cm，直径5 cmの円柱型シリコン単結晶から3枚の"耳"（厚さ5 mm）を切りだして干渉計とした．図5に示すように中性子を入射させると，その波は，著しいことに耳の内部で表面に垂直に伝播するため（ボールマン効果），第一の耳で二手に分かれ，第二の耳で進路を曲げられて第三の耳を通ったあと合流する．この限りでは，図5の経路 ABDと ACD とに長さの違いはなく，2つの経路をそれぞれ通った2つの中性子波の間に位相の差はない．

この，人間並の大きさをもった干渉計のおもしろいところは，2つの波の位相差を——一方の経路の途中に金属板をおくとか，磁場をかけるとかして——人

の手でコントロールできるところにある．位相を変えるだけでなく，一方の波に振動磁場をかけて中性子のスピンを反転させることもできる．

さまざまの実験は，1つとして量子力学の予言を——スピン波動関数の二価性も含めて[13]——裏切っていない．のみならず，中性子に重力が巨視的物体とまったく同様に作用することや地球が慣性系に対して自転していることの影響なども確証された[12]．とはいえ，量子力学の観測の理論にかかわる実験は，種々の新しい提案を得てなお進行中というべき状況にある．

13.6 原子の波動性

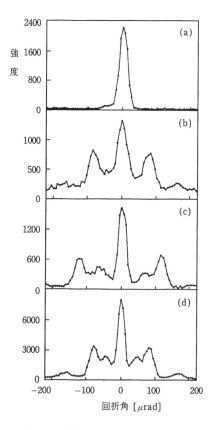

図6　回折格子による原子の干渉縞．

量子力学によれば，原子核と電子たちからなる原子のような構造体でも，その重心運動が，あたかも質点であるかのように $\lambda = 2\pi\hbar/p$ にしたがう波動性をもつはずである．これを実証する実験が 1988 年に行なわれた．電気炉から吹き出した Na 原子は $v = 10^3$ m/s の速さをもち，波長は 1.7×10^{-11} m になるが，結晶を回折格子にするわけにはいかないので，ホログラフィック・リトグラフィーという技術で間隔 0.1 μm の回折格子を金で作った．実験の結果（図 6 (b) が $v = 10^3$ m/s の場合）は原子も予想どおり波動性をもつことを示している[14]．

技術がさらに進めば，分子も，分子の集合体も波動性をあらわにすることになるのだろうか[3]．

13.7 波動性と粒子性

干渉計の中を 1 個の粒子だけが進んで行く場合にも波の干渉はおこるだろうか？

図 5 の中性子干渉計のように経路が二手に分かれる場合，中性子は 2 つに割れるのか？ 割れることがないとすれば，干渉はどうなるか？ この問題に対する量子力学の ── 重ね合わせの原理による ── 答は，朝永振一郎[15]やファインマン[16]が "2 つのスリット" の思考実験の形で印象深く物語っている．

その物語にさきだって，ファインマンは，こう注意している[17]：

諸君は，この実験を実行しようとしてはいけない．この実験は，これまで実行されたことがない．これには理由があって，装置を製作不可能なほど小型にしなければならないからである．

小型にしなければならない理由は，電子の波の干渉性にある．電子を電位差 100 V で加速するとしても波長は 10^{-10} m になり，仮に 1000 波長分の長さの波束をつくるとして，これ自身，難しいし，もしできたとしても，なお 2 つのスリットの間隔を 0.1 μm にする必要があり，これも難しい，スリットの厚さだって問題だ，とファインマンは考えたのだろうと思う．

この実験は 1989 年に外村 彰らの手で成功した[18]．彼らは，細い針先からの冷陰極放射によって 3000 波長分以上の長さをもつ電子の波束を実現し，スリットを電場型バイプリズムに替えることで干渉性を損なわずに電子の波を曲げるこ

---

3) 本書の p.135 を見よ．

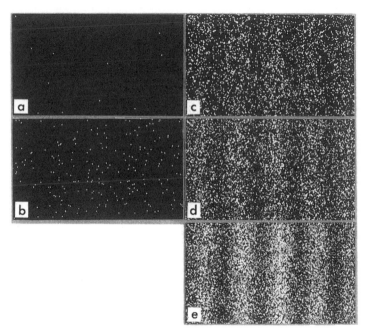

図7 電子の干渉縞ができてゆく様子.干渉計の中に電子が2個以上いることはないようにした.

とができたのである.

　彼らは,彼らの電子干渉計の中に同時に2個以上の電子がいないように十分に弱い電子ビームで実験し,なお干渉模様が現われることを実証した.1個の電子がスリットを通ってスクリーンに到達する位置はランダムに見えるが,その位置に輝丸をつけながら実験を多数回繰り返すと,蓄積した輝丸の分布は干渉縞そのものになる(図7).これは,1個1個の電子の到達位置が波の干渉できまる確率法則に従っていたことを意味している.

　最近の干渉実験の解説[19]がある.

参考文献

[1]　ディラック『量子力学』,原書第4版,改訂版,朝永振一郎ほか訳,岩波書店(2017), p.10. 引用に当たり訳を少し変えた.

[2]　T. Young: *Interference of Light*, W. F. Maggie ed., *A Source Book of Physics*, Harvard Univ. Press (1963), pp.308–315.

[3]　D. F. Walls: *Am. J. Phys.* **45** (1977), 952.

[4]　$\langle (\hat{a}_\mathrm{A} + t\hat{a}_\mathrm{B})\psi, \ (\hat{a}_\mathrm{A} + t\hat{a}_\mathrm{B})\psi \rangle \geqq 0$ を展開して $t = \langle \psi, \ \hat{a}_\mathrm{B}^\dagger \hat{a}_\mathrm{A}\psi \rangle / \langle \psi, \ \hat{a}_\mathrm{B}^\dagger \hat{a}_\mathrm{B}\psi \rangle$ とおいてみよ.

[5]　R. L. Pfleegor and L. Mandel：*J. Opt. Soc. Am.* **58** (1968), 946.

[6]　G. Magyar and L. Mandel：*Nature* (London) **198** (1963), 255.

　　M. S. Lipset and L. Mandel：*Nature* **199** (1963), 553.

[7]　解説として,

　　久保田 広・朝倉利光, コヒーレンス理論の発展,「日本物理学会誌」**16** (1961), 742；統計光学とコヒーレンス, *ibid.* **19** (1964), 348.

　　朝倉利光：統計光学,「自然」1964 年 11 月号.

[8]　グラウバーが量子光学に導入した.

　　R. J. Glauber：*Phys. Rev. Lett.* **10** (1963), 84；*Phys. Rev.* **130** (1963), 2529.

　　量子光学のほかにも広汎に応用される. 論文集として

　　J. R. Klauder and Bo–S. Skagerstam ed.：*Coherent States, Applications in Physics and Mathematical Physics*, World Scientific (1985).

[9]　A. W. Smith and J. A. Armstrong：*Phys. Rev. Lett.* **16** (1966), 1169.

[10]　T. F. Jordan：*Jour. Math. Phys.* **7** (1966), 2006.；U. M. Titulaer and R. J. Glauber：*Phys. Rev.* **145** (1966), 144.

　　H. Ezawa, K. Nakamura and M. Revzen：*Ann. Phys.* **209** (1991), 216.

[11]　手短かな解説なら高辻正基・江沢 洋：量子光学,『量子物理学の展開』（上）, 江沢 洋・恒藤敏彦編, 岩波書店 (1977).

[12]　D. W. グリーンバーガー, A. W. オーバーハウザー：量子論における重力の役割, 江沢 洋編『量子力学の新展開』, 別冊サイエンス, 日経サイエンス社 (1983), p.128.

[13]　H. J. バーンスタイン, A. V. フィリップス：ファイバーバンドルと量子論, 文献 [1], p.141.

[14]　D. W. Keith *et al.* : *Phys. Rev. Lett.* **61** (198), 1580.

[15]　光子の裁判,『量子力学的世界像』, 朝永振一郎著作集, みすず書房 (19).

[16]　R. P. ファインマン他『ファインマン物理学 V』, 砂川重信訳, 岩波書店 (1979). 第 1 章 4–6 節, 第 2 章 1 節.

[17]　文献 [16], p.6.

[18]　A. Tonomura, J. Endo, T. Matsuda, T. Kawasaki and H. Ezawa：*Am. J. Phys.* **57** (1989), 117.

[19]　山本喜久：干渉するのは光子ではない, 量子力学的干渉の本質,「科学」1996 年 12 月号.

14. 量子論の発展とパラドックス

14.1 パラドックスとは何か

パラドックス (paradox) とは「一般に認められている見解と相反する，少なくともそのようにみえる見解」だという[1]．$\pi\alpha\rho\acute{\alpha}$（反）$+\delta\acute{o}\xi\alpha$（意見）という成り立ちの語だから，このとおりの意味になるのだろうが，これとは少し違った意味に物理では使うように思う．「本来の意味でのパラドックスは "ホントだとしてみるとウソが結論され，ウソだとしてみるとホントになってしまう" 命題」だという定義がある[2]．クレタ人はうそつきだ，とクレタ人がいった――これが典型的な例である．しかし，これも物理で用いるパラドックスの意味とは違う．物理でいうパラドックスの意味するところは，上の2つの中間にあるように思われる．すなわち，前提 A をホントとして推論を進めると，一般に認められている見解に反し，あるいは反するようにみえる結論 B に到達してしまうとき，その前提・推論・結論をひっくるめた全体を意味するのではないだろうか？

たとえば，流体力学にあるダランベールのパラドックスは「完全流体のなかを等速度運動する物体には抵抗がはたらかない」という．抵抗がはたらかないというのは，たしかに常識に反する結論ではあるが，完全流体という理想化を受け入れるかぎり真理である．常識の期待するとおり抵抗があることになるのは，流体が粘性をもつことを考慮に入れたときだ．量子論で出会うパラドックスには，ダランベールのパラドックスと同じく解決をもつものもあるけれど，マクロの世界からの常識にはそぐわないが，しかし真理だ，として（一応は）受け入れざるを得ないものもある．"一応" というとき，筆者は「物理の研究者は右手のすることを左手に教えるべきでない」といったアインシュタインのことを思い出している．パラドックスは，とりわけ量子論の枠組の形成に重要な役をしたが，それは量子

14. 量子論の発展とパラドックス   185

論において数学形式とその物理的解釈が分離したためである．しばらく，その歴史をみよう．14.7 節からは物理に踏み込んで数式を用いた解析をするが，始めから終りまで，他の本を参照しなくても読めるように説明するつもりである．

14.2 "波束＝粒子"だとすると？

量子力学が "波動と粒子の二重性" を動因の 1 つとして誕生したことは周知である．

シュレーディンガーは，1926 年に波動力学をはじめたとき，空間の小さな部分にだけ塊のようにして存在し動いてゆく波（波束）がすなわち粒子であると考えた．彼は実際，フックの法則に従う力を受けておこる運動の場合に，古典力学の振動子とまったく同様に往復運動する波束をつくることができた[3]．そして，原子の中の電子に対しても楕円軌道を周回する波束がつくれるだろうと希望したのである．

詳しくいうと，たとえば電子に対してシュレーディンガーの波動方程式の解が $\psi(\boldsymbol{r}, t)$ であるとき（t：時刻，$\boldsymbol{r}$：空間座標），$-e|\psi(\boldsymbol{r}, t)|^2$ が時刻 t における場所 $\boldsymbol{r}$ の電荷密度を与える——そうシュレーディンガーは考えたのだ．ここに $-e$ は電子の電荷，$\int_{\text{全空間}} |\psi(\boldsymbol{r}, t)|^2 d\boldsymbol{r} = 1$ である[1]．この考えによれば，上に記したように振動子の振動が扱えるというばかりでなく，原子の出す光についてのボーアの振動数条件も自然に理解される[4]．実際に，たとえば水素原子の電子の場合，シュレーディンガーの波動方程式の解で

$$\psi(\boldsymbol{r}, t) = u(\boldsymbol{r})e^{-iEt/\hbar}, \qquad \int_{\text{全空間}} |u(\boldsymbol{r})|^2 d\boldsymbol{r} = 1 \tag{1}$$

の形をしたものは，E が原子のエネルギー準位 $E_0, E_1, E_2, \cdots$ に一致するときに限って存在することが証明されるが，E_n に応ずる u を u_n と書くと，たとえば

$$\psi(\boldsymbol{r}, t) = \left[u_0(\boldsymbol{r})e^{-iE_0t/\hbar} + u_1(\boldsymbol{r})e^{-iE_1t/\hbar} \right] / \sqrt{2} \tag{2}$$

もまたシュレーディンガーの波動方程式をみたす．これに相当する運動を電子がしている場合に，空間の電荷密度は——$\alpha(\boldsymbol{r}) \equiv \arg u_0^*(\boldsymbol{r})u_1(\boldsymbol{r})$ として

---

1)　$d\boldsymbol{r}$ は体積要素を表わす．直角座標系で $\boldsymbol{r} = (x, y, z)$ とすれば，$d\boldsymbol{r} = dx\,dy\,dz$.

$$|\psi(\boldsymbol{r},\,t)|^2 = \frac{1}{2}\left[|u_0(\boldsymbol{r})|^2 + |u_1(\boldsymbol{r})|^2\right] + |u_0^*(\boldsymbol{r})u_1(\boldsymbol{r})|\cos(\omega t - \alpha) \quad (3)$$

となり角振動数 ω で振動する成分をもつ（図1）．この角振動数が

$$\omega = \frac{1}{\hbar}[E_1 - E_0]$$

であたえられ，この式は，まさしくボーアの振動数条件に一致している．この角振動数で電荷密度が振動すれば，同じ角振動数 ω の電磁波が放射されることになる．こうして，シュレーディンガーの"波束＝粒子"の考えは，よいことずくめであるようにみえた．

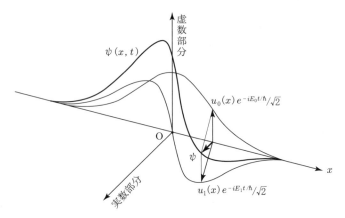

図1　調和振動子の振動（シュレーディンガーの描像）．

ローレンツがこれに異議を唱えた[2]．第一に，波束はいつまでも塊でいることはできない．シュレーディンガーが例とした調和振動子は唯一の例外であって，それ以外の場合には波束は時間がたつと崩れて空間に拡がってしまう．第二に，もし $-e|\psi(\boldsymbol{r},\,t)|^2$ が電荷密度なら，その"電荷雲"の静電自己エネルギーがシュレーディンガー理論に入っていないのはおかしい．しかし，もしそれを入れたら水素原子で得られた E_n とエネルギー準位との見事な一致は崩れ去ってしまう！　第三に……，第四に……．この異議をシュレーディンガーに書き送ったローレンツの書簡は，一読に値する．

---

2)　K. Przibram[5] の pp.45–56, 69–77 に収録されているシュレーディンガーあての書簡．

14. 量子論の発展とパラドックス　　187

14.3　粒子の運動は確率的，確率の伝播は因果的・決定論的

　ボルンは，シュレーディンガーとちがって，電子は "粒子" であるという考えに固執しようとした．近くに実験家フランクがいて電子－原子衝突の実験をしていたことの影響だという[3]．ボルンとて，用いた数学形式はシュレーディンガーのもので，電子の運動はシュレーディンガーの方程式にしたがう波動関数 $\psi(r, t)$ で表わすのだが，彼は $|\psi(r, t)|^2$ を[4] 時刻 t に電子が場所 r にいる確率であるとしたのである[7]．正確にいえば，点 r を中心に体積 dr をとるとき，時刻 t に電子がその体積 dr のなかにきている確率を $|\psi(r, t)|^2 dr$ であるとするのだから，$|\psi(r, t)|^2$ は「確率密度」といわなければならない．

　ボルンは，彼の解釈の正しさを示すために "断熱定理" というものを証明してみせたのだが，いまこれには立ち入るまい．もっと直接的な証拠は，α 粒子の原子核による散乱を記述するラザフォードの公式が，ボルンの考えにより量子力学でも正しく導かれたこと．これはウェンツェルの仕事であった．またガモフとコンドン，ガーネイはボルンの考えを原子核内の α 粒子に適用し，いわゆるトンネル効果の存在を指摘して α 崩壊の法則（ガイガー－ヌッタルの法則）が導かれることを示した．

　ボルンは，かつてアインシュタインが提唱した "光量子が進む方向の確率はあたえるが，それ自身はエネルギーも運動量も運ばない幽霊場 (Gespensterfeld)" を電子に転用したのである[8]．その結果，粒子は確率の規則に従って運動し，確率は因果的に伝播することになった．しかし，ボルンを支持するかに見えたトンネル効果それ自身が "粒子" への固執を危うくしている．"トンネルの中" では粒子の運動エネルギーは負なのだから――．

14.4　波束が超光速で収縮

　シュレーディンガーの波動力学・第 1 報がでたのは 1926 年 1 月，そしてボルンが前記の確率解釈を提出したのは同じ年の 6 月であった．それに対して，翌 1927 年

---

　3)　ボルンのノーベル賞講演．中村誠太郎・小沼通二編[6] に所収．pp.137–8, p.143 を見よ．
　4)　絶対値の 2 乗としたのは論文[7] の校正のときに付け加えた脚注においてだった．本文では $\psi(r, t)$ そのものを確率としていた．

10月のソルヴェイ会議でアインシュタインが矢継ぎばやに多くの疑義を――パラドックスを――呈した．これが有名なアインシュタイン–ボーア論争になる[9]．

　細いスリット S_1 をもつ障壁の右側に蛍光スクリーンを置き，その障壁に向けて左から粒子を入射させるものとしよう（図2）．そうすると，粒子の運動を表わすシュレーディンガーの波動 $\psi(r,t)$ は，S_1 を通り回折して蛍光スクリーンに向かって拡がってゆくはずだ．ところが，その結果としてピカッと光るのは蛍光スクリーンの上の1点である．その輝点が現われる直前まで粒子の存在確率密度 $|\psi(r,t)|^2$ はスクリーンの手前の広範囲にわたって拡がっていたのである．しかし，いま輝

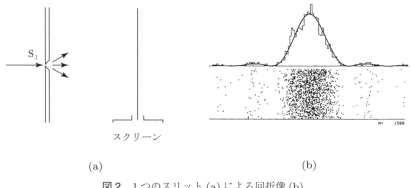

図2　1つのスリット(a)による回折像(b)．

点が1点に現われた以上，その点に粒子がきたことは確実になったので，瞬時に存在確率密度が1点に集まるとみなければならない．超光速の収縮！　これは相対性原理に矛盾することではないか？（観測にはいくらかの時間を要することを考慮したら，どうなるか？）．さらに次々に粒子を送りこみながら蛍光板上に粒子の到着地点をマークしてゆくと，やがて $|\psi(r,t)|^2$ の時間平均に対応する回折模様が現われる（図2b）．

　図2の装置で障壁と蛍光スクリーンの間に2本の平行スリット S_2, S_2' をもつ第2の障壁をおいて同じ実験をすると，粒子の到着のマークが増すにつれて粒子のたくさんくる場所・少ししかこない場所が交互に並んだ縞模様が現われる（図3）．この模様は，いうまでもなく，S_2 を通ってスクリーンにくる波動と S_2' を通ってくる波動とが干渉してつくりだすのである．その証拠に，この縞模様は，スクリーンを写真乾板にかえ，粒子たちはひっきりなしに S_1 から送りこむものとして，時間の半分は S_2' を閉じて S_2 のみ開き，残りの半分の時間は S_2' のみを開くように

して得られる模様とはっきり違う．

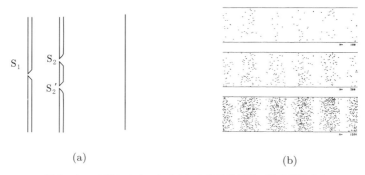

図3　2つの平方スリット (a) による干渉模様の形成過程 (b).

では，スリット S_2, S_2' の一方を閉じるということをしないで次のようにしたらどうか，とアインシュタインはたずねた：粒子が第一のスリット S_1 を通るときこれに与える運動量を測定する．そうすれば S_1 通過後の粒子の運動量の向きがわかり，したがって，その粒子が S_2 を通ることになるか S_2' を通ることになるか，わかるではないか．このとき，スリット S_2, S_2' はずっと開いたままだから，そこを通る ψ 波は相変わらず干渉を示すだろう．これは矛盾である．

これに対して，ボーアは，S_1 で運動量の測定をすると——正確には，そのあとで粒子が S_2, S_2' のどちらかに向かうか言い当てられるだけの精度で測定をすると——スクリーン上の干渉縞は消えてしまうと答えた．ボーアはその年の2月から討論していたハイゼンベルクの不確定性原理を利用したのである[5]．

この論争は，実験装置を (1) 粒子としての経路を見るように仕組むか，(2) 波動としての干渉現象を見るように仕組むか，が相互排他的であることを示して量子力学的世界の特質を浮き彫りにした．ボーアの言葉をかりればこれは「粒子性と波動性という相互に"相補的な"二面が相互に排他的な実験装置においてそれぞれ現象することを示す典型例になっている」．極微の世界のふるまいは"測定装置"と切り離しては考えられないということである（これがコペンハーゲン解釈の核心）[6]．今日では，このことを光や電子について実際に実験して眼で見ることができる．

---

5) 別の場所[10]で詳しく解説したので，くりかえさない．
6) ボーアが相補性の考えを公にしたのは1927年のコモ会議においてだった[11]．

ここまでくると，たとえば電子は "粒子" であって幽霊 ψ 場により確率的に導かれるという粒子と波動の非対称な取り扱いは不適当になる．電子は，そして他のどの素粒子も，粒子でもなく波動でもなく量子力学的な新しい存在であって，上に述べた2本のスリットの実験では両方のスリットを同時に通り抜け，しかし一方のスリットの所で観測されるとき他方では決して観測されない．この新奇なふるまいは，朝永の「光子の裁判」[12] に詳しく分析されている．

量子力学的な存在が "粒子"，"波動" というより以上にさまざまの表現を許すことは，ソルヴェイ会議より1年近く前に（1926年の12月に）ディラックとヨルダンにより独立に "変換理論" として述べられていた．そうした異なる記述の相互排他的なことを "座標と運動量" のペアについて明らかにしたのがハイゼンベルクの "不確定性原理"(1927年3月)[13] である．

観測によって波束が収縮する，という命題の内容は，変換理論によって格段に豊富になった．電子の位置を測定する装置で観測をして測定値 a' を得たとすれば，その瞬間に，その電子の波動関数は固有値 a' をもつ "位置演算子の固有関数" に変わる．観測の直後に再び位置の測定をすれば測定値として同じ a' が得られるべきだから（観測の反復可能性），波束の収縮は不可避である．この例は本節のはじめに述べたものと異ならない．

変換理論によれば，さらに，電子の他のどんな力学量を観測しても波束の収縮は確率的に（非因果的に）瞬時に "測定された量の固有関数" に向かって起こるのである．では，観測とは何か？

アインシュタインはいった (1953年)．「誰かが，たとえばハツカネズミが宇宙を観測したら，それで宇宙の状態が変わるとでもいうのだろうか？」

ウィグナーは問う．「電子の位置を私の友人が観測して測定値を得たが，その値を私に教えてくれない．その電子の波束は，私にとって，収束したのか，しないのか？」ウィグナーの答は，"私" にとって波束の収縮は "友人の測定結果が私の意識に入ってきたときに，はじめておこる"，というものである [14]．しかし，このような意識の役割を誰でもが肯定しているわけではあるまい．

シュレーディンガーは，有名な "猫" の例をあげて観測と波束の収縮の関係をグロテスクなまでに拡大してみせた [15]．この視点は，近年，巨視系に量子力学は適用できるか，という問題として再び関心を集めている [16]．

14. 量子論の発展とパラドックス　　191

14.5　方向量子化

(a)　角運動量の量子化

　中心力の場を運動する質点の角運動量（軌道角運動量）ベクトルは，空間に1つ
の軸（z軸とよぶ）を定めて考えるとき，そのz軸と特定のとびとびの角をなす方
向のみをとる．これが方向量子化である．

　このことが気づかれたのは，量子力学が発見されるまえ，前期量子論の時代に
属する1916年，ゾンマーフェルトがいわゆる量子条件を一般化して，水素原子の
なかの電子の運動を3次元的に扱ったときである[7]．彼は，原子核のまわりを公
転する電子の角運動量 $\boldsymbol{L}$ について，その大きさがプランク定数 $\hbar$ の（0または正
の）整数倍に量子化されること，すなわち $|\boldsymbol{L}| = l\hbar\,(l = 0, 1, \cdots)$ であることを
見出したばかりでなく，$|\boldsymbol{L}| = l\hbar$ のときベクトル $\boldsymbol{L}$ の z 成分 L_z が

$$L_z = -l\hbar,\ -(l-1)\hbar,\ \cdots\cdots,\ -\hbar,\ 0,\ \hbar,\ \cdots\cdots,\ (l-1)\hbar,\ l\hbar \qquad (4)$$

という間隔 $\hbar$ のとびとびの値に限られることを見出した．ただし，ここでは，角
運動量ベクトルの大きさを $|\boldsymbol{L}| = l\hbar$ ときめて，この大きさのベクトルがとること
のできる z 成分の値を書いたのである．

　たとえば，大きさ $|\boldsymbol{L}| = 2\hbar$ の角運動量ベクトルは z 成分として $-2\hbar,\ -\hbar,\ 0,\ \hbar,\ 2\hbar$
の5つの値のどれかしかとることができない．このベクトル $\boldsymbol{L}$ が z 軸となす角
も，したがって

$$\theta = \cos^{-1} \frac{L_z}{|\boldsymbol{L}|} = \pi,\ \frac{2}{3}\pi,\ \frac{1}{2}\pi,\ \frac{1}{3}\pi,\ 0 \qquad (5)$$

という5つ以外にはなれないのである．角運動量になじみのうすい人のためにい
えば，角運動量ベクトルというものは公転面に垂直なのであって，(5)は水素原子
でいえば電子の公転面が勝手な向きをとれないことを意味している（図4）．

　量子力学を学びつつある人のためには，角運動量の大きさが $|\boldsymbol{L}| = l\hbar$ に量子化
されるという前期量子論からの結論は，量子力学になってから

$$|\boldsymbol{L}| = \sqrt{l(l+1)}\,\hbar \quad (l = 0, 1, 2, \cdots) \qquad (6)$$

に訂正されたことを注意しておこう．それにもかかわらず，人はしばしば略式に
"大きさ $l\hbar$ の角運動量"といい，さらに略して"大きさ l の角運動量"という．

---

7)　その解説は，たとえば：朝永振一郎[17]の第3章§20.

角運動量ベクトルの大きさは訂正されたが，角運動量ベクトルの z 成分の量子化 (4) は依然として正しい．(5) も，$|L|$ の値が変わったため角 θ の値は変わるが，L の方向が限られることに変わりはない．その様子を図 5 で見ていただこう．この図で角運動量ベクトルの方向を円錐面によって示したのは，量子力学では，角運動量ベクトルは，大きさと z 成分とを指定したとき x 成分と y 成分とが不確定となり，円錐面上のどの方向をむいているともいえなくなるからである．

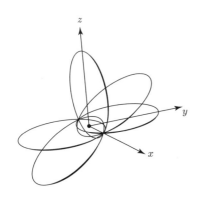

図 4　ゾンマーフェルトの方向量子化，$l=2$ の場合．水素原子の電子の主量子数 2 の軌道について示す．

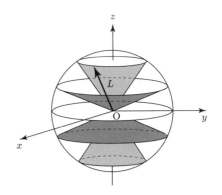

図 5　量子力学における方向量子化，$l=2$ の場合．角運動量ベクトルは円錐面上をゆらぐ．

(b)　方向量子化のパラドックス

図 4 の z 軸は，前項で"空間に 1 つの軸を定めて考えるとき"といって導入した．なるほど，水素原子の電子の運動を計算によって調べようとすれば，どうしても座標軸を設定しなければなるまい．1 つの座標軸を定めると，その z 軸に関して角運動量の z 成分が (4) のようなとびとびの値に限られるという結論がでてくる．そして，電子の軌道面が z 軸となす角は——$l=2$ の場合なら 5 つの——特定の値に限定され，それら以外の向きを軌道面はとることができない．

こんなことがあってよいか？

空間は本来，等方的なはずである．z 軸はどの向きにとってもよかったはずなのだ．z 軸の 1 つのとり方に対して $\theta=\pi/2$ の運動が許されたとしよう．この z 軸に対して α だけ傾いた z' 軸をとると，その運動は z' 軸に対し $\theta'=\pi/2-\alpha$ をなす．ところが，空間は等方的だとすれば，どんな角 α だけ傾いた z' 軸も z 軸と同等であり，z' 軸から見るとどんな傾きの軌道面も許されることになる．こうし

て，方向量子化はあり得ない．あるいは，空間の等方性に矛盾する！

しかし，もちろん空間に特別な方向がある場合は別である．空間の一方向に磁場がかかっているという場合，角運動量の方向量子化はゼーマン効果をみごとに説明した．

(c) シュテルン – ゲルラッハの実験

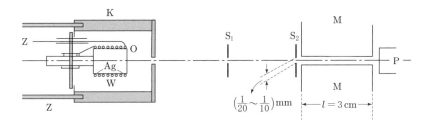

図6 シュテルン – ゲルラッハの装置[19]．全体を真空容器に入れる．Z は加熱用電源へ．K は冷却ジャケット．

シュテルンとゲルラッハは，図6の小さな炉 O のなかで銀の小片を熱し，蒸発した銀原子が炉にあけた小孔から飛び出してくるのを衝立の小孔 S_1, S_2 で絞って一直線に沿って走る"原子線"をつくった．そして，この原子線が電磁石の図7の形をした磁極 M の間を抜けて背後のガラス板 P にあたるようにした．1922年のことである．

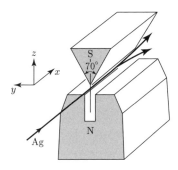

図7 電磁石の磁極．"ナイフの刃" に近づくほど磁場は強い．

銀の原子がガラス板にあたり，そこに付着してつくった像を図8に示す．"磁場あり" の写真の "少し開いた唇" のような形は，銀の原子線が磁極の間を通るとき

上の方に曲げられたもの，下の方に曲げられたもの，の二手に分かれたことを示している．

これが方向量子化の証拠とされた[8]．

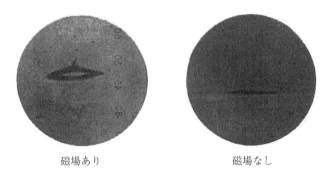

　　　　磁場あり　　　　　　　　　磁場なし

図8　原子線のつくる像[18] (O. Stern and W. Gerlach : Zeitschrift für Physik **9** (1922) 349 より)．

磁極の間で銀原子に力がはたらいたのは，銀原子が小さいながら磁石になっているためだ．銀原子が実際に小さな磁石であって，それが磁場のなかで場に平行かあるいは反平行か——2つに1つ——の向きをむくことは，ゼーマン効果の実験からすでに推測されていたのである．図7の形をした磁極の間では，磁場は上向きでS極の近くほど強い．そこに小さな磁石がN極を上に，S極を下に向けて飛びこんでくると，N極は上に，S極は下に引っぱられるが，磁場の強さからいってN極にはたらく力のほうが大きいから，この小磁石には全体として上向きの力がはたらく．その結果，この小磁石の軌道は上の方に曲がる．そして，"上唇"に着陸するだろう．反対に，S極を上に，N極を下に向けて磁極間に飛びこんだ小磁石は"下唇"に着陸するだろう．

もしも中途半端な方角を向いた小磁石があったら"上唇"と"下唇"の間に着陸するはずで，そうなったら唇は閉じるほかない．

唇が開いているという事実は，だから，小磁石の向きが，はっきり区別される2つの向き——Sが上でNが下，またはその反対——に限られていることを示す．

ところで，一般に荷電粒子系が磁石になるとき角運動量が伴うことは早くから知

---

8)　シュテルンとゲルラッハの論文[18]は "磁場内での方向量子化の実験的証明" と題されている．図8はこの論文から，図6も同じく彼等の論文[19]からとった．

14. 量子論の発展とパラドックス　　195

られていた（バーネット効果，1914；アインシュタイン‐ド・ハース効果，1915）．
銀原子の磁石にも角運動量が伴うに相違なく，その角運動量の向きは磁石の N 極
から S 極への向きと同じか・または反対のはずである．そうだとすれば，シュテ
ルンとゲルラッハの実験で銀原子の着地点が開いた唇のようになったという事実
は，銀原子の角運動量の向きが，はっきり区別される 2 つに限られていることを
示す．こうして，シュテルンとゲルラッハの結果は方向量子化の証拠となるので
ある．
　しかし，読者はたくさんの疑問をもつことと思う．
　(1)　銀原子の角運動量が方向量子化されることは認めるとして，その方向が
シュテルンとゲルラッハの電磁石の磁場の向き・またはその反対にちょうど一致
しているなどということがあり得るだろうか？　銀原子は電磁石に入る前からそ
の磁場の方向を感づいて，それにあわせて自らを方向量子化してきたとでもいう
のか？
　(2)　銀原子が小さな磁石であるなら，確かに電磁石の磁場から磁場と同じ向き
にむけようとするトルクを受ける．しかし，磁石はそれに素直に従いはしない．銀
原子が磁石であると同時にそれと同じ向き・または反対向きの角運動量をもってい
るなら，電磁石の磁場からのトルクによっておこるのは歳差運動である[20], [21]．
　(3)　仮に，銀原子の角運動量が方向量子化されていて，そのために角運動量に
伴う磁石が周囲の電磁石の磁場の向き・またはその反対を向いていたとしよう．
しかし，方向量子化によって許される方向は式 (4) に見るとおり奇数個のはずで
はないか．磁場の方向・またはその反対という 2 つの方向に加えて少なくとももう 1 つの方向があるはずだ．シュテルンとゲルラッハの実験を方向量子化によって解釈するには，"唇" は 2 枚ではなく，少なくとも 3 枚なければならない．

(d)　スピンの量子力学
　前項の疑問 (3) は，今日の眼で見れば，電子のスピンによって解決される．しか
し，この実験の当時，スピンはまだ気づかれていなかった．スピンは，磁場のなか
にある原子のスペクトル線が奇数本でなく偶数本に分裂するが故に "異常" とされ
た異常ゼーマン効果の分析からパウリが "2 つの値のみとる量子数" として 1924
年に導入し，その翌年ウーレンベックとカウシュミットが電子の自転角運動量と

196

して具象化した[9]. この具象化は，しかしパウリをはじめとする量子論学者たちに受け入れられなかった. シュテルンとゲルラッハの実験に関わる銀原子の角運動量は，実験の当時から原子の "芯" がもつものと考えられてきたのである[10].

スピンが角運動量の仲間として認知されるのは，ハイゼンベルクとヨルダンが発見早々の行列力学によってそれを軌道角運動量と同列に扱ってみせた 1926 年からとしてよかろう. 彼等は論文の要約としてこういっている：

電子は自転しているというコンプトンの仮説[24]が，ウーレンベックとカウシュミットにより異常ゼーマン効果の説明のためによびもどされた. 以下，この仮説によって特徴づけられる原子模型の量子力学的なふるまいを検討する. その結論は，ゼーマン効果も，二重線として現われる微細構造も，この仮説により完全に解明されるということである.

彼等は，他の力学量と同様に電子の自転角運動量も行列で表わされ，その行列は，軌道角運動量 $\boldsymbol{L} = \boldsymbol{r} \times \boldsymbol{p}$ の行列がみたす関係式

$$[L_x, L_y] = i\hbar L_z, \quad [L_y, L_z] = i\hbar L_x, \quad [L_z, L_x] = i\hbar L_y \tag{7}$$

$$L_x^2 + L_y^2 + L_z^2 = l(l+1)\hbar^2 \mathbf{1} \tag{8}$$

と同じ形の式をみたすとした. ここに $l(l+1)\hbar^2$ は (6) に対応し，大きさ l の角運動量を考えていることを示す. $\mathbf{1}$ は単位行列である. (7) の関係式だけから角運動量の物理は——その大きさが $l = 0, 1/2, 1, 3/2, \cdots$ のどれかにかぎることまで含めて，ただし，そのどれであるかの指定は (8) にまつものとして——すべて導き出されてしまうので，(7) は角運動量の量子力学的な定義であるとさえいえる.

彼等は，電子の自転角運動量ベクトル $\boldsymbol{s}$ の行列は，(7) に対応して

$$[s_x, s_y] = i\hbar s_z, \quad [s_y, s_z] = i\hbar s_x, \quad [s_z, s_x] = i\hbar s_y \tag{9}$$

をみたし，また大きさ $l = 1/2$ の場合の (8) に対応して

$$s_x^2 + s_y^2 + s_z^2 = s(s+1)\hbar^2 \mathbf{1}, \qquad (s = 1/2) \tag{10}$$

をみたすとして，原子核のまわりを回る電子のエネルギー準位を計算して原子スペクトルの微細構造と異常ゼーマン効果とを正しく導き出したのである.

---

9) スピン概念の形成史については，朝永振一郎[22]，B. L. van der Wearden[23] を見よ. どちらにもシュテルン–ゲルラッハの実験の話は出てこない！

10) 朝永[22] の第 1 話，朝永[17] の p.186.

その翌年に，パウリが，今日，彼の名でよばれる行列

$$\sigma_x = \begin{pmatrix} 0 & 1 \\ 1 & 0 \end{pmatrix}, \quad \sigma_y = \begin{pmatrix} 0 & -i \\ i & 0 \end{pmatrix}, \quad \sigma_z = \begin{pmatrix} 1 & 0 \\ 0 & -1 \end{pmatrix} \tag{11}$$

を導入して，電子の固有角運動量の演算子は

$$\boldsymbol{s} = \frac{\hbar}{2}\boldsymbol{\sigma} \tag{12}$$

であるとした．この行列はたしかに (9), (10) をみたす．

ハイゼンベルクとヨルダンの論文にも (11) の行列が出ていないわけではないが，彼等は (10) の s の値を特定しない一般式のみ書いて，$s = 1/2$ を代入した式は明示しなかったのである．

パウリがもう 1 つ違っていたのは，シュレーディンガーの波動力学——あるいは，その一般化であるヨルダン–ディラックの変換理論[25]——で考えたこと，すなわち (12) を演算子とみて，それが作用する相手の波動関数を導入したことである．しかし，それは "何の" 関数とみればよいか？　量子力学を学びはじめた学生が誰しも突きあたる問題にパウリもぶつかって，回り道をした後で，スピンの z 成分の値 $m_s\hbar$ そのものを変数に選んだ．(11) を見るとスピンの z 成分 s_z の行列は対角型で対角線上に $+\hbar/2$ と $-\hbar/2$ が並んでいる．これは，行列力学によれば，スピンの z 成分が $+\hbar/2$ あるいは $-\hbar/2$ という値をとり，それら以外の値を決してとらないことを意味している．よって

$$m_s = +\frac{1}{2}, \quad \text{あるいは} \quad -\frac{1}{2} \tag{13}$$

である．

こうして，大きさ 1/2 のスピンをもつ粒子の波動関数は $\psi = \psi(\boldsymbol{r}, m_s)$ の形になる．その変数には粒子の位置ベクトル $\boldsymbol{r}$ に加えてスピンの z 成分の値をあたえる m_s が収まっている．この波動関数の物理的解釈も，変数が $\boldsymbol{r}$ だけであった場合の解釈からする自然な延長として，

$|\psi(\boldsymbol{r}, m_s)|^2 d\boldsymbol{r}$ は，粒子が位置 $\boldsymbol{r}$ の体積要素 $d\boldsymbol{r}$ の中にスピンの z 成分 $m_s\hbar$ をもって見出される確率

ということになる．ただし，波動関数は，14.2 節とちがって

$$\int_{\text{全空間}} \left\{ \left| \psi\left(\boldsymbol{r}, +\frac{1}{2}\right) \right|^2 + \left| \psi\left(\boldsymbol{r}, -\frac{1}{2}\right) \right|^2 \right\} = 1 \tag{14}$$

198

により規格化しておくものとする.

この波動関数に演算子 (12) が作用する仕方は, s_z を例にとっていえば

$$
\frac{\hbar}{2}
\begin{pmatrix} 1 & 0 \\ 0 & -1 \end{pmatrix}
\begin{pmatrix} \psi\left(\boldsymbol{r}, \dfrac{1}{2}\right) \\ \psi\left(\boldsymbol{r}, -\dfrac{1}{2}\right) \end{pmatrix}
= \frac{\hbar}{2}
\begin{pmatrix} \psi\left(\boldsymbol{r}, \dfrac{1}{2}\right) \\ -\psi\left(\boldsymbol{r}, -\dfrac{1}{2}\right) \end{pmatrix}
\tag{15}
$$

である. こうすれば確かに, $\psi(\boldsymbol{r}, -1/2) = 0$ の, すなわち粒子が "スピンの z 成分 $-\hbar/2$ をもつ確率がいたるところで 0 の波動関数は "s_z の, 固有値 $+\hbar/2$ の固有関数" になる. 別の $\psi(\boldsymbol{r}, +1/2) = 0$ の波動関数は "s_z の, 固有値 $-\hbar/2$ の固有関数" である. ひとまず $\boldsymbol{r}$ の関数の部分を別にして, s_z の固有関数を

$$
\text{固有値 } \frac{\hbar}{2} \text{ のもの :} \begin{pmatrix} 1 \\ 0 \end{pmatrix}, \qquad \text{固有値 } -\frac{\hbar}{2} \text{ のもの :} \begin{pmatrix} 0 \\ 1 \end{pmatrix}
\tag{16}
$$

と書くことも多い.

こうして "上・下の 2 つの向きしかとらない角運動量" というものが量子力学の枠組の中に自然に収まることがわかった. そればかりか, (7) を角運動量の定義とすれば——角運動量の大きさは 0, 1/2, 1, $\cdots$ となるのだから—— $s = 1/2$ のスピンも必然の存在としなければならない.

14.6 状態の重ね合わせ [11)]

(a) 重ね合わせの状態がある

パウリによるスピンの量子力学 (14.5 節の **d**) は, 14.5 節の **b** に述べた方向量子化のパラドックスを自然な形で解決している.

まず, (15) に書いた波動関数

$$
\begin{pmatrix} \psi\left(\boldsymbol{r}, \dfrac{1}{2}\right) \\ \psi\left(\boldsymbol{r}, -\dfrac{1}{2}\right) \end{pmatrix}
= \psi\left(\boldsymbol{r}, \dfrac{1}{2}\right) \begin{pmatrix} 1 \\ 0 \end{pmatrix}
+ \psi\left(\boldsymbol{r}, -\dfrac{1}{2}\right) \begin{pmatrix} 0 \\ 1 \end{pmatrix}
\tag{17}
$$

は, 一般にスピン角運動量ベクトルが上向き (z 成分の値が $+\hbar/2$) でもなく下向き (z 成分の値が $-\hbar/2$) でもない状態を表わしていることに注意しよう. (17) は, 演算子 s_z の "固有値 $\hbar/2$, $-\hbar/2$ の固有ベクトル"(16) を振幅 $\psi(\boldsymbol{r}, 1/2)$, $\psi(\boldsymbol{r}, -1/2)$

---

11) これからは数式が多くなるが, 他の本を参照しなくても読めるように書くつもりである.

の割合で重ね合わせたものになっている．このような状態は，14.5 節の **b** に述べた古典量子論での方向量子化では存在し得なかったものである．量子力学では，これは，当の粒子が

位置 r にある体積要素 dr の中に

スピンの z 成分 $\left\{\begin{array}{c} \hbar/2 \\ -\hbar/2 \end{array}\right\}$ をもって見出される確率が $\left\{\begin{array}{c} |\psi(r,\,1/2)|^2 dr \\ |\psi(r,\,-1/2)|^2 dr \end{array}\right.$

であるような状態として認知されている．このことは前にも述べた．

しかし，ここでいう "確率" とは何か？　どんな実験をどのように行なったときの確率なのか？

これを考えるのは後にまわそう．方向量子化のパラドックスは上の "状態の重ね合わせ" の認知だけでは完全に解消してはいないからである．事実，上の定式化では，(11) の形をはじめとして人が恣意的に設定した z 軸が依然として特権的な役をしている．

この点をパウリも問題にした．"1 つの直角座標系 O–xyz における波動関数 (17) があたえられたとき，別の O–$x'y'z'$ 系における波動関数

$$\left(\begin{array}{c} \psi'\left(r,\,\dfrac{1}{2}\right) \\[2mm] \psi'\left(r,\,-\dfrac{1}{2}\right) \end{array}\right)$$

を求めるには，どうしたらいいか？"　新しい波動関数が求まれば，$|\psi'(r,\,1/2)|^2$ はスピンが z' 軸に関して上向き（z' 成分が $\hbar/2$）である確率をあたえ，$|\psi'(r,\,-1/2)|^2$ は z' 軸に関して下向き（z' 成分が $-\hbar/2$）である確率を与える．こうした座標系の変換ができて初めて，スピンは特定の座標軸から解放されるであろう．

(b)　座標軸を傾ける

いま，座標軸を図 9 のように順次に傾けてゆくと，O–xyz 系で $(x,\,y,\,z)$ という成分で表現されたベクトルは，最後の O–$x'y'z'$ 系では次の成分をもつことになる：

$$\left(\begin{array}{c} x' \\ y' \\ z' \end{array}\right) = \left(\begin{array}{ccc} \cos\chi & \sin\chi & 0 \\ -\sin\chi & \cos\chi & 0 \\ 0 & 0 & 1 \end{array}\right) \left(\begin{array}{ccc} 1 & 0 & 0 \\ 0 & \cos\theta & \sin\theta \\ 0 & -\sin\theta & \cos\theta \end{array}\right) \left(\begin{array}{ccc} \cos\phi & \sin\phi & 0 \\ -\sin\phi & \cos\phi & 0 \\ 0 & 0 & 1 \end{array}\right) \left(\begin{array}{c} x \\ y \\ z \end{array}\right)$$

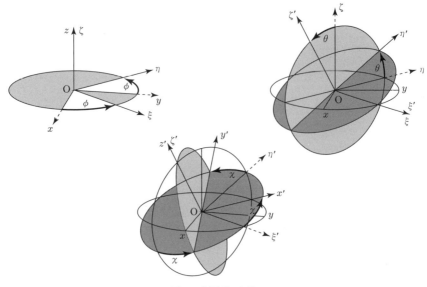

図 9 座標系の回転.

すなわち

$$\begin{pmatrix} x' \\ y' \\ z' \end{pmatrix} = \begin{pmatrix} \cos\chi\cos\phi - \sin\chi\cos\theta\sin\phi & \cos\chi\sin\phi + \sin\chi\cos\theta\cos\phi & \sin\chi\sin\theta \\ -\sin\chi\cos\phi - \cos\chi\cos\theta\sin\phi & -\sin\chi\sin\phi + \cos\chi\cos\theta\cos\phi & \cos\chi\sin\theta \\ \sin\theta\sin\phi & -\sin\theta\cos\phi & \cos\theta \end{pmatrix} \begin{pmatrix} x \\ y \\ z \end{pmatrix} \tag{18}$$

スピンの成分も，この同じ変換をうけるはずだから，O–$x'y'z'$系におけるz'成分は，$s_{z'} = (\hbar/2)\sigma_{z'}$として——$s_z$を対角化する表示の行列——$\sigma_{z'}$で書けば

$$\sigma_{z'} = \sigma_x \sin\theta\sin\phi - \sigma_y \sin\theta\cos\phi + \sigma_z \cos\theta$$

となる．O–xyz系での成分 (11) を用いて

$$\sigma_{z'} = \begin{pmatrix} \cos\theta & i\sin\theta e^{-i\phi} \\ -i\sin\theta e^{i\phi} & -\cos\theta \end{pmatrix} \tag{19}$$

スピンがz'軸に関して上向き・あるいは下向きの状態は，$s_{z'} = (\hbar/2)\sigma_{z'}$の固有ベクトルであたえられる．それらは[12]，

---

[12] 固有値$\hbar/2$の固有ベクトルのθ, ϕを$\pi - \theta, \phi + \pi$に変えると固有値$-\hbar/2$のほうのベ

$$
\text{固有値} \quad \frac{\hbar}{2} \; : \; \begin{pmatrix} \cos\dfrac{\theta}{2}\, e^{-i\phi/2} \\[2mm] -i\sin\dfrac{\theta}{2}\, e^{i\phi/2} \end{pmatrix} e^{i\alpha}, \qquad \text{固有値} \quad -\frac{\hbar}{2} \; : \; \begin{pmatrix} -i\sin\dfrac{\theta}{2}\, e^{-i\phi/2} \\[2mm] \cos\dfrac{\theta}{2}\, e^{i\phi/2} \end{pmatrix} e^{i\beta}
$$
(20)

ただし, α, β は (固有ベクトルという要求からは定まらない) 任意の実定数である.

ここで, どちらの固有関数も因子 $e^{\pm i\phi/2}$ を含み, $\phi \to \phi+2\pi$ としたとき —— 座標軸 $\mathrm{O}\text{--}x'y'z'$ は変わらないのに —— 固有ベクトルは符号を変える. これはまた 1 つのパラドックスであるが, いまは立ち入らないことにし, この符号反転が中性子線の実験[13] で直接に確かめられていることだけを記しておく[26], [27].

さて, 問題は, 直角座標系 $\mathrm{O}\text{--}xyz$ における波動関数 (17) があたえられたとき, 別の $\mathrm{O}\text{--}x'y'z'$ 系における波動関数を求めるにはどうすべきかであった. いいかえれば $\mathrm{O}\text{--}xyz$ 系において s_z の固有ベクトル $\begin{pmatrix} 1 \\ 0 \end{pmatrix}$ と $\begin{pmatrix} 0 \\ 1 \end{pmatrix}$ の重ね合わせの振幅 $\psi(\boldsymbol{r}, 1/2)$, $\psi(\boldsymbol{r}, -1/2)$ があたえられたとき, この状態ベクトルを $\mathrm{O}\text{--}x'y'z'$ における $s_{z'}$ の固有ベクトル (20) の重ね合わせとみたら振幅 $\psi'(\boldsymbol{r}, 1/2)$, $\psi'(\boldsymbol{r}, -1/2)$ はどうなるか? その答は, (20) が完全正規直交系をなすことに注意すれば直ちに得られる:

$$
\begin{pmatrix} \psi'\left(\boldsymbol{r}, \dfrac{1}{2}\right) \\[3mm] \psi'\left(\boldsymbol{r}, -\dfrac{1}{2}\right) \end{pmatrix} = U^{\dagger} \begin{pmatrix} \psi\left(\boldsymbol{r}, \dfrac{1}{2}\right) \\[3mm] \psi\left(\boldsymbol{r}, -\dfrac{1}{2}\right) \end{pmatrix}
$$
(21)

ここに, U を, 上の 2 つの固有ベクトルを並べた行列

$$
U = \begin{pmatrix} \cos\dfrac{\theta}{2}\, e^{-i\phi/2} e^{i\alpha} & -i\sin\dfrac{\theta}{2}\, e^{-i\phi/2} e^{i\beta} \\[3mm] -i\sin\dfrac{\theta}{2}\, e^{i\phi/2} e^{i\alpha} & \cos\dfrac{\theta}{2}\, e^{i\phi/2} e^{i\beta} \end{pmatrix}
$$
(22)

とするとき, そのエルミート共役が $U^{\dagger}$ である.

こうして, 1 つの状態ベクトルが, z 軸に関してだけでなく, それに対して傾いている z' 軸に関してスピンが上向き・下向きである状態の重ね合わせとしても書けることがわかった. z' 軸の向きは任意なので, これは状態なるものの見方が限

クトルになる. ただし, 位相因子 $e^{i\alpha}$, $e^{i\beta}$ は別として ——.

13) 次の文献の第 9 章を見よ: 日本物理学会編『量子力学と新技術』, 培風館 (1987).

りなく自由であることを意味している.

ところで, U は, そのつくり方からいって, 当然, ユニタリーであって

$$U^\dagger U = UU^\dagger = 1 \tag{23}$$

をみたし, さらに——これが $s_{z'}$ を対角化する表示で (21) にかけるべきものだが

$$U^\dagger s_{z'} U = \frac{\hbar}{2} \begin{pmatrix} 1 & 0 \\ 0 & -1 \end{pmatrix} = s_z \tag{24}$$

となる. そればかりか, (19) と同様にして (18) によってつくった $s_{x'}$, $s_{y'}$ に対しても

$$
\begin{aligned}
U^\dagger s_{x'} U &= \frac{\hbar}{2} \begin{pmatrix} 0 & -e^{-i\chi}e^{-i(\alpha-\beta)} \\ -e^{i\chi}e^{i(\alpha-\beta)} & 0 \end{pmatrix}, \\
U^\dagger s_{y'} U &= \frac{\hbar}{2} \begin{pmatrix} 0 & ie^{-i\chi}e^{-i(\alpha-\beta)} \\ -ie^{i\chi}e^{i(\alpha-\beta)} & 0 \end{pmatrix}
\end{aligned}
\tag{25}
$$

をあたえる. これらは, (20) で任意とした定数位相を χ に関連づけて

$$e^{i\chi}e^{i(\alpha-\beta)} = -1$$

となるように選べば

$$U^\dagger s_{x'} U = s_x, \qquad U^\dagger s_{y'} U = s_y \tag{26}$$

に帰する.

あるいは, (24), (26) を逆に解けば

$$s_{k'} = U s_k U^\dagger \qquad (k = x,\, y,\, z) \tag{27}$$

これらは, (19) のようにして (18) からつくった O–$x'y'z'$ 系のスピン成分が O–xyz 系における (9) とまったく同じ交換関係をみたし, かつスピンの大きさを規定する (10) にも従うことを示している. したがって, スピンの演算子は (9) と (10) で定義されるという立場にたつならば, いっそ座標系の回転などという経緯は忘れて $s_{x'}$, $s_{y'}$, $s_{z'}$ をスピン演算子の x, y, z 成分に採用してもよいはずである.

いま, 特に $\phi = \pi/2$, $\theta = \pi/2$, $\chi = 0$ とすれば, (18) は

$$\begin{pmatrix} x' \\ y' \\ z' \end{pmatrix} = \begin{pmatrix} 0 & 1 & 0 \\ 0 & 0 & 1 \\ 1 & 0 & 0 \end{pmatrix} \begin{pmatrix} x \\ y \\ z \end{pmatrix}$$

となり（図9から期待されるとおり！），したがってスピンの成分は

$$s_{x'} = s_y, \quad s_{y'} = s_z, \quad s_{z'} = s_x$$

となる．これをスピンの x, y, z 成分として採用してもよいのだから，まえの (11) で z 成分だけが対角形で涼しい顔をしていたのも，別に z 軸の特権を意味するわけではなかったことがわかる．(11) は，スピン演算子の無数の書き表わし方の1つにすぎないのだった．

こうしてスピン演算子の書き表わしも限りなく自由であるが[14]，状態ベクトルの振幅の書き表わしとの間に (24), (26) と (21) とで U が共通であるというつながりがあることを忘れてはならない．

14.7 シュテルン－ゲルラッハの実験，詳しい分析

ここで，14.6節の **a** で触れた "確率" の意味を考えておこう．それには，もう一度シュテルン－ゲルラッハの実験を見るのがよい．その実験装置[19]は図6に示した——これは彼等が第3号まで作ったうちの第2号である．

(a) 波動の分裂

いま，図7に示した向きに座標軸をとり，座標原点を磁極間隙への入口におこう．その間隙内での磁束密度 $\boldsymbol{B}$ を——$\mathrm{div}\,\boldsymbol{B} = 0$ を考慮して

$$\boldsymbol{B} = (0, -\chi y, B_0 + \chi z) \qquad (0 < x < l) \tag{28}$$

とし，間隙の外では

$$\boldsymbol{B} = 0 \qquad (x \leqq 0, \text{ または } x \geqq l) \tag{29}$$

であるとする．シュテルンとゲルラッハの実験では

$$B_0 \sim 1.8\ \mathrm{T}, \quad \chi \sim 2.4 \times 10^3\ \mathrm{T/m}, \qquad l \sim 3 \times 10^{-2}\ \mathrm{m}$$

であった（本当は，χ は z によって変わる．図10を見よ[15]）．

磁極間隙への入口と出口とでは磁束密度が $\mathrm{div}\,\boldsymbol{B} = 0$ をみたしつつ滑らかに変

---

14) U はユニタリーな 2×2 行列なら何でもよいので，自由さは上に座標系の回転として述べてきたのより広い．たとえば，座標系の反転を考えたら——？

15) W. Gerlach and O. Stern[19], p.694 の表による．

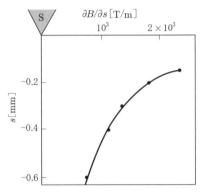

図10 "ナイフの刃"の付近の磁場勾配. s と z は原点がちがうだけ.

わっているはずだが，ここで仮定した B はそうなっていない．この問題には，いまは立ち入らない．

銀原子の磁気能率の値は，この実験の結果として知られたのであったが，電子の磁気能率

$$\mu = -0.93 \times 10^{-23} \text{ J/T}$$

に等しい．これが銀原子のスピン $(\hbar/2)\boldsymbol{\sigma}$ の向きにあり，磁場のなかでは $-\mu\boldsymbol{\sigma}\cdot\boldsymbol{B}$ だけのエネルギーをもつ．したがって，銀原子の（重心の運動の）波動関数

$$\Psi(\boldsymbol{r}) = \begin{pmatrix} \psi\left(\boldsymbol{r}, \dfrac{1}{2}\right) \\ \psi\left(\boldsymbol{r}, -\dfrac{1}{2}\right) \end{pmatrix} \tag{30}$$

がしたがうシュレーディンガー方程式は，磁極間隙内の $\boldsymbol{r}=(x,y,z)$ について

$$\left[-\frac{\hbar^2}{2M}\left(\frac{\partial^2}{\partial x^2}+\frac{\partial^2}{\partial y^2}+\frac{\partial^2}{\partial z^2}\right)-\mu\{B_0\sigma_z+\chi(z\sigma_z-y\sigma_y)\}\right]\Psi(\boldsymbol{r})=E\Psi(\boldsymbol{r}) \tag{31}$$

となる．ここで，銀原子（原子量108）の質量を M，エネルギーを E としたが

$$M = 1.8\times 10^{-25} \text{ kg}, \qquad E \sim 2.7\times 10^{-20} \text{ J}.$$

この E の値は原子が1320Kの炉から飛び出してくるということから計算した平均値である．これを波数 k，速さ v に直すと

$$k = \sqrt{\frac{2ME}{\hbar^2}} \sim 9.4\times 10^{11} \text{ m}^{-1}, \qquad v \sim 5.5\times 10^2 \text{ m/s}$$

となる[16].

さて，シュレーディンガー方程式 (31) に入っている "磁場との相互作用エネルギー" の項は，上に示した B_0, χ の値と図6から知られる $|z| \lesssim 10^{-4}$ m から[17]

$$|\mu B_0| \sim 1.7 \times 10^{-23} \text{ J},$$
$$|\mu \chi z| \lesssim 2.2 \times 10^{-24} \text{ J}, \quad |\mu \chi y| \text{ も同様}$$

といった大きさであるから，銀原子が磁場に入射するときもっていたエネルギー E に比べると

$$\frac{|\mu B_0|}{E} \sim 0.6 \times 10^{-4}, \qquad \frac{|\mu \chi z|}{E} \lesssim 0.8 \times 10^{-4} \tag{32}$$

のように微小である．これら微小量について1次までとる近似で，磁極間隙内の波動方程式 (31) の解は

$$\Psi_\pm(\boldsymbol{r}) = \exp\left[\pm ikx(1+D)\right] \begin{pmatrix} \alpha_\pm \\ \beta_\pm \end{pmatrix} \qquad (0 \leqq x \leqq l) \tag{33}$$

の重ね合わせとなる．ただし，

$$D \equiv \frac{\mu}{2E} \{ B_0 \sigma_z + \chi(z\sigma_z - y\sigma_y) \} \tag{34}$$

であり，$\alpha_\pm$ と $\beta_\pm$ とは，入射波が与えられたとき，$\Psi_+ + \Psi_-$ が磁極間隙の入口 $x = 0$ と出口 $x = l$ とでそれぞれ

$$\text{入射波} + \text{反射波} = e^{ikx} \begin{pmatrix} \alpha_{\text{in}} \\ \beta_{\text{in}} \end{pmatrix} + e^{-ikx} \begin{pmatrix} \alpha_{\text{R}} \\ \beta_{\text{R}} \end{pmatrix} \qquad (x \leqq 0)$$

および

$$\text{出射波} = e^{ikx} \begin{pmatrix} \alpha_{\text{out}} \\ \beta_{\text{out}} \end{pmatrix} \qquad (x \geqq l)$$

に滑らかにつながるように定める．その作業から，入射波と出射波の間に

$$\begin{pmatrix} \alpha_{\text{in}} \\ \beta_{\text{in}} \end{pmatrix} = \left[\left(1 + \frac{D}{2}\right)^2 e^{-iklD} - \left(\frac{D}{2}\right)^2 e^{iklD} \right] (1+D)^{-1} \begin{pmatrix} \alpha_{\text{out}} \\ \beta_{\text{out}} \end{pmatrix}$$

という関係のあることが見出される．しかし，いま D^2 は1に比べて省略するの

---

16) 平均値といったのは正確には root-mean-square のこと．その値と同程度の熱ゆらぎが付随する．

17) やかましくいえば，入射波を平面波とするいまの計算では $|z|$ の制限の意味は吟味を要する．しかし，間もなくわかるとおり幾何光学的な近似が許されるので，問題ない．

だから，この関係は

$$\begin{pmatrix} \alpha_{\rm in} \\ \beta_{\rm in} \end{pmatrix} = e^{-iklD} \begin{pmatrix} \alpha_{\rm out} \\ \beta_{\rm out} \end{pmatrix}$$

としてよい.

こうして，磁極間隙への

$$入射波 = e^{ikx} \begin{pmatrix} \alpha_{\rm in} \\ \beta_{\rm in} \end{pmatrix} \tag{35}$$

に対して

$$出射波 = e^{ik\,[x+(\mu l/2E)\{B_0\sigma_z+\chi(z\sigma_z-y\sigma_y)\}]} \begin{pmatrix} \alpha_{\rm in} \\ \beta_{\rm in} \end{pmatrix} \tag{36}$$

となることがわかった.

この出射波の物理的内容は $y=0$ の面内では特に見やすい. このとき出射波を (30)——あるいは同じことであるが (17)——のように書くと，ψ 関数は

$$\begin{aligned}
\psi_{\rm out}^{(上)} &\equiv \psi_{\rm out}\left(x, 0, z, \tfrac{1}{2}\right) &= \alpha_{\rm in} e^{i\,[kx+(k\mu\chi l/2E)z]} e^{ik\mu B_0 l/2E} \\
\psi_{\rm out}^{(下)} &\equiv \psi_{\rm out}\left(x, 0, z, -\tfrac{1}{2}\right) &= \beta_{\rm in} e^{i\,[kx-(k\mu\chi l/2E)z]} e^{-ik\mu B_0 l/2E}
\end{aligned} \tag{37}$$

となる. これは，z 方向に勾配 χ をもつ磁場 (28) に距離 l の間さらされた結果，電子の波動が運動量の z 成分に関して 2 つに分裂したことを示している. 詳しくいえば，次のとおり:

(1) 上向きスピンの成分波 $\psi_{\rm out}(x, 0, z, 1/2)$ は，運動量 $p_x = \hbar k$, $p_z = \hbar\mu\chi l/2E$ の運動を表わす平面波になっており，入射波 (35) の対応する成分に比べると（$\mu < 0$ なので）下向きの運動量 $\Delta p_z = \hbar\mu\chi l/2E$ が付け加わっている. 下向きスピンの成分波は上向きの運動量 $-\Delta p_z$ を得ている. 運動量ベクトルは平面波の進行方向を定めるので，磁極間隙を通る間に銀原子の運動を表わす波が上向きに曲がってゆく成分と下向きに曲がってゆく成分とに分裂したのである.

重ねていえば，スピンが上向き・あるいは下向きと始めからきまっていたわけではない. スピンの状態ベクトルがどうであっても，それをスピンの上向き成分と下向き成分に分けることができる. そして，それぞれの成分波が磁場の中で受ける運動量変化がちがうのである.

これらの運動量変化は，古典力学から予想される値に一致している. 実際，上向きスピンの銀原子がもつ磁気能率は下向き（N 極が下，S 極が上）で磁場 (28)

から下向きの力 (z 成分 $= \mu\chi < 0$) を受ける．他方，銀原子の速さは $2E/\hbar k$ だから長さ l の磁場を通るのに要する時間は $\hbar kl/2E$ である．その間に，この銀原子が磁場から受ける力の力積は $\mu\chi \times \hbar kl/2E$ となり，すなわち上記の Δp_z に等しい．下向きスピンの銀原子にはたらく力は反対向きだから，それがこうむる運動量変化は $-\Delta p_z$ になる．

(2) 銀原子が磁極間隙を通ることによって受ける上記の運動量変化は，数値的には

$$\pm \Delta p_z = \pm \frac{\mu\chi l \cdot \hbar k}{2E} \sim \mp 1.2 \times 10^{-24} \text{ kg} \cdot \text{m/s} \tag{38}$$

であって，シュテルンとゲルラッハが磁極の直前においた絞り S_2 (図 6 を参照) の直径 $\delta z = (0.5 \sim 1) \times 10^{-4}$ m からくる運動量の不確定

$$\delta p_z \sim \hbar/\delta z = (1 \sim 2) \times 10^{-30} \text{ kg} \cdot \text{m/s}$$

より (絶対値において) はるかに大きい．したがって，銀原子の運動は "幾何光学" の領域に属し，(1) で見た波の分裂は実際に原子線の分裂に対応しているとみてよい．

(3) 銀原子は磁極間隙を出たところでガラス板にぶつかる．上向きスピンのものと下向きスピンのものとの着地点の開き Δz は，いま銀原子が磁極間隙内で放物線軌道を描くとみてよいことから

$$\Delta z = 2 \times \frac{1}{2} \frac{|\Delta p_z|}{M} \frac{l}{v} \sim 3.6 \times 10^{-4} \text{ m} \tag{39}$$

と見積もられる．これはシュテルンとゲルラッハの実験結果 (図 11) とだいたいあっている．

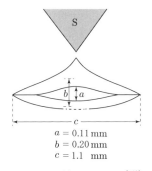

$a = 0.11$ mm
$b = 0.20$ mm
$c = 1.1$ mm

図 11　シュテルン–ゲルラッハの実験の結果．

この計算では磁場の設定 (28), (29) が大ざっぱなので，もともと良い一致は望めないとしなければならない．それでも，ここで用いた磁場勾配 χ の値が図 10 に示した実測値の最大値であり，χ を小さくとれば (39) の値も小さくなることは注意しておこう．

(b) スピンの測定

前節の結果から，シュテルン–ゲルラッハの実験の結果である図 8 が理解される．磁極間隙を通ってきた波をガラス板で受けるとき，写真の上唇の方にくるのはスピン下向きの成分波であるから，そこに姿を現わすのは下向きスピンの銀原子にきまっている．下唇の方にくるのはスピン上向きの成分波であって，そこに姿を現わすのは上向きスピンの銀原子にきまっている．

しかし，だからといって，波束の収縮がおこったと思ってはいけない．ウィグナーも，ガラス板への衝突がおこる前に波束の収縮がおこっている可能性も考えた上で，それはないだろうと言っている（Wigner[14] の p.226）．ガラス板に衝突する前には，銀の原子は (37) のそれぞれの波動関数 $\psi_{\mathrm{out}}^{(\text{上})}$, $\psi_{\mathrm{out}}^{(\text{下})}$ を係数とする $\begin{pmatrix} 1 \\ 0 \end{pmatrix}$ と $\begin{pmatrix} 0 \\ 1 \end{pmatrix}$ の重ね合わせの状態 Ψ にある．この段階でガラス板を取り除けば，ビームに新たな適当な磁場を通過させることによりシュテルン–ゲルラッハの装置に入れる前の状態に戻すことができる．

波束の収縮がおこるのはビームがガラス板に衝突したときで，ビームの状態は

$$\sum_{k=\text{上}, \text{下}} |\langle \psi_{\mathrm{out}}^{(k)} u_k, \Psi \rangle|^2 P_k \qquad \left(u_\text{上} = \begin{pmatrix} 1 \\ 0 \end{pmatrix}, \ u_\text{下} = \begin{pmatrix} 0 \\ 1 \end{pmatrix} \right) \qquad (40)$$

に変わる．ここに P_k は状態 $\psi_{\mathrm{out}}^{(k)} u_k$ への射影演算子であって，$\psi_{\mathrm{out}}^{(k)} u_k$ のもっていた位相因子は消えている．いったんビームが (40) の状態になった後では，もう元には戻せない．

上の考察は，2 つの点で不十分である．第一に，銀原子の入射波を平面波 (35) で表わし，波束としていないこと．第二に，電気炉から飛び出してくる銀原子のスピンは"混合状態"にあり，これまで考えてきたような"純粋状態"にはないにちがいないということ．第一の問題には，いまは立ち入らないことにしよう．第二の問題で入射波のスピンが混合状態にあるというのは，てっとりばやくいえばスピンの状態を表わす α_{in}, β_{in} の値が入射波束ごとにランダムに変わっている

14. 量子論の発展とパラドックス　209

こと. したがって, たとえばガラス板上の銀粒子の密度を計算するには, 上の比 $|\beta_{\rm in}|^2 : |\alpha_{\rm in}|^2$ を $\alpha_{\rm in}, \beta_{\rm in}$ の確率分布について平均しなければならない.

14.8　アインシュタイン−ポドルスキー−ローゼンのパラドックス

これは 1935 年にアインシュタインたちが 1 つの思考実験を提出して指摘した パラドックスである. 今日では, そのなかに含まれる "遠距離相関" が量子力学の 奇妙な体質として強調され, 実験も行なわれた. この相関が "隠れた変数" によっ てもたらされるという考えは, この実験による "ベルの不等式" の検証で否定され た. これらについて順々に説明していこう.

ここでは, 最近の風潮にしたがって, アインシュタインたちの思考実験そのま までなく, それをスピン系に移したボームのもので説明する. それには 1 つの準 備が必要である.

(a)　スピン角運動量の合成

1 つの粒子のスピン状態は 2 成分波動関数 $\begin{pmatrix} \alpha \\ \beta \end{pmatrix}$ で表わされる. ただし, しば らく波動関数 (17) にあった r 依存性は伏せておくから, α, β は複素数である.

2 つの粒子があるとき, それらのスピン状態は, それぞれの波動関数 $\begin{pmatrix} \alpha_1 \\ \beta_1 \end{pmatrix}, \begin{pmatrix} \alpha_2 \\ \beta_2 \end{pmatrix}$ を並べたもの[18]

$$\begin{pmatrix} \alpha_1 \\ \beta_1 \end{pmatrix} \otimes \begin{pmatrix} \alpha_2 \\ \beta_2 \end{pmatrix} \tag{41}$$

あるいは, その重ね合わせ

$$\Psi = a \begin{pmatrix} \alpha_1 \\ \beta_1 \end{pmatrix} \otimes \begin{pmatrix} \alpha_2 \\ \beta_2 \end{pmatrix} + b \begin{pmatrix} \gamma_1 \\ \delta_1 \end{pmatrix} \otimes \begin{pmatrix} \gamma_2 \\ \delta_2 \end{pmatrix} + \cdots\cdots \tag{42}$$

---

[18]　これを 2 粒子のスピン座標 m_{s_1}, m_{s_2} の関数 $\Phi(m_{s_1}, m_{s_2})$ として表わすことも, もちろ んできる [(13) の前後を参照]. 関数 Φ の値は下の表のとおり:

m_{s_2} ＼ m_{s_1}	1/2	−1/2
1/2	$\alpha_1\alpha_2$	$\alpha_1\beta_2$
−1/2	$\beta_1\alpha_2$	$\beta_1\beta_2$

で表わすことができる．しかし，ここでの和はどう理解すべきか？

それには，2つのスピンの状態空間に基底ベクトルを定めるのがてっとりばやい．それらを

$$
\begin{pmatrix} 1 \\ 0 \end{pmatrix} \otimes \begin{pmatrix} 1 \\ 0 \end{pmatrix}, \quad \begin{pmatrix} 1 \\ 0 \end{pmatrix} \otimes \begin{pmatrix} 0 \\ 1 \end{pmatrix}, \quad \begin{pmatrix} 0 \\ 1 \end{pmatrix} \otimes \begin{pmatrix} 1 \\ 0 \end{pmatrix}, \quad \begin{pmatrix} 0 \\ 1 \end{pmatrix} \otimes \begin{pmatrix} 0 \\ 1 \end{pmatrix}
$$

とすれば，物理的意味がわかりやすい．(41) のような状態ベクトルは，積 $\otimes$ が分配の法則にしたがうとして，次のように基底ベクトルの重ね合わせに分解される．

$$
\left\{ \alpha_1 \begin{pmatrix} 1 \\ 0 \end{pmatrix} + \beta_1 \begin{pmatrix} 0 \\ 1 \end{pmatrix} \right\} \otimes \left\{ \alpha_2 \begin{pmatrix} 1 \\ 0 \end{pmatrix} + \beta_2 \begin{pmatrix} 0 \\ 1 \end{pmatrix} \right\}
$$

$$
= \alpha_1 \alpha_2 \begin{pmatrix} 1 \\ 0 \end{pmatrix} \otimes \begin{pmatrix} 1 \\ 0 \end{pmatrix} + \alpha_1 \beta_2 \begin{pmatrix} 1 \\ 0 \end{pmatrix} \otimes \begin{pmatrix} 0 \\ 1 \end{pmatrix}
$$

$$
+ \beta_1 \alpha_2 \begin{pmatrix} 0 \\ 1 \end{pmatrix} \otimes \begin{pmatrix} 1 \\ 0 \end{pmatrix} + \beta_1 \beta_2 \begin{pmatrix} 0 \\ 1 \end{pmatrix} \otimes \begin{pmatrix} 0 \\ 1 \end{pmatrix}
$$

このように，個々のベクトルを基底の重ね合わせとして表わしておけば，それらに対するベクトル算法は，あらためて説明するまでもないくらい自然に定義される．実際，2つのベクトルが "等しい" とは，それぞれの重ね合わせの対応する係数が互いに等しいことであり，ベクトルに "スカラー λ をかける" ことは，重ね合わせの係数をすべて λ 倍にすることである，とする．

内積は，まず基底の間で

$$
u = \begin{pmatrix} \alpha_1 \\ \beta_1 \end{pmatrix} \otimes \begin{pmatrix} \alpha_2 \\ \beta_2 \end{pmatrix}, \qquad u' = \begin{pmatrix} \alpha_1' \\ \beta_1' \end{pmatrix} \otimes \begin{pmatrix} \alpha_2' \\ \beta_2' \end{pmatrix}
$$

に対して

$$
\langle u, u' \rangle = (\alpha_1^* \ \beta_1^*) \begin{pmatrix} \alpha_1' \\ \beta_1' \end{pmatrix} \cdot (\alpha_2^* \ \beta_2^*) \begin{pmatrix} \alpha_2' \\ \beta_2' \end{pmatrix} \tag{43}
$$

で定義し，一般のベクトル（基底の重ね合わせ）への拡張は，いつも内積に対してそうするように，線形性

$$
\langle \Psi, \lambda_1' \Psi_1' + \lambda_2' \Psi_2' \rangle = \lambda_1' \langle \Psi, \Psi_1' \rangle + \lambda_2' \langle \Psi, \Psi_2' \rangle
$$

と反線形性

$$\langle \lambda_1 \Psi_1 + \lambda_2 \Psi_2, \Psi' \rangle = \lambda_1^* \langle \Psi_1, \Psi' \rangle + \lambda_2^* \langle \Psi_2, \Psi' \rangle$$

によって行なう. そうすると, (41) の形のベクトル同士の内積なら (43) の右辺と同じ式であたえられることが証明できる.

　ベクトルの自分自身との内積が決して負にならないことは容易にわかる. その平方根を, そのベクトルの長さ, あるいはノルムという. そうすると, 長さが 0 のベクトルの特徴は何か, が問題になる. 互いに等しいベクトルの差は長さが 0 になってほしいが, 本当にそうなるか. これらは読者への宿題としよう.

　ここでは, 見かけは異なるが実は互いに等しいというベクトルの例をあげよう:

$$\begin{pmatrix} 1 \\ 0 \end{pmatrix} \otimes \begin{pmatrix} 0 \\ 1 \end{pmatrix} - \begin{pmatrix} 0 \\ 1 \end{pmatrix} \otimes \begin{pmatrix} 1 \\ 0 \end{pmatrix}$$

$$= \begin{pmatrix} \cos \dfrac{\theta}{2} \\ -i \sin \dfrac{\theta}{2} \end{pmatrix} \otimes \begin{pmatrix} -i \sin \dfrac{\theta}{2} \\ \cos \dfrac{\theta}{2} \end{pmatrix} - \begin{pmatrix} -i \sin \dfrac{\theta}{2} \\ \cos \dfrac{\theta}{2} \end{pmatrix} \otimes \begin{pmatrix} \cos \dfrac{\theta}{2} \\ -i \sin \dfrac{\theta}{2} \end{pmatrix} \quad (44)$$

が任意の θ に対してなりたつ. その物理的な意味は, 後の (47), (48) と以前の (20) を考え合わせて明らかになるはずである.

　次に, 2 つのスピンからなる系のスピン演算子を定義しよう. いまの流儀では, まず演算子の基底ベクトルに対する作用を定義し, それを線形性によって一般のベクトルに及ぼすのが本来だが, 手続きを省けばこうなる. まず, 粒子 1 のスピン演算子 s_k を, 上のような状態ベクトルを相手とするとき $s_k \otimes 1$ と書くが, その作用は, (41) の形のベクトルについていえば,

$$s_k \otimes 1 \cdot \begin{pmatrix} \alpha_1 \\ \beta_1 \end{pmatrix} \otimes \begin{pmatrix} \alpha_2 \\ \alpha_2 \end{pmatrix} = \left[s_k \begin{pmatrix} \alpha_1 \\ \beta_1 \end{pmatrix} \right] \otimes \begin{pmatrix} \alpha_2 \\ \beta_2 \end{pmatrix}$$

とする. 粒子 2 の演算子 $1 \otimes s_k$ の作用は書き下すまでもあるまい. 粒子 1 の演算子 s_k と粒子 2 の演算子 s_l の積なら

$$s_k \otimes s_l \cdot \begin{pmatrix} \alpha_1 \\ \beta_1 \end{pmatrix} \otimes \begin{pmatrix} \alpha_2 \\ \beta_2 \end{pmatrix} = \left[s_k \begin{pmatrix} \alpha_1 \\ \beta_1 \end{pmatrix} \right] \otimes \left[s_l \begin{pmatrix} \alpha_2 \\ \beta_2 \end{pmatrix} \right].$$

これらの定義を (42) の形のベクトルにまで押し広げる仕方は改めて説明するまでもあるまい.

　2 つのスピン角運動量の和を表わす演算子は, 例としてその z 成分を書けば

$$S_z = s_z \otimes 1 + 1 \otimes s_z \tag{45}$$

となる．スピン角運動量の和 $\boldsymbol{S}$ の (大きさ)^2 は，

$$S_x^2 = (s_x \otimes 1 + 1 \otimes s_x)^2 = s_x^2 \otimes 1 + 2s_x \otimes s_x + 1 \otimes s_x^2$$

のような計算を y, z 成分に対しても行なって，$s_x^2 = \hbar^2/4$ 等に注意しつつ加え合わせれば，

$$\boldsymbol{S}^2 = \frac{3}{2}\hbar^2 + 2(s_x \otimes s_x + s_y \otimes s_y + s_z \otimes s_z) \tag{46}$$

となることが知れる．

　ここで，読者は，(45) のように定義したスピンの和が (9) と同じ形の "角運動量の交換関係" をみたすことを確かめられたい．スピンの和 $\boldsymbol{S}$ も一人前の角運動量なのである．

　演算子の定義ができたところで，(44) の左辺――$\varPhi_0$ と書く――が，スピンの和の (大きさ)^2 と z 成分との同時固有状態になっていることを確かめよう．まず，z 成分をみると

$$(s_z \otimes 1 + 1 \otimes s_z) \cdot \begin{pmatrix} 1 \\ 0 \end{pmatrix} \otimes \begin{pmatrix} 0 \\ 1 \end{pmatrix} = \frac{\hbar}{2}\{1 + (-1)\} \begin{pmatrix} 1 \\ 0 \end{pmatrix} \otimes \begin{pmatrix} 0 \\ 1 \end{pmatrix}$$

つまり，(44) の左辺の半身がすでに S_z の固有値 0 の固有ベクトルである．残りの半身についても同様であって，合わせても

$$S_z \varPhi_0 = 0 \tag{47}$$

となる．また $\boldsymbol{S}^2$ については，(46) の右辺の各項のうち，たとえば $2s_x \otimes s_x$ は

$$2s_x \otimes s_x \cdot \left[\begin{pmatrix} 1 \\ 0 \end{pmatrix} \otimes \begin{pmatrix} 0 \\ 1 \end{pmatrix} - \begin{pmatrix} 0 \\ 1 \end{pmatrix} \otimes \begin{pmatrix} 1 \\ 0 \end{pmatrix} \right] = -\frac{\hbar^2}{2} \left[\begin{pmatrix} 1 \\ 0 \end{pmatrix} \begin{pmatrix} 0 \\ 1 \end{pmatrix} - \begin{pmatrix} 0 \\ 1 \end{pmatrix} \begin{pmatrix} 1 \\ 0 \end{pmatrix} \right]$$

のように作用して (44) の左辺を $-\hbar^2/2$ 倍する．$2s_y \otimes s_y$, $2s_z \otimes s_z$ も同様だから

$$\boldsymbol{S}^2 \varPhi = 0 \tag{48}$$

こうして，(44) の左辺は 2 つのスピンの和 $\boldsymbol{S} = s \otimes 1 + 1 \otimes s$ の (大きさ)^2 と z 成分といずれについても固有値 0 の固有ベクトルになっていることが確かめられた．(44) の右辺について計算しても同じ結果になる．一般に，上の定義 (p.210) の意味で等しい $\varPhi$, $\varPhi'$ にスピン演算子をかければその結果もまた相等しくなることが――スピン演算子の有界なことから――証明される．

(44) は，だからスピン角運動量 0 の状態を表わしている．大きさ 1/2 のスピンが 2 つ "逆向き" に組み合わさって全角運動量が 0 になったのである．

(b)　不確定性原理を破る

アインシュタインたちの論文は "量子力学による記述は完全であるか？" と題されている．量子力学では状態のありようは不確定性原理によって制約され——いまボームに従ってスピンの言葉でいうと——1 つの粒子のスピンが x 成分も z 成分もともに確定している状態は本来あり得ない．しかし，とアインシュタインたちはいう．その両者がともに確定していることを示す測定法が存在するのだ．その存在は量子力学そのものによって示される！　したがって，量子力学による記述は完全ではあり得ない！

スピンの成分にかぎらず一般に物理量の値が "確定している" ということの判定基準を，アインシュタインたちは次のようにあたえた：

> 対象 K の 1 つの物理量 A の値を，いかようにも K をかき乱すことなしに，確実に測定あるいは予言できるなら

その量 A の値は確定している．ここでアインシュタインたちは A の値が "人が測定しようとしまいと" それには無関係に確定して実在している，という考え方をしている．"人が見ていないときにも月はあるにちがいない——．"[19]　かつて，ある学生がアインシュタインに質問した．"先生がもはや住まわれなくなるとき，この家はどうなっているんでしょうか？"[29]

上の判定基準は，だから，本当は次のように述べられている：

> 対象 K の 1 つの物理量 A の値を，いかようにも K をかき乱すことなしに，確実に測定あるいは予言できるなら，量 A に対応して実在の一要素が存在する．

そして，論文の題は，正確には "物理的実在の量子力学的記述は完全であると考えてよいか？" である．完全であるためには

> 実在の 1 つ 1 つの要素にそれぞれ対応するものがあること

が必要条件とされる．

さて，アインシュタインたちの論証をみよう．はじめは彼等にしたがって一般

---

19)　アインシュタインはパイスと散歩していたとき突然たちどまって "月はあなたが見ているときだけ存在するなんて，本当に信じられますか？" とたずねた（A. パイス[28] による）．

214

的な言葉を用いたほうがわかりやすかろう．これになじめない向きは，すぐ後に示すボームの例と対照しながら読んでいただきたい．

2つの粒子からなる系を考え，時刻 t におけるその波動関数 $\Psi_t(x_1, x_2)$ が知れているものとする．x_1, x_2 はそれぞれ粒子 1, 2 の座標（スピン座標 (13) でも何でもよい）である．

いま，粒子 1 について，その力学量 A の固有関数の完全正規直交系を $\{u_n(x_1)\}$，力学量 B の完全正規直交系を $\{v_m(x_1)\}$ とする．それぞれの固有値を対応する小文字で書いて

$$Au_n(x_1) = u_n u_n(x_1), \qquad Bv_m(x_1) = b_m v_m(x_1) \tag{49}$$

としよう．簡単のため，どの固有値にも縮退はないものとしておく．

全系の既知の波動関数 $\Psi_t(x_1, x_2)$ を x_1 依存性に関して $\{u_n(x_1)\}$ で展開すれば

$$\Psi_t(x_1, x_2) = \sum_n \varphi_n(x_2) u_n(x_1) \tag{50}$$

の形となる[20]．$\{\varphi_n(x_2)\}$ は展開係数ということであるが，必然的に x_2 の関数になる．そして，この展開はつぎのような物理的意味をもつのである．すなわち，

時刻 t に粒子 1 の力学量 A を測定して a_s を得たとすれば，その瞬間に系の波動関数は

$$\varphi_s(x_2) u_s(x_1) \tag{51}$$

に収縮する．その結果として，粒子 2 の波動関数は $\varphi_s(x_2)$ になる．

しかし，粒子 1 について，力学量 A の代りに B を測定して値 b_r を得たとすれば，その瞬間に

系の波動関数は——Ψ_t の (50) と類似の展開に応じて——

$$\psi_r(x_2) v_r(x_1) \tag{52}$$

に収縮し，その結果として粒子 2 の波動関数は $\psi_r(x_2)$ になる

はずである．この $\psi_r(x_2)$ は前の $\varphi_s(x_2)$ と異なるのが一般であろう．

ところで，当の2つの粒子が，ある時間のあいだ近接して相互作用したが，その後は反対方向に飛び去って，時刻 t には相互に何の作用も及ぼしあうことができ

---

20) ここの $\varphi_n(x_2) u_n(x_1)$ は，(41) の流儀では $\varphi_n(x_2) \otimes u_n(x_1)$ と書くべきものである．

ないくらい遠く遠く離れてしまっている，という状況はあり得る．そして，時間 t がいかに長くても，もし2つの粒子が近接していたときの全系の波動関数が知れていれば，それを初期データとして波動関数の時間発展は計算できて $\Psi_t(x_1, x_2)$ が知れる．そのような時刻 t に粒子1を観測しても――量子力学に従えば観測は対象をかき乱すのが一般だが，しかし――といって，アインシュタインたちはこう主張する：

　　粒子2には何の影響も及ばないはずである．なぜなら，それが相互作用がないということの意味なのだから．

　そうだとすると，粒子2について

　　同一の実在に2つの異なる波動関数が属することになる．

そして，2つの波動関数 $\varphi_s(x_2)$, $\psi_r(x_2)$ がそれぞれ粒子2の力学量 P, Q の固有関数になっている，ということがあり得る．その場合に，それぞれの固有値を p_s, q_r とすれば，上の実在の規定から

　　粒子2の物理量 P, Q の値 p_s, q_r はともに実在の要素である

ことになる．平たくいえば，粒子2は――人が観測すると否とにかかわらず――物理量 P, Q として値 p_s, q_r をもっている，ということである．

　しかし，量子力学では P と Q が互いに交換しない演算子で表わされる場合があり，その場合，両者がともに確定値をとるような状態は記述の枠内にない！　たとえば，交換関係が $[P, Q] = -i\hbar$ である場合には，両者の測定値は確定せず，それぞれの分散 $(\delta p)^2$, $(\delta q)^2$ の間に不確定性関係 $\delta p \cdot \delta q \geqq \hbar/2$ がなりたつことになっている．両者がともに確定値をとるような状態の存在は不確定性原理を破ることになり，許されないのである．

　アインシュタインたちは，そのような状態の存在を論証した上は――その論証に用いた量子力学が正しいとするかぎり

　　物理的実在の量子力学的記述は完全でない

と結論せざるを得ない．

(c)　ボームのモデル

　アインシュタインたちの想定した状況を，ここではボームのモデルで例示しよう．彼は，スピン $1/2$ をもつ2つの粒子（ともに質量 m）が

$$\Psi_t = f(\boldsymbol{r}_1 - \boldsymbol{r}_2, t)\,\Phi_0(m_{s1}, m_{s2}) \tag{53}$$

の波動関数で表わされる運動をする場合を考えた. ただし, 2粒子はある時間の
あいだ相互作用していたとし, そのあと十分に長い時間がたって相互作用がなく
なってから——ある時刻 T より後, $t \geq T$ ——の状態を (53) は表わすものとす
る. ここに, f は 2 粒子の相対運動を表わすもので, いわゆるガウス型の自由波
束 $(\boldsymbol{\rho} = \boldsymbol{r}_1 - \boldsymbol{r}_2)$

$$
\begin{aligned}
f(\boldsymbol{\rho}, t) = {}& \left(\frac{1}{\pi a^2}\right)^{3/4} \left(\frac{1}{1 + i\hbar t/\mu a^2}\right)^{3/2} \exp\left[i\left(\frac{\mu \boldsymbol{v}}{\hbar} \cdot \boldsymbol{\rho} - \frac{\mu v^2}{2\hbar}t\right)\right] \\
& \times \exp\left[-\frac{1}{2a^2(1 + i\hbar t/\mu a^2)}(\boldsymbol{\rho} - \boldsymbol{v}t)^2\right]
\end{aligned} \tag{54}
$$

にとろう. これは粒子 1 と粒子 2 とが相対速度 $\boldsymbol{v}$ で互いに遠ざかってゆくことを
表わしている. Φ_0 はスピン関数で, (44) であたえられるものとする. すなわち 2
つの粒子のスピン角運動量の和が 0 になっている状態である. 相互作用が 2 粒子
のスピンを強く結合してこの状態にしたと考えるわけだ.

(53) は, 自由 2 粒子系のシュレーディンガー方程式

$$i\hbar\frac{\partial}{\partial t}\Psi_t = H\Psi_t, \qquad H = -\frac{\hbar^3}{2M}\Delta_1 - \frac{\hbar^2}{2M}\Delta_2 \tag{55}$$

にしたがって時間発展する (Δ_j は粒子 $j = 1, 2$ の座標に関するラプラシアン).
ハミルトニアン H はスピンを含まないので, この間スピン関数は変化せず Φ_0 の
ままでいる. これはスピン角運動量の和の保存則にほかならない.

さて, 観測である. 2 粒子が互いに遠く離れ相互作用がなくなったあとに粒子
1 の位置とスピンの z 成分とを測定するものとしよう. 位置の固有関数は固有値
を $\boldsymbol{\xi}$ と書けば $\delta(\boldsymbol{r}_1 - \boldsymbol{\xi})$ であり, スピンの z 成分の固有関数は (16) にあたえられ
ているから, いまの観測に応ずる (50) の展開は

$$\Psi_t = \int d\boldsymbol{\xi}\, f(\boldsymbol{\xi} - \boldsymbol{r}_2, t)\, \delta(\boldsymbol{r}_1 - \boldsymbol{\xi})\left[\begin{pmatrix} 1 \\ 0 \end{pmatrix} \otimes \begin{pmatrix} 0 \\ 1 \end{pmatrix} - \begin{pmatrix} 0 \\ 1 \end{pmatrix} \otimes \begin{pmatrix} 1 \\ 0 \end{pmatrix}\right] \tag{56}$$

となる.

したがって, この測定によって粒子 1 の位置が $\boldsymbol{\xi}_1$, スピンの z 成分の値が $\hbar/2$
と知れたものとすれば, その瞬間に, 系の波束は (53), あるいは (56) から

$$f(\boldsymbol{\xi}_1 - \boldsymbol{r}_2, t)\begin{pmatrix} 1 \\ 0 \end{pmatrix} \otimes \begin{pmatrix} 0 \\ 1 \end{pmatrix} \tag{57}$$

に収縮し，なによりもまず粒子2のスピンが確実に z 軸方向・下向きであること
を教える．スピンの z 成分でいえば $-\hbar/2$ である．さらに，粒子2の位置につい
て，存在確率密度

$$|f(\boldsymbol{\xi}_1 - \boldsymbol{r}_2, t)|^2 = \left(\frac{1}{\pi}\right)^{3/2} \left(\frac{1}{a^2 + (\hbar t/\mu a)^2}\right)^{3/2} \exp\left[-\frac{\{\boldsymbol{r}_2 - (\boldsymbol{\xi}_1 - \boldsymbol{v}t)\}^2}{a^2 + (\hbar t/\mu a)^2}\right]$$

(58)

をあたえる．粒子2は，粒子1の見出された位置 $\boldsymbol{\xi}_1$ から $-\boldsymbol{v}t$ だけ離れた位置に
見出される確率が大きいのである．

　ところで，粒子1のスピンは，z 軸と（たとえば yz 面内で）角 θ をなす方向——z'
軸方向——の成分を測定するとしてもよかった．この成分の固有関数は (20) で
$\phi = 0$ としたものだから（図9を参照），この場合，(56) に相当する展開のスピン
部分はちょうど (44) の右辺であたえられることになる．ただし，(20) の位相角
α, β は0として——．

　したがって，こんどの測定によって粒子1の位置が $\boldsymbol{\xi}_1$，スピンの当の成分の値
が $\hbar/2$ と知れたものとすれば，系の波束は，(57) にではなく

$$f(\boldsymbol{\xi}_1 - \boldsymbol{r}_2, t) \begin{pmatrix} \cos\dfrac{\theta}{2} \\ -i\sin\dfrac{\theta}{2} \end{pmatrix} \otimes \begin{pmatrix} -i\sin\dfrac{\theta}{2} \\ \cos\dfrac{\theta}{2} \end{pmatrix}$$

(59)

に収縮する．そして，粒子2のスピンが z' 軸方向・下向きであることを教えてく
れる．

　こうしてアインシュタイン–ポドルスキー–ローゼンの思考実験の具体例が得
られた．実際，粒子1に対する第一の測定からは粒子2のスピンの z 軸方向の成
分が知れ，第二の測定からは粒子2のスピンの z' 軸方向の成分が知れた．いずれ
の測定も粒子2が十分に遠く離れてから行なうことにしたので，これをかき乱す
ことはないはずだ．したがって，アインシュタインたちの判定基準によれば，粒
子2のスピンの z 軸方向の成分も，別の z' 方向の成分もともに"実在の要素"で
あるとみなければならない！　ところが，スピンの z 軸方向の成分，z' 軸方向の
成分をそれぞれ表わす演算子（後者については (19) を見よ）

$$s_z = \frac{\hbar}{2}\begin{pmatrix} 1 & 0 \\ 0 & -1 \end{pmatrix}, \qquad s_{z'} = \frac{\hbar}{2}\begin{pmatrix} \cos\theta & i\sin\theta \\ -i\sin\theta & -\cos\theta \end{pmatrix}$$

(60)

は互いに交換しないから，スピンの z 成分，z' 成分がともに確定しているような

状態は，量子力学の枠内には存在しないのである！

(d)　ボーアの反論

　アインシュタイン–ポドルスキー–ローゼンの論文がでてから数か月後にボーアの反論[21] が発表された[30]：2つの粒子が十分に離れているとき，一方に対して行なう観測が他方になんらの力学的影響は及ぼさないことは承認するものの，しかしアインシュタインたちのいう2種類の量の観測がそれぞれに特有の擾乱を観測される側の粒子にあたえる以上，2つの測定は "どちらか" であって "ともに" ではあり得ない！　この区別をしなかった点で，アインシュタインたちの "実在性の判定基準" は量子力学の領域に適用するにはアイマイさを含んでいたのである．

　前節で説明したスピンの成分についていえば，1つの粒子がもつスピンの任意の一方向の成分は――たとえばシュテルン–ゲルラッハの装置によって――確実に測定できるが，それをすると別の方向の成分は不確定となり，2粒子系のスピン角運動量の保存則を援用して相手の粒子のその方向のスピン成分をもとめることも不可能となる．

　(59) のところで説明したように，1つの方向ならば，どの方向のスピン成分を測るのも実験する人の自由であるが，2つの方向の成分を確定するような測定は決してできない．そうした相互排他的な量の組が，しかし，当の系の物理的な把握に欠かせない，というのがボーアの相補性 (complementarity) である．アインシュタインたちへの反論のなかでも，ボーアは，互いに相補的な量の存在が量子力学的世界の特質であることを強調している．

　互いに相補的な量のいずれの測定に対しても，その結果を――確率解釈にしたがって――予測させるだけの内容を波動関数はもっている．しかし，上に述べたことの繰り返しになるが，波動関数には，測定のたびごとに "その測定の結果として見出される測定値に応じた突発的変化（波束の収縮！）" がおこる．"素朴実在論との訣別を余儀なくされるのも，まさにこの点においてなのである"[22]．

---

21)　ボーアの論文[30] の解説[31] は研究会での報告をまとめたものらしく，報告者・南部陽一郎としてある．

22)　"シュレーディンガーの猫" で知られる論文[15]「量子力学の現状」から．彼はこれをアインシュタイン–ポドルスキー–ローゼンの疑義に触発されて書いた．

(e)　遠距離相関の非古典性

アインシュタインたちの実在に関する異議申し立てがボーアの相補性認識によって斥けられたとしても，当の思考実験にはなおパラドキシカルな側面が残っている．すなわち，一方の粒子に対して行なう測定が，その測定値に応じて，すでに遠く離れている他方の粒子を特定の状態におくという，遠距離にまたがる相関の存在である．

測定は対象への問いかけでもある．ボームのモデルにおける 2 粒子のうち，第一の粒子のスピンの z 成分は $\hbar/2$ か？　その測定の結果，答が然り (Y) と出れば，その瞬間に，第二の粒子のスピンの z 成分は $\hbar/2$ か？　という問の答は否 (N) にきまってしまう．もし，第一の粒子についての答が N なら，第二の粒子についての答は Y となる．答には YN か NY の組み合わせしかない．遠く離れた測定の結果が示すこの完全な相関！

古典的確率モデル

これは，しかし，異とするに足りないともいえるだろう．同じことが日常の古典的世界でもおこり得るからである．京都駅に赤い玉と青い玉が 1 つずつ入った袋がある．手をつっこんで無作為に一方をとった A は東京に行き，残りをとった B は岡山に行く．あるいは仙台と福岡に行く．どんなに遠く離れても，それぞれに "君は赤い玉をもっているか？" と問えば，一方が Y なら他方は必ず N になる．

量子力学的な相関の特質は，3 つの異なる方向へのスピン成分の測定を組み合わせたとき，あらわになる．いま，yz 平面内で z 軸と $\theta = 0, 2\pi/3, 4\pi/3$ をなす 3 つの方向をとり，それぞれについて次の問を用意しよう．

問 θ : θ 方向のスピン成分は $\hbar/2$ か？

ボームの 2 粒子が互いに遠く離れて状態 (56) になったとする．この 2 粒子のスピン状態は (44) とも書けるので，粒子 1 に問 θ_1 を発し答 Y を得ると粒子 2 のスピン状態は $\begin{pmatrix} -i\sin(\theta_1/2) \\ \cos(\theta_1/2) \end{pmatrix}$ に収縮する．そこで粒子 2 に問 θ_2 を向けると，その状態は

$$\begin{pmatrix} -i\sin(\theta_1/2) \\ \cos(\theta_1/2) \end{pmatrix} = c_+ \begin{pmatrix} \cos(\theta_2/2) \\ -i\sin(\theta_2/2) \end{pmatrix} + c_- \begin{pmatrix} -i\sin(\theta_2/2) \\ \cos(\theta_2/2) \end{pmatrix} \tag{61}$$

となり，

確率 $|c_+|^2$ で答は Y, $\begin{pmatrix} \cos(\theta_2/2) \\ -i\sin(\theta_2/2) \end{pmatrix}$ に収縮する,

確率 $|c_-|^2$ で答は N, $\begin{pmatrix} -i\sin(\theta_2/2) \\ \cos(\theta_2/2) \end{pmatrix}$ に収縮する.

ここに

$$c_+ = (\cos(\theta_2/2)\ i\sin(\theta_2/2)) \begin{pmatrix} -i\sin(\theta_1/2) \\ \cos(\theta_1/2) \end{pmatrix} = i\sin\left[(\theta_2-\theta_1)/2\right],$$

$$c_- = (i\sin(\theta_2/2)\ \cos(\theta_2/2)) \begin{pmatrix} -i\sin(\theta_1/2) \\ \cos(\theta_1/2) \end{pmatrix} = \cos\left[(\theta_2-\theta_1)/2\right]$$

である.

最初の粒子 1 への問 θ_1 に対する答が N であった場合には,粒子 2 の状態は

$$\begin{pmatrix} \cos(\theta_1/2) \\ -i\sin(\theta_1/2) \end{pmatrix} = c_+' \begin{pmatrix} \cos(\theta_2/2) \\ -i\sin(\theta_2/2) \end{pmatrix} + c_-' \begin{pmatrix} -i\sin(\theta_2/2) \\ \cos(\theta_2/2) \end{pmatrix}$$

となり

確率 $|c_+'|^2$ で答は Y, $\begin{pmatrix} \cos(\theta_2/2) \\ -i\sin(\theta_2/2) \end{pmatrix}$ に収縮する,

確率 $|c_-'|^2$ で答は N, $\begin{pmatrix} \cos(\theta_2/2) \\ -i\sin(\theta_2/2) \end{pmatrix}$ に収縮する.

ここに

$$c_+' = (\cos(\theta_2/2)\ i\sin(\theta_2/2)) \begin{pmatrix} \cos(\theta_1/2) \\ -i\sin(\theta_1/2) \end{pmatrix} = \cos\left[(\theta_2-\theta_1)/2\right],$$

$$c_-' = (i\sin(\theta_2/2)\ \cos(\theta_2/2)) \begin{pmatrix} \cos(\theta_1/2) \\ -i\sin(\theta_1/2) \end{pmatrix} = i\sin\left[(\theta_2-\theta_1)/2\right].$$

θ_1, θ_2 のいろいろを組み合わせた場合を表 1 に示す.

表 1 粒子 1 への問 θ_1, 粒子 2 への問 θ_2 への答の確率.

問 θ_1 / 答 θ_2	0			$2\pi/3$			$4\pi/3$		
	0	$2\pi/3$	$4\pi/3$	0	$2\pi/3$	$4\pi/3$	0	$2\pi/3$	$4\pi/3$
YY	0	3/8	3/8	3/8	0	3/8	3/8	3/8	0
NN	0	3/8	3/8	3/8	0	3/8	3/8	3/8	0
YN	1/2	1/8	1/8	1/8	1/2	1/8	1/8	1/8	1/2
NY	1/2	1/8	1/8	1/8	1/2	1/8	1/8	1/8	1/2

読者は表1に同じ数字の組が繰り返し現われていることにお気づきだろう．これは θ_1 と θ_2 を共通の角だけ増しても（必要に応じて 2π の整数倍を引く）問が実質的に変わらないことによる．なぜ変わらないかといえば，観測前の系のスピン状態が (52) の Φ_0 でスピン角運動量の和が 0 のため特別の方向をもたないからである．

さて，表1を見ると，問 θ_1, θ_2 を固定したとき，その仕方の如何にかかわらず2つの粒子の応答の間に強い相関がある．$\theta_1 = \theta_2$ の場合には，両者の答は必ず反対——これは前に述べたことだが，$\theta_1 \neq \theta_2$ の場合には両者の答は一致する確率が大きい．そこで，次の問題を考えてみよう．

問題：表1と同じ相関をもつ古典的確率モデルは存在するか？

もちろん，表1そのもので確率を定めれば1つの古典的モデルになる．いま考えたいのは，2つの粒子が過去に相互作用したその期間に確率的な何かがあったとして，その結果として表1がでてくるようにすることである．

この問題は，すぐ後に説明するように "局所的な隠れた変数" の考えで量子力学を見直すことができるかを問うことになっている．

いま，まえに考えたA, B両氏を京都駅に呼びもどし，今度は赤，青，緑の玉が入った袋からとらせ，東京と岡山に行ってもらおう[23]．そして，それぞれに "君は θ_i 色の玉をもっているか？" とたずねる（$i =$ A, B, $\theta_i =$ 赤，青，緑）．A, Bに同じ問（$\theta_A = \theta_B$）を発したとき答は反対でなければならないから，はじめ袋に入れるのは赤，青，緑1つずつとし，またそれらはAかBが必ずとることにしなければならない．この限りでは，玉のとりかたには表2の8つの場合が生ずる．ここでYはとる，Nはとらないを表わす．8つの場合のそれぞれが起こる確率を，ひとまず表に示す $p_1, \cdots, p_8$ とし，これらが表1を再現するように定められるか否かを考えてみよう．

まず，AとBへの問の組み合わせに対して，

表2　玉のとりかた．

確率		赤	青	緑
p_1	A	Y	Y	Y
	B	N	N	N
p_2	A	Y	Y	N
	B	N	N	Y
p_3	A	Y	N	Y
	B	N	Y	N
p_4	A	N	Y	Y
	B	Y	N	N
p_5	A	Y	N	N
	B	N	Y	Y
p_6	A	N	Y	N
	B	Y	N	Y
p_7	A	N	N	Y
	B	Y	Y	N
p_8	A	N	N	N
	B	Y	Y	Y

---

23)　以下の考察は Mermin[32] に触発されて試みた．

いろいろの答の確率を表 2 から計算して，表 1 の値と等置する．ただし，$(0, 2\pi/3, 4\pi/3) = (赤, 青, 緑)$ という同一視をして：――

	$\theta_A = 赤,\ \theta_B = 青$	$\theta_A = 赤,\ \theta_B = 緑$
YY	$p_3 + p_5 = 3/8$	$p_2 + p_5 = 3/8$
NN	$p_4 + p_6 = 3/8$	$p_4 + p_7 = 3/8$
YN	$p_1 + p_2 = 1/8$	$p_1 + p_3 = 1/8$
NY	$p_7 + p_8 = 1/8$	$p_6 + p_8 = 1/8$

この各行の 2 つの式を見比べると $p_2 = p_3$, $p_6 = p_7$ がわかる．さらに $\theta_A = 青$，$\theta_B = 緑$ の場合を加えて同様にすれば

$$p_2 = p_3 = p_4, \qquad p_5 = p_6 = p_7$$

が得られる．これを上の $\theta_A = 赤, \theta_B = 青$ の諸式に用いると

$$p_2 + p_5 = \frac{3}{8} \tag{ i }$$

$$p_1 + p_2 = \frac{1}{8} \tag{ ii }$$

$$p_5 + p_8 = \frac{1}{8} \tag{iii}$$

そこで，(i) と (iii) から p_5 を消去して

$$p_8 = p_2 - \frac{2}{8} \tag{iv}$$

また，(ii) から

$$p_1 = \frac{1}{8} - p_2 \tag{ v }$$

ところが，確率は負になることはないのだから，(iv) から $p_2 \geqq 2/8$ が要求され，(v) からは $p_2 \leqq 1/8$ が要求され，両者をみたすことは不可能である．こうして，われわれの古典的確率のモデルは失敗に帰した．

遠距離相関を利用した通信

アインシュタイン–ポドルスキー–ローゼン型の実験に現われる遠距離かつ超光速の相関について，これは通信に使えないだろうか，という人がいる．答は否である．その理由は読者に考えていただこう．つまりは，相関というものは 2 ヵ所のデータを持ち寄ったとき初めて現われるものだ，ということである．

(f) ベルの不等式

ベルは，ノイマンの "隠れた変数の不可能" の証明を批判し[33]，前節の考察よりもっと一般的に "局所的な隠れた変数" の不可能を実験に照らして結論する可能性をはらんだ不等式を 1965 年に提案した[34]．それは，さらに一般化されて，次の形になっている．

はじめなんらかの相互作用をしていた 2 つの系が互いに遠く離れた後，それぞれに a, b という測定をして測定値 $A(a)$, $B(b)$ を得たとしよう．これらの値は一意でなく，試行ごとに確率的にゆらぐのが一般である．しかし，実は背後に隠れた変数 λ があって[24]，測定値は λ の関数 $A(a, \lambda)$, $B(b, \lambda)$ であり，それらがゆらぐのは λ がゆらぐからであると考えることはできないだろうか？ こう考えることができれば，遠く離れた 2 つの測定の結果に相関があっても不思議ではないことになる．ここで考えた λ は測定 a, b とは独立とするので，つまり遠く離れた所で行なわれることには無関係とするので "局所的" であるといわれる．平たくいえば，λ は前節の A 氏と B 氏が京都駅で手に入れる玉のようなもので，2 つの系が相互作用した時期の名残である．この λ は，しかし決して測定できないという意味で "隠れた" 変数であるとされ[25]，**局所的な隠れた変数** (local hidden variable) とよばれる．

こうして，遠く――特殊相対論でいう "空間的 (space-like) に"――離れた 2 ヵ所の観測値 $A(a, \lambda)$, $B(b, \lambda)$ の相関は λ を通しておこることになり

$$P(a, b) = \int A(a, \lambda) B(b, \lambda) \rho(\lambda) d\lambda \tag{62}$$

という平均値で表わされる．λ で積分するのは，この λ を決して測定できないものとしているからで，$\rho(\lambda) d\lambda$ はその値が範囲 $(\lambda, \lambda + d\lambda)$ に落ちる確率である．確率は負になることがなく，全確率は 1 になるべきだから

$$\rho(\lambda) \geqq 0, \qquad \int \rho(\lambda) d\lambda = 1 \tag{63}$$

この $\rho(\lambda)$ がどんなものかわからないが，それとは無関係に，ただし A, B は絶対値において 1 を越えないように規格化した量であるとして，すなわち

---

24) λ は複数の変数の集まりでもよく，その中に離散的な値をとるものがあってもよい．λ の変域に応じてのちの (62) の積分はしかるべく解釈するものとする．

25) hidden は "隠された" だろう．神によって隠された，か？ 原語と訳語の間に西欧と日本の自然観の対照があらわれているようだ．

$$|A| \leqq 1, \qquad |B| \leqq 1 \tag{64}$$

であるとして，それらの相関 (62) の

$$S = P(a, b) - P(a, b') + P(a', b) + P(a', b') \tag{65}$$

という組み合わせが

$$-2 \leqq S \leqq 2 \tag{66}$$

をみたすことをベルらは証明した[35]．これはベルの名でよばれる一連の不等式の１つである[26]．これは実験にかけることができる．その結果，A と B の測定値の積の平均値 P が (66) をみたさないことがわかれば，上に述べた意味の局所的な隠れた変数の考えはすてるほかない！

　不等式 (66) を証明しよう．まず

$$P(a, b) - P(a, b') = \int [A(a, \lambda) B(b, \lambda) - A(a, \lambda) B(b', \lambda)] \rho(\lambda) d\lambda$$

の右辺は次の形に書ける．ただし，λ を省略して

$$\int A(a)B(b) [1 \pm A(a')B(b')] \rho(\lambda) d\lambda - \int A(a)B(b') [1 \pm A(a')B(b)] \rho(\lambda) d\lambda.$$

前提 (64) により

$$\left| \int A(a)B(b) [1 \pm A(a')B(b')] \rho(\lambda) d\lambda \right| \leqq \int [1 \pm A(a')B(b')] \rho(\lambda) d\lambda$$

等となることに注意すれば

$$|P(a, b) - P(a, b')| \leqq 2 \pm [P(a', b) + P(a', b')]$$

が得られる．すなわち，$R \equiv P(a, b) - P(a, b')$ が負でないとき

$$P(a, b) - P(a, b') \leqq 2 \pm [P(a', b) + P(a', b')]$$

がなりたつ．実は，この式は――右辺が負でないから――R が負のときにもなりたつのである．同様に，R の正・負にかかわらず

$$P(a, b) - P(a, b') \geqq -2 \pm [P(a', b) + P(a', b')]$$

もなりたつ．これら２つの不等式で右辺の複号のうち "−" をとると (66) が得ら

---

26)　種々の定式化とそれぞれの前提についてクラウザー－シモニー[36] の批判的分析がある．

れる．もし "+" をとれば (66) で b と b' を入れかえた式がでる．もともと (65) には a と a'，b と b' の "名前のとりかえ" の自由があり S のどの項に "−" を移してもよかったのである．

なお，ここで，ベルの不等式 (66) は測定値 $A(a, \lambda)$，$B(b, \lambda)$ が隠れた変数 λ によって決定論的にきまるとしなくてもなりたつことを注意しておく[34]．実際，λ のほか，2つの観測装置のそれぞれに対し確率的に相互に独立にゆらぐ変数 ω_a，ω_b があって，測定値は $A(a, \lambda, \omega_a)$，$B(b, \lambda, \omega_b)$ のように確率的にのみきまるとしても，それぞれの平均値を $A(a, \lambda)$，$B(b, \lambda)$ とすれば上と同様 (62) に対し不等式 (66) が証明される．このとき ω_a と ω_b との確率分布は a あるいは b のほか λ に依存してもよい．重要なことは2つの分布が——a, b, λ を固定した上は——確率論的に独立なことで，これが理論の局所性を保証している．

さて，ベルの不等式 (66) が実際に役立つためには，量子力学の予言のなかにこれを破るものが少なくとも1つ存在する必要がある．それは確かに存在するのであって，(c) に述べたボームのモデルが一例である．このモデルで，系が (56) の状態 Ψ_t にあるとき，あたえられた単位ベクトル $\boldsymbol{a}$，$\boldsymbol{b}$ に対し粒子1のスピンの $\boldsymbol{a}$ 方向成分と粒子2のスピンの $\boldsymbol{b}$ 方向成分を測って，それぞれの測定値を $\hbar/2$ 単位で $A(\boldsymbol{a})$，$B(\boldsymbol{b})$ とすれば，(62) に対応する量子力学的平均値は

$$P_{粒子}(\boldsymbol{a}, \boldsymbol{b}) = \langle \Psi_t, \boldsymbol{\sigma} \cdot \boldsymbol{a} \otimes \boldsymbol{\sigma} \cdot \boldsymbol{b} \Psi_t \rangle = -\boldsymbol{a} \cdot \boldsymbol{b} \tag{67}$$

となる．そこで，$\boldsymbol{a}, \cdots, \boldsymbol{b}'$ を一平面上で図12のようにとると (65) は

$$S = -2\sqrt{2} \tag{68}$$

となり，ベルの不等式を破る！

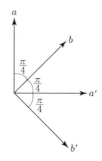

図12　ベルの不等式を最も大きく破るスピン成分のとりかた．

しかし，実際の実験では，検出器に粒子がとびこんでも必ず応答がでるとはかぎらない．スピン成分の値によって粒子を振り分けるためシュテルン–ゲルラッハの不均一磁場をつかうとしたら，あらぬ方向にそれて失なわれる粒子もでるだろう．いずれにせよ測定値が0になる場合があるわけで，(67) には2ヵ所の観測装置に関する同時観測の効率Cがかかることになる．これはSの絶対値を小さくするので，ベルの不等式に反証をあげる目的には不利にはたらく．効率Cがスピン成分をとる方向a, bに無関係となるように装置を組むという課題もでてくる．

同時測定の効率Cはベルの不等式の証明そのものにも問題を投げかける．もしも，あらかじめa, bをきめて観測装置を組み立てておき，おもむろに実験をはじめるというのであれば，2つの装置がいかに離れていても，一方から他方に情報を送りCをa, bによって変える"共謀"が可能になる．これも信号の伝播からいえば局所的な効果にはちがいないが，測定値A, Bには局所的な変数λによるより以上の相関をもたらし得るので(62)の計算は成り立たなくなってしまう．これとは別に，aとbの方向についての情報が2粒子の発生源に伝えられλの分布関数$\rho(\lambda)$に影響する可能性も考えておかねばならない．

これらの可能性を排除するために**遅延選択の実験** (delayed-choice experiment) が提案された[34],[37]．a, bの方向の選択を2粒子がそれぞれの観測装置に入る直前まで遅らせよう，というのである．

実験

ベルの不等式をテストするために行なわれた実験を表3に要約する．これらは，アスペの実験のほか遅延選択の考慮をしていない．どれも，たとえばCa原子から図13の連鎖遷移によって放出される2つの光子について，ボームの思考実験におけるスピンの代りに偏り(polarization)の相関をとるもので，そのためにSの

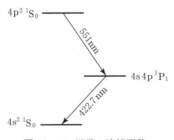

図13 Ca原子の連鎖遷移．

定義も (65) と異なるが，その説明は省略しよう．ホルトとピプキンの S だけは
ベルの不等式に矛盾せず量子力学の予言を否定しているが，この実験には偏光板
の歪みなどによる系統誤差があるとされている．

表 3　ベルの不等式のテスト——連鎖遷移で出る 2 光子の偏りの相関．

	年	光源	ベル	S(実験)	S(量子力学)
フリードマン, クラウザー[39]	1972	Ca	$\|S\| \leq 0.25$	0.300 ± 0.008	0.301 ± 0.007
ホルト, ピプキン[36]	1973	^{198}Hg	$\|S\| \leq 0.25$	0.216 ± 0.013	0.266
クラウザー[40]	1976	^{202}Hg	$\|S\| \leq 0.25$	0.2885 ± 0.0093	0.2841
フライ, トンプソン[41]	1976	^{200}Hg	$\|S\| \leq 0.25$	0.296 ± 0.014	0.294 ± 0.007
アスペ, グランジェ, ロージャー[42]	1982	Ca	$\|S\| \leq 2$	2.70 ± 0.015	2.70
アスペ, ダリバール, ロージャー[43]	1982a	Ca	$-1 \leq S \leq 0$	0.101	0.112

この表のテストのほかに電子対消滅に伴って発生する 2 つの γ 光子を利用するものや陽
子–陽子散乱におけるスピンを調べるものなどもあるが省略する．これらについてはクラウ
ザー – シモニー[36] を参照．

アスペらの実験は，フリードマン–クラウザーのものと同じく図 13 の Ca の連
鎖的遷移で出る 2 つの偏りの相関をとるものだが，1982a の実験で遅延選択をとり
いれた．すなわち図 14 の設定で C_I と C_{II} に超音波による光スイッチ（図 15）を

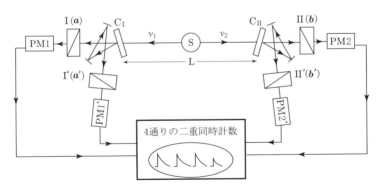

図 14　アスペ (1982a)[42] の実験．

おき，およそ 10 ns ごとに光の道筋を向きの異なる偏光子 I(a), I'(a') の間，また
II(b), II'(b') の間で振り替えたのである．光スイッチ C_I, C_{II} はそれぞれ光源 S
から 6 m 離れているので，そこを光が走る時間 20 ns はスイッチング間隔 + 発光
の平均寿命 5 ns より長い．しかし，スイッチングが周期的である点はまだ問題で
あり（C_I と C_{II} の周期は異なるが），これをランダムにすることが望まれる．ま

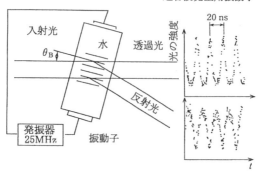

図15 遅延選択のための光スイッチ（アスペ，1982a[42]）．

た，光子を検出する光電子増倍管 PM の作動時間が長いので，ここに共謀の余地が残っていること[44]，連鎖的遷移では光子の吸収・再放出がおこることが指摘されている．

この最後の問題は，クラインポッペンらが2光子の同時自然放出過程を利用して解決した (1985)[46]．

こうして，いくつかの課題が残っているにせよ，実験はベルの不等式に矛盾し量子力学にあっているといえそうに思われる．本当にそうであるならば，アインシュタインらのいう物理的実在と相互作用の局所性のいずれかが否定されねばならない．このとき物理的実在の概念をどう変えるべきかについて，デスパニアの考察がある[47]．

参考文献

[1] 栗田賢三，古在由重編『哲学小辞典』，岩波書店 (1979)．
[2] 田村三郎:「数理科学」1985 年 3 月号，数理科学社．
[3] E. Schrödinger : *Naturwiss.* **28** (1926), 664，湯川秀樹監修，田中 正・南政治訳『シュレーディンガー選集 1』，共立出版 (1974)．
[4] E. Schrödinger : *Ann. Phys.* **79** (1926), 734 ; *Ann. Phys.* **81** (1926), 109，『シュレーディンガー選集 1』（前掲）．
[5] K. Przibram 編『波動力学形成史——シュレーディンガーの書簡と小伝』，江沢洋訳・解説，みすず書房 (1982)．
[6] 中村誠太郎，小沼通二編『ノーベル賞講演——物理学 7』，講談社 (1977)．
[7] M. Born : *Z. Phys.* **37** (1926), 863．

[8]　M. Born : *My Life*, Taylor and Francis, London (1978), 232.

[9]　N. Bohr 他『アインシュタインとの論争』，林 一訳，東京図書 (1969)；
　　　N. Bohr：湯川秀樹・井上 健編『現代の科学 II』，世界の名著 66，中央公論社 (1970).

[10]　江沢 洋『物理学の視点』，培風館 (1983)，　第 11 章「量子力学と実在」.

[11]　N. Bohr : *Atomic Theory and Description of Nature*, Cambridge (1961).
　　　この本の主要部分である「原子理論と力学」は，第 6 回スカンジナヴィア数学会議 (1925 年 8 月) における講演をもとに大幅に書き直したもので，いくつかの異なる版がある．それらの代表的な，異なる版の翻訳に山本義隆によるもの (『ニールス・ボーア論文集 2』，岩波文庫 (2000))，井上 健によるもの (『原子理論と自然記述』，みすず書房 (1990)) がある.

[12]　朝永振一郎『量子力学的世界像』，朝永振一郎著作集 8，みすず書房 (1982). 本書の第 12 章を見よ.

[13]　W. Heisenberg : *Z. Phys.* **27** (1927), 172,『現代の科学 II』，前掲.

[14]　E. P. Wigner：岩崎洋一ほか訳『自然法則と不変性』，ダイヤモンド社 (1974), pp.250–251.

[15]　E. Schrödinger : *Naturwiss.* **2** (1935), 807, 823, 844,『現代の科学 II』，前掲；柳瀬睦男ほか編『量子力学における観測の理論』，新編・物理学論文選集 69，日本物理学会 (1978).

[16]　A. J. Leggett：「科学」1984 年 11 月，12 月号：江沢 洋：「日本物理学会誌」**39**, 1984 年 2 月号，**42**, 1987 年 4 月号.

[17]　朝永振一郎『量子力学 I』，みすず書房 (1969).

[18]　O. Stern and W. Gerlach : *Z. Phys.* **9** (1922), 349.

[19]　O. Stern and W. Gerlach : *Ann. Phys.* **74** (1924), 673.

[20]　A. Einstein and P. Ehrenfest : *Z. Phys.* **11** (1922), 31，湯川秀樹監修『アインシュタイン選集 1』，共立出版 (1971), p.174.

[21]　M. Jammer『量子力学史 1』，小出昭一郎訳，東京図書 (1974).

[22]　朝永振一郎『スピンはめぐる —— 成熟期の量子力学』，自然選書，中央公論社 (1974)，みすず書房 (2008).

[23]　B. L. van der Waerden : in *Theoretical Physics in the Twentieth Century*, ed. M. Fierz and V. F. Weisskopf, Interscience (1960).

[24]　A. H. Compton : *Jour. Frankl. Inst.* **192** (1921), 145.

[25]　F. London : *Z. Phys.* **40** (1926), 193 ; P. Jordan : Gött. Nachr. (1926), 161 ; *Z. Phys.* **40** (1927), 809 ; P. A. M. Dirac : *Proc. Roy. Soc.* **A113** (1927), 621.

[26]　H. Rauch *et al.* : *Phys. Lett.* **54A** (1975), 425 ; S. A. Werner *et al.* : *Phys.*

Rev. Lett. **35** (1975), 1053 ; E. Klempt : *Phys. Rev.* **D13** (1976), 3125.

[27] H. J. Bernstein :「サイエンス」1981 年 7 月号；江沢 洋編『量子力学の新展開』, 別冊サイエンス, 日経サイエンス社 (1983).

[28] A. Pais : *Rev. Mod. Phys.* **51** (1979), 863.

[29] J. A. Wheeler :「自然」1979 年 4 月号, 中央公論社.

[30] N. Bohr : *Phys. Rev.* **48** (1935), 696.

[31] 量子論研究グループ：「自然科学」1947 年 8 月号, 民主主義科学者協会.

[32] N. D Mermin : *Am. J. Phys.* **49** (1981), 940 ; *Physics Today* (April 1985), 38.

[33] J. S. Bell : *Rev. Mod. Phys.* **38** (1966), 447.

[34] J. S. Bell : *Physics* **1** (1965), 195.

[35] J. S. Bell : in *Foundations of Quantum Mechanics*, ed. B. d'Espagnat (Academic Press, New York, 1971) ; J. F. Clauser, M. A. Horne, A. Shimony and R. A. Holt : *Phys. Rev. Lett.* **23** (1969), 880.

[36] J. F. Clauser and A. Shimony : *Rept. Prog. Phys.* **41** (1971), 1881.

[37] J. A. Wheeler : in S. Kamefuchi *et al.*[38]

[38] S. Kamefuchi *et al.* ed. : *Proc. Int'l. Symp. on Foundations of Quantum Mechanics*, Tokyo 1983 (Phys. Soc. Japan, 1984).

[39] S. J. Freedman and J. F. Clauser : *Phys. Rev. Lett.* **28** (1972), 938.

[40] J. F. Clauser : *Phys. Rev. Lett.* **36** (1976), 1223.

[41] E. S. Fry and R. C. Thompson : *Phys. Rev. Lett.* **37** (1976), 465.

[42] A. Aspect, P. Grangier and G. Roger : *Phys. Rev. Lett.* **47** (1981), 460 ; **49** (1982), 91 ; A. Aspect and P. Grangier (1982a), in S. Kamefuchi *et al.*[38]

[43] A. Aspect, J. Dalibard and G. Roger : *Phys. Rev. Lett.* **49** (1982), 1804.

[44] A. J. Leggett : in M. Namiki *et al.*[45]

[45] M. Namiki *et al*: *Proc. 2nd Int'l Symp. on Foundations of Quantum Mechanics*, Tokyo (1986) (Phys. Soc. Japan, 1987).

[46] W. Perrie, A. J. Duncan, H. J. Beyer and H. Kleinpoppen : *Phys. Rev. Lett.* **54** (1985), 1790.

[47] B. d'Espagnat : *Phys. Rept.* **110** (1984), 201 ; *Une Incertaine Réalité* (Gauthier-Villars, 1985).

15. 核分裂の理論

15.1 複合核・液滴模型

1932 年にラザフォード門下のチャドウィックによって中性子が発見[1] されたとき，原子核物理学の展望が開けた.

それまで，原子核は陽子と電子からなると考えられ，その量子論的な扱いに難渋していた．原子核の内部には量子力学は適用できないという「原子核聖域論」さえ囁かれていたのだ．中性子発見の前夜になされたボーアの講演[2] を見よ.

実際，原子核の大きさは，核の質量数を A とすると

$$R(A) = 1.48 \times 10^{-15} A^{1/3} \, \text{m} \tag{1}$$

と知られていたのだ．その大きさの空間に閉じ込められた電子の波長は $\lambda \sim R(A)$ の程度となり，その運動量は $p \sim \hbar/R$ となるから，運動エネルギー K は，相対論の領域に入り

$$K(A) \sim cp = \frac{c\hbar}{R(A)} = \frac{2.14 \times 10^{-11}}{A^{1/3}} \, \text{J} = \frac{1.33 \times 10^8}{A^{1/3}} \, \text{eV} \tag{2}$$

となり，仮に $A = 100$ としても $K = 2.9 \times 10^7$ eV となる．これだけの大きなエネルギーの電子を閉じ込めておくには，よほど大きな力が必要である．加えて，窒素核 $^{14}_{7}\text{N}$ が[1)] ボース統計にしたがうという分子スペクトルの研究からの結論が"陽子 ＋ 電子"という構造に矛盾するという問題もあった[3].

これらの問題は，原子核が陽子と中性子からなるとすれば回避される.

しかし，原子核から電子がでてくる β 崩壊という現象があることも事実であり

---

1) $^{A}_{Z}\text{X}$ は元素 X の，質量数 A (陽子の数 ＋ 中性子の数)，原子番号 Z (陽子の数) の原子核を表わす.

$$(\text{中性子})^0 \longrightarrow (\text{陽子})^+ + (\text{電子})^- \qquad (\pm, 0 \text{は電荷を表わす}) \qquad (3)$$

という粒子の転化をを認めなければならなくなった．さらに，β 崩壊における電子のエネルギーの連続スペクトルとエネルギー保存則との折り合いをつけるためにパウリはニュートリノを導入しなければならなかった．

原子核の構造を調べるには，放射性物質からの α 粒子や，α 粒子を Be などに当てたときに出る中性子を，いろいろな原子核に打ち当てて何がおこるかを見る．この種の実験は 1934 年 1 月にパリのジョリオ・キュリーが行ない，衝撃された核が人工放射能をもつことを発見．3 月にローマのフェルミらが続き [4]，中性子を予め水またはパラフィンに通してから原子核にあてると，生ずる放射能が格段に強くなることを見出した．それは，水やパラフィンを通すことで，それらの中の水素原子核と中性子が衝突し減速されるためであることがわかった．1 円玉をはじいて 10 円玉に当てても減速されないが，同じ 1 円玉に当てれば止まってしまう．それと同じことである．

ボーアは，中性子による衝撃でおこる核反応について，複合核モデルを提唱した [5], [6]．彼はフェルミらの実験で，中性子で衝撃された後の核から角振動数 ω の鋭くきまった（角振動数の幅 $\Delta\omega$ の小さい）γ 線が出ることに注目した．これは γ 線が長い時間 $\Delta t \gtrsim 1/\Delta\omega$ をかけて発生することを意味する．「もっともなことだ」とボーアはいう．中性子が原子核に衝突すると，近くにいた陽子や中性子（あわせて核子という）にエネルギーの一部を渡す．それらの陽子や中性子，また入射してきた中性子は —— 原子核は核子がギッシリつまった系だから —— また近くにいる核子たちと衝突してエネルギーの一部を渡すだろう．こうして入射した中性子のエネルギーは，瞬く間に原子核内の核子全体に分配される．これが**複合核**である（図 1）．

原子核は全体として集団運動する励起状態になるが，やがて集団運動のエネルギーが何かの機会に 1 つの中性子，あるいは陽子に集中することもおこるだろう．陽子，中性子が集まって α 粒子ができ，それにエネルギーが集中することもあろう．それには長い時間がかかり，その間に γ 線が出ることもあるだろう．どれかの粒子にエネルギーの集中がおこれば，その粒子は核外にとびだす．それが中性子なら最初の核との衝突から通して中性子の散乱に見えるし，陽子や α 粒子なら残った核の原子番号 Z が変わり新しい元素の誕生となる．いずれにしても残った核が放射能をもつこともあるだろう．中性子の捕獲による核反応は，このように

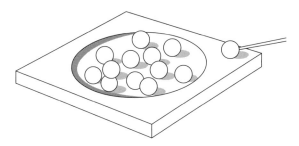

図 1 "入射中性子のエネルギー + 中性子の核への結合エネルギー"は,次々におこる衝突により核子の全体に分配される.ボーアの論文[5] p.351, [6] をもとに作成.

複合核の形成と,**その崩壊**という 2 段階でおこるとボーアは提唱したのである.

このように原子核内の陽子と中性子が互いに衝突しながら集団的に運動するという描像は,原子核を液体の滴になぞらえる**液滴モデル**に発展した[7].このモデルに基づいてボーアとカルッカーは原子核のエネルギー準位やフェルミの発見した遅い中性子の原子核による共鳴吸収などを論じた.液滴モデルの考えは,早く 1930 年にガモフが提唱していた[8].彼は原子核の質量欠損

$$\Delta M = Zm_{\rm p} + Nm_{\rm n} - M(Z, N) \tag{4}$$

が重い核ではほぼ $A = Z + N$ に比例して増加するという事実を液滴になぞらえて説明したのである.ここに Z, N は核のもつ陽子と中性子の数,$m_{\rm p}, m_{\rm n}$ は陽子と中性子の質量である.また,原子番号 Z,中性子数 N をもつ原子核の質量を $M(Z, N)$ と書いた.

液滴モデルといえば,ワイツェッカーは 1935 年に原子核の質量に対する半経験的公式を提出した[9].これは,やや複雑なのでベーテとバッカーが 1936 年に出した形を記そう[10].

$$\Delta Mc^2 = \alpha A - \beta \frac{(Z-N)^2}{A} - \gamma A^{2/3} - \frac{3}{5}\frac{(Ze)^2}{4\pi\epsilon_0}\frac{1}{r_0 A^{1/3}}. \tag{5}$$

この式の係数 α, β, γ を原子核たちの ΔMc^2 の実測値に合うようにきめるので "半経験的" といわれるのである.右辺の第 1 項は核子の結合エネルギーで核子の総数 A に比例している.第 3 項は核の表面張力によるエネルギーで,核が核子のギッシリ詰まった球であるとして,その半径が $R = r_0 A^{1/3}$,球の表面積が $4\pi r_0^2 A^{2/3}$ となるので,これに表面張力 T をかけて $\gamma A^{2/3}$ と書いた.$\gamma = 4\pi r_0^2 T$ である.第 4 項は核の陽子の全電荷 Ze が半径 R の球内に一様に分布しているとしてクーロ

ン（電気）エネルギーを書いたもの．実際，無限遠から電荷 dQ を運んでくることをくりかえして荷電球をつくるとすれば，核の電荷密度 $Ze/(4\pi R^3/3)$ を ρ と書いて，半径 r までできたところへ，それを厚さ dr だけ増やす電荷 $dQ = 4\pi\rho r^2 dr$ を運んでくる仕事は

$$\frac{1}{4\pi\epsilon_0}\frac{4\pi\rho r^3}{3}\frac{4\pi\rho r^2 dr}{r}$$

であるから（図 2），積分して

$$\frac{4\pi\rho^2}{3\epsilon_0}\int_0^R r^4 dr = \frac{4\pi\rho^2}{3\epsilon_0}\frac{R^5}{5} = \frac{3}{5}\frac{1}{4\pi\epsilon_0}\frac{(Ze)^2}{R} \tag{6}$$

となる．(5) の第 2 項は，対称エネルギーとよばれ，$Z=N$ を好むという核子間の力の特殊事情を表わしている．

ベーテは，実測値に合わせた結果として

$$r_0 = 1.48 \times 10^{-15}\,\mathrm{m},\ \ \alpha = 13.86\,\mathrm{MeV},\ \ \beta = 19.5\,\mathrm{MeV},\ \ \gamma = 13.2\,\mathrm{MeV} \tag{7}$$

を与えている[2]．

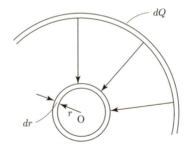

図 2　無限遠から電荷 $dQ = \rho \cdot 4\pi r^2 dr$ を運んできて，半径 r の荷電球に塗りつけ，半径を dr だけ増やす．

15.2 核分裂の発見

フェルミらは，ウランを中性子で衝撃したとき，中性子を吸収した核が，中性子の過剰を抑えるため β 崩壊してウランより原子番号の大きな元素がつくられたと考えた．超ウラン元素をつくる競争がはじまった．

---

2) 野上[11] は $\alpha = 15.7\,\mathrm{MeV}, \beta = 23.6\,\mathrm{MeV}, \gamma = 17.8\,\mathrm{MeV}$ とし，(5) に $\delta(Z, N) = \pm 132\,\mathrm{MeV}/A$（$Z, N$ ともに偶数/奇数の場合），$=0$（それ以外の場合）を加えている．

1937年も末にパリのイレーヌ・キュリーが中性子をウランにあてるとトリウムができるという論文を発表した．ベルリンのハーン，シュトラスマンは早速それを追試し，できるのはラジウムだと考えた．それは次の理由による．

　新しくできた元素 X，といってもごく微量なので，それをバリウムと一緒に結晶化させる．すると放射能は結晶に集まる．これは X が化学的にバリウムと同じ性質をもつということで，元素の周期律表の上でバリウムと同じ族に属することを意味している（右図）．しかし，この元素 X はウランに中性子をあててできたので，ウランから周期律表の上で非常に遠い元素であるはずはない．ウランに近い

Be
Mg
Ca
Sr
Ba
Ra

Baと同族の元素

元素だろう．だからラジウムに違いない．ラジウムは，中性子をウランにあてると複合核が α 崩壊してトリウムができ，それが再び α 崩壊するとできる：

$$n + {}^{238}_{92}U \longrightarrow {}^{235}_{90}Th + {}^{4}_{2}\alpha$$
$$\qquad\qquad\qquad \longmapsto {}^{231}_{88}Ra + {}^{4}_{2}\alpha.$$

ハーンたちは，こう考えた．しかし，それまで2度続けて α 崩壊する元素はなかった．α 崩壊すると，その後は β 崩壊するのが常だったから，X がラジウムであるという考えにも疑問の余地があったのである．

　疑問は，さらに深まった．ハーンたちは元素 X を Ba と混ぜて水に溶かし $BaBr_2$ を少しずつ加えた．すると $BaBr_2$ の結晶が析出するが，Ra は $BaBr_2$ と相性がよく一緒に析出することがわかっていた．ところが，この実験では放射能が全然 $BaBr_2$ の結晶に移らない！　ハーンたちは念のため溶液に ^{238}Ra を加えてみたら確かに $BaBr_2$ の結晶に移るのであった．これは元素 X が Ra でないことを決定的に示している．

　ハーンとシュトラスマンはかつての共同研究者マイトナーに，この実験結果を報せ，続けてこう書いている[13]．マイトナーはユダヤ人であるとされ，ナチスのドイツから逃れてハーンたちの研究室を離れ，スェーデンに移り住んでいたのである．

　　驚くべきことなので，あなたにだけ言います．元素 X はあらゆる元素から化学的に分離できますが，Ba だけは別です．元素 X は Ba と同様に行動するのです．

あなたなら，私たちが思いもよらぬ説明を考え出してくれるでしょう．原子核が爆発して Ba ができるなどあり得ないことは承知しています．これから，Ra が放射性崩壊してできる Ac が実は La のように振舞うかどうか調べてみようと思っています．

ハーンたちはマイトナーからの返事が待ちきれず論文[12]を投稿した．はじめに考えた題「ウラニウムを中性子で照射したとき生ずるラジウムの同位元素について」から「…アルカリ土類元素について」に変え，論文の半ばに「さて，新しい研究について語る時がきた．結果があまりに奇異なので，公開をためらっていたものである」と書き，論文の結びには「化学者としては，上の研究の図式を改め，Ra, Ac, Th という代わりに，Ba, La, Ce と言わなければならない．しかし，物理学と密接な関係をもつ核化学者としては，これまでの核物理学のすべての経験に矛盾する飛躍をする決心はつかない」と書いている．そう言いながらも，彼らは Ba + Ma の質量数の和が $138 + 101$ で ^{1}n $+$ ^{238}U の質量数の和に等しいことを述べている．Ma (Masurium) とは今でいうテクネチウム ($_{43}$Tc) のことである．

15.3 マイトナーとフリッシュ

やがて，マイトナーから返事がきた[14]．「原子核が真っ二つに割れるとは，私には考えにくいことですが，しかし核物理学では，これまでにも多くの驚きを経験してきました．無条件に不可能ということはできません．」

マイトナーはガモフやボーアの核の液滴モデルを思い出していた．原子核が水滴のようなものなら，中性子をあてると，そのエネルギーによって原子核が振動をはじめ，やがて真ん中がくびれて遂には 2 つに千切れるということもあっていいのではないか．マイトナーはクリスマス休暇で訪ねてきた甥のフリッシュと討論した[15]．ウランに中性子をあてたとき核が 2 つに分裂し，その一方がバリウムだとすると，他方はクリプトンになる．たとえば

$$^{235}_{92}\text{U} + ^{1}_{0}\text{n} \longrightarrow ^{140}_{56}\text{Ba} + ^{92}_{36}\text{Kr} + 4^{1}_{0}\text{n}$$

である．

マイトナーは原子核の質量公式によって分裂のエネルギーを計算してみた．分裂によって，およそ 200 MeV のエネルギーが生じ，それは Ba と Kr の核が相接しているときのクーロン反撥力のエネルギーにほぼ等しくなった．これはウラン

の**核分裂**という描像を強く支持するものである[16]．

このときウランに^{234}U，^{235}U，^{238}U の同位元素があり，存在比 ^{235}U/^{238}U が
およそ 1/140 であることはわかっていたが[17]，分裂するのがどれであるか，ま
た上の式の右辺の中性子がいつ出るのかもちろんわかっていなかった．計算の詳
細は彼らの論文[16]には書いてないのでわからないのだが，仮に ^{235}U が中性子
を吸って ^{236}U* となり，これが過剰の中性子を原子番号に比例した数ずつ担った
2 つの核 Ba*，Kr* に分裂し，そのあとでそれぞれの核から中性子が出るのだとし
たら，核分裂の過程は

$$^{236}_{92}\text{U}^* \longrightarrow {}^{144}_{56}\text{Ba}^* + {}^{92}_{36}\text{Kr}^* \tag{8}$$

となり，原子核の質量公式によって，この各項のエネルギーを計算してみると表
1 のようになる．

表 1　核分裂のエネルギー / MeV.

核	結合エネ $-\alpha A$	対称エネ $\beta(N-Z)^2/A$	表面張力 $\gamma A^{2/3}$	クーロン $cZ^2/A^{1/3}$	計
$^{236}_{92}\text{U}^*$	-3271	223	504	800	-1744
$^{144}_{56}\text{Ba}^*$	-1996	139	363	348	-1145
$^{92}_{36}\text{Kr}^*$	-1275	85	269	168	-753
ΔE	0	-1	-128	283	154

ここに，当時使われたであろうベーテ[10]の値

$$\alpha = 13.86\,\text{MeV}, \quad \beta = 19.5\,\text{MeV}, \quad \gamma = 13.2\,\text{MeV}, \quad c = 0.584\,\text{MeV}$$

を用いた．c は (7) でも引いた $r_0 = 1.48 \times 10^{-15}\,\text{m}$ に対応する値である．「計」の
列に記したのは，核ごとに各列のエネルギー E_k を総和した $\sum_{k=1}^{4} E_k(核)$ であり，
ΔE の行に記したのは，各列ごとの $E_k(\text{U}) - E_k(\text{Ba}) - E_k(\text{Kr})$ の値である．「計」
の列のその値が核分裂によって生ずるエネルギーになる．

これに対して，$^{144}_{56}\text{Ba}^*$，$^{92}_{36}\text{Kr}^*$ のそれぞれに対応する半径 $r_0 A^{1/3}$ の荷電球が相
接しているときのクーロン・エネルギー（図 3）は

$$\frac{5c}{3} \frac{Z_{\text{Ba}} Z_{\text{Kr}}}{A_{\text{Ba}}^{1/3} + A_{\text{Kr}}^{1/3}} = 201\,\text{MeV} \tag{9}$$

となる．確かに，表 1 の核分裂から生ずるエネルギー 154 MeV も 2 つの核が接

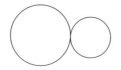

図3 核分裂は，核が2つに千切れることだから，2つの小さな核が接している状態を経由するだろう．いま仮に2つの核を球と仮定してエネルギーを評価してみよう．

しているときのクーロン・エネルギー 201 MeV もおよそ 200 MeV になっている．表1の最後の行で ΔE がほぼクーロン・エネルギーと表面張力のエネルギーのみからなることに注目せよ．

2つの互いに接触した荷電球はクーロン斥力のために反撥し，200 MeV のエネルギーで飛び散る．核分裂のエネルギーが運動エネルギーとして現象するのだ．マイトナーとフリッシュは書いている[16]．ハーンとシュトラスマンはウランに中性子をあてるとバリウムができるという結論に追い込まれた．しかし，ウランが短時間の間に沢山の荷電粒子を出すことはあり得ない．重い原子核は，核子がぎっしり詰まっており，激しくエネルギーのやりとりをしているので，核子たちは液滴に似た集団運動をしていると考えられる．そこに中性子によってエネルギーが加えられて運動が十分に激しくなると，液滴が2つに割れることもおこるだろう．核の爆発を抑えているのは表面張力だが，核の原子番号 Z が 100 程度になると爆発が抑えきれなくなる．したがって，ウランの核の安定性は小さく，中性子の刺激で分裂するだろう．彼らは，これを fission と名づけた．生物学の友人に「細胞分裂を何と呼ぶか」と訊ねたのである．

こう考えてくると，これまで超ウラン元素ができたといわれてきた実験にも核分裂を見ていた可能性がでてくる，とマイトナーらは指摘している．

フリッシュはコペンハーゲンのボーアの研究所に帰ると，核分裂を簡単な実験で確かめた[18]．イオン化槽の壁にウランを塗り，それに中性子を当て，大きなイオンの生成を意味する強いイオン化がおこることを目に見えるようにしたのである．同様にしてトリウムが核分裂することも証明された．

15.4 ボーアの反応

フリッシュがコペンハーゲンのボーアの研究所に帰って核分裂のことを話すと，ボーアはいった．「おお，われわれは何と馬鹿だったか！　まったくその通りだ」

そして早速「これは複合核の理論にピッタリの現象だ」という論文を書いた[19].

このときボーアはアメリカに向けて出発する直前だった．その船の中で彼は核分裂について熟考した．

1939年1月16日にアメリカに着くと，彼がニューヨークで用事をすませている間に同行したローゼンフェルトはプリンストンに行って核分裂について講演，それは新聞にも取り上げられ大きなセンセーションを巻き起こした．講演に居合わせたコロンビア大学のラビがフェルミに伝えたので，コロンビア大学では直ちにフリッシュと同じ実験をした．遅れてプリンストンに着いたボーアは，これを聞いて激怒した．マイトナーとフリッシュの先取権を守るため，彼らの論文が雑誌に載るまでは核分裂の話は伏せておこうと思っていたからである．折しもアメリカ物理学会の会合がワシントンで開かれ，ボーアも核分裂について講演することになった．フェルミも，である．このときから，核分裂の研究が各地で行なわれるようになった[20].

2月はじめにプリンストンにきたプラチェックにボーアがウランの核分裂はすっかりわかったといったところ，プラチェックは「ウランによる中性子捕獲は中性子のエネルギー25eVあたりにピークがあるのに，核分裂にはない．不可解だ」と指摘した．ボーアは考え込んだ後，こう答えた．「天然ウランの大部分を占める ^{238}U は中性子を共鳴吸収するが分裂はしない．分裂するのは希少な ^{235}U の方だ．」[21]

ボーアはウィーラーと核分裂の研究を進めた[22].　表1の計算によれば，^{235}U に運動エネルギー0の中性子が付着してできた ^{236}U* のエネルギーは $-1744\,\mathrm{MeV}$ で，他方 ^{144}Ba* と ^{92}Kr* とが接しているときのエネルギーは

$$\{(-1145) + (-753) + 201\}\,\mathrm{MeV} = -1697\,\mathrm{MeV}$$

であるから，^{236}U* にエネルギー

$$B_\mathrm{f} = \{(-1697) - (-1744)\}\,\mathrm{MeV} = 47\,\mathrm{MeV} \tag{10}$$

を与えないと図3のような分裂はおこらない．

しかし，最初の ^{235}U のエネルギーを表1のようにして計算すると表2のようになる．

表2 ^{235}U のエネルギー / MeV.

核	結合エネ $-\alpha A$	対称エネ $\beta(N-Z)^2/A$	表面張力 $\gamma A^{2/3}$	クーロン $cZ^2/A^{1/3}$	計
$^{235}_{92}$U	-3257	216	503	801	-1737

^{235}U のエネルギーは ^{236}U* より

$$S_{\rm f} = \{(-1737) - (-1744)\}\,{\rm MeV} = 7\,{\rm MeV} \tag{11}$$

だけ高い. ^{235}U が中性子を吸うと,その結合エネルギーのために,エネルギーが下がるのである.

もし,$S_{\rm f} > B_{\rm f}$ であったら,^{235}U に運動エネルギー0の中性子をあてても,これは分裂する.

ボーアとウィーラーは核分裂が必ずしも図3のように2つの球形の核を経由しなくてもよいことに注意する.たとえば,真ん中がくびれた葉巻形を経由してもよい.そこで,$B_{\rm f}$ を最小にする崩壊径路を探して表3のような結果[23]に到達した.

表3 $B_{\rm f}$ と $S_{\rm f}$. (11) による.

	$B_{\rm f}/{\rm MeV}$	$S_{\rm f}/{\rm MeV}$
$^{233}_{90}$Th	7	5.2
$^{236}_{92}$U	5.25	6.4
$^{239}_{92}$U	6	5.2

この結果によれば,^{235}U は運動エネルギー0の中性子を吸っても核分裂することがわかる.

核分裂してできた原子核は,中性子が過剰なので,それを放出するか β 崩壊して異なる元素に変わるかするだろうとは誰しも考える.3月8日にはジョリオら,16日にはフェルミら,シラードらの論文が投稿され,後の2つは核分裂ごとに約2個の中性子が放出されるとした.日本でも同じ年に京都大学の荒勝文策のもとで萩原篤太郎が実験して,核分裂あたり平均2.6個の中性子が出ると報告している[24].この数が1より大きいことは,核分裂のネズミ算式連鎖反応の可能性を意味し,重大である.

1939年10月にはアインシュタインがアメリカのルーズベルトに原子爆弾の研

究を勧告，翌1940年2月にはイギリスでもパイエルスとフリッシュが政府に^{234}U を濃縮すれば原子爆弾ができるとして研究を提言した．その年の夏，日本でも仁科芳雄が知り合いの陸軍航空技術研究所・所長の安田武雄に原子爆弾の研究の用意があるともちかけている$^{[25]}$．

ボーアはといえば，1939年12月の講演で原子爆弾の可能性を論じ，こう述べた．「現在の技術では連鎖反応をおこすに十分なだけ^{235}Uを濃縮することは不可能である．」

1939年9月にはドイツ軍がポーランドに侵入し，第2次世界大戦が勃発していた．1943年にイギリスのチャドウィックから原爆研究に誘われたときにもボーアは原爆は不可能と答えている．デンマークはドイツ軍に占領され，身の危険が迫っていると聞かされたボーアは，1943年10月6日，スェーデンからモスキート機の爆弾投下室に隠れて酸素欠乏で失神しながらイギリスに脱出，11月にはアメリカに渡り，原爆研究に加わった．しかし，ボーアの思いは常に原子爆弾のもたらす惨害や戦後におこるべき問題に占められていた$^{[26],[27]}$．

*

この解説が語っているのは遅い中性子による^{235}Uの核分裂で，原爆には不向きなことが見いだされる．原爆に用いられる速い中性子による^{235}Uの核分裂は理研の仁科研究室により1940年5月に発見された．『仁科芳雄往復書簡集』$^{[25]}$所載の書簡 no.965 および H. D. Smyth, *Rev. Mod. Phys.* **17** (1945), p.364, p.368 を参照．

参考文献

[1] 木村一治・玉木英彦『中性子の発見と研究』，大日本出版 (1950).

[2] N. ボーア『量子力学の誕生』，ニールス・ボーア論文集 2，山本義隆訳，岩波文庫 (2000). 特に p.158 以降を参照.

[3] 朝永振一郎『スピンはめぐる』，みすず書房 (2008), pp.187–188.

[4] 文献 [1], p.83.

[5] N. Bohr : Neutron Capture and Nuclear Constitution, *Nature* **137** (1936), 344, 351.

[6] N. Bohr : Transmutation of Atomic Nuclei, *Science* **86** (1937), 161.

[7] N. Bohr and F. Kalckar : On the Trasmutation of Atomic Nuclei by Impact of Material Particles, I. General Theoreticcal Remarks, *Det Kgl. Danske Vid.*

Sels, Mat.-fys. Medd. **14**, No.10 (1937).

[8] G. Gamow : *Proc. Roy. Soc. London* **A 126** (1930), 632.

[9] F. Weizsäcker : *Z. Phys.* **76** (1935), 431.

[10] H. A. Bethe and R. F. Bacher : *Rev. Md. Phys.* **8** (1936), 82. 質量公式は pp.165–168.

[11] 野上茂吉郎『原子核』，裳華房 (1973), pp.23–24.

[12] O. Hahn und F. Strassmann : *Naturwiss.* **27** (1939), 11.

[13] R. L. Sime : *Lise Meitner : A Life in Physics*, U. of California Press (1996), 233.

[14] R. L. Sime, *ibid.*, 235.

[15] O. R. Frisch : 興味は原子核に集中している，S. Rozental 編『ニールス・ボーア』，豊田利幸訳，岩波書店 (1970), pp.174–177.

[16] L. Meitner, O. R. Frisch : *Nature* **143** (1939), 239.

[17] A. O. Nier : *Phys. Rev.* **55** (1939), 150. 存在比 $^{235}U/^{238}U$ は，この論文で初めて 1/139 と決定された.

[18] O. R. Frisch : *Nature* **143** (1939), 276.

[19] N. Bohr : Disintegration of Heavy Nuclei, *Nature* **143** (1939), 330.

[20] A. Pais『ニールス・ボーアの時代 1』，西尾成子ほか訳，みすず書房 (2012), pp.232–235.

[21] N. Bohr : Resonance in Uranium and Thorium Disintegrations and the Phenomena of Nuclear Fission, *Phys. Rev. Lett.* **55** (1939), 418.

[22] N. Bohr and J. A. Wheeler : The Mechanism of Nuclear Fission, *Phys. Rev.* **56** (1939), 426, 1056.

[23] 文献 [11]，pp.88–90.

[24] T. Hagiwara : *Rev. Phys. Chem. Jap.* **13** (1939), 145.

[25] 山崎正勝『日本の核開発：1939〜1955』，績文堂 (2011), pp.8–9.
日本の核開発については，このほかに
中根良平ほか編『仁科芳雄往復書簡集』，III および補巻，みすず書房 (2007, 2011) を参照.

[26] A. Bohr : 戦時と原子爆弾の見通し，文献 [15]，pp.230–257.

[27] M. Gowing : Niels Bohr and Nuclear Weapons, *Niels Bohr, A. Centenary Volume*, A. P. French and P. L. Kennedy ed., Harvard U. Press (1985).

16. 矮星はなぜ小さい？

　重力というものは量子力学の世界にはまず顔を出さない．実際，原子・分子級の世界をとってみると，そこでは電気力が支配的である．よく引き合いにだされることだが，水素原子について原子核である陽子と周囲をめぐる電子との間に働く重力 GmM/r^2 と電気力の比を勘定してみると

$$\frac{GmM/r^2}{e^2/r^2} = \frac{GmM}{e^2} = 4.4 \times 10^{-40}$$

といった小さな値になる．

　しかし，星の世界にゆくと重力が支配的になる．電気にはプラスとマイナスがあって，それらが等量ずつ集まると互いに力を遮蔽しあうのに対して，重力は常に引力であって原子が集まれば集まるほど，それだけ力が集積して大きくなるためである．

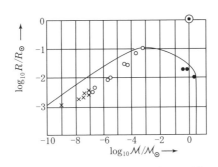

図1　"冷たい"星々の半径と質量の関係．
×は衛星（月など），○は惑星（冥王星を除く），●は白色矮星，☉は太陽，これを基準に半径も質量も測っている．
実線は，星が水素だけからできているとして求めた理論値を示す．
(Hdb. d. Phys. VII, p.420 より).

この辺で図 1 を見ていただこう．これは，いろいろの種類の"冷たい"星たちを，質量を横軸に半径を縦軸に——常用対数尺で——とって，並べてみたものである．$\mathcal{M}_\odot$ と $R_\odot$ は太陽の質量と半径であって，これらを単位に採用したのは，もちろん便宜上のことにすぎない．

月などといった衛星や太陽系の惑星たちを表わす点がほぼ一直線上に並んでいるのは，質量 $\mathcal{M}$ が体積 $(4\pi/3)R^3$ に比例していることを示すもので，つまり，これらの星の密度がどれも似たようなものであることを物語っているのである．

ついでながら，太陽系の惑星のうち質量の最大なものは木星であって，図の右上りの列をのぼりつめたところにある ○ 印がそれを示す．平均密度でいうと土星の $0.687\,\mathrm{g/cm^3}$ が最小で，最大は地球の $5.52\,\mathrm{g/cm^3}$ である．

星の質量 (g)	
太陽	2×10^{33}
地球	6×10^{27}
木星	2×10^{30}
Sirius B	2×10^{33}

木星より質量の大きい側にゆくと白色矮星があるけれども，これらは半径が小さい．密度が高いのである！　実際，密度は $10^4 \sim 10^6\,\mathrm{g/cm^3}$ に達する．

なぜだろう？

われわれの身辺にある物体が形をなしているのは電気的な引力による．その結合エネルギーは 1 粒子あたり大体数 eV の程度である．

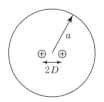

図 2　水素分子の模型．

仮に水素分子の例をとって結合エネルギーを当たってみようか．大雑把な話として，電子（2個分）の雲が半径 a の球内に一様に分布し，その中央に距離 $2D$ をへだてて 2 個の陽子があるという姿を水素分子に想像する．そうすると，電気的ポテンシャル・エネルギーは次のようになる：

$$\text{電子-陽子の引力ポテンシャル}\quad:\quad -\frac{3}{2}\frac{e^2}{a}\left(1-\frac{\eta^2}{3}\right)$$

$$\text{電子間の相互作用エネルギー}\quad:\quad +\frac{12}{5}\frac{e^2}{a}$$

$$\text{陽子間の相互作用エネルギー}\quad:\quad +\frac{e^2}{a}\cdot\frac{1}{2\eta}$$

$(+$

$$\text{ポテンシャルの総計}\quad V=\frac{e^2}{a}\left[-6+2\eta^2+\frac{12}{5}+\frac{1}{2\eta}\right]$$

ここに，e は電気素量 4.8×10^{-10} c.g.s. 静電単位であり，D/a を η とおいた．

電子-陽子の引力ポテンシャルは，陽子を無限遠から電子雲の縁 $r=a$ まで運ぶ仕事 V_1 と電子雲の中で D の位置まで運ぶ仕事 V_2 の和である．V_1 は電子すべての電荷が電子雲の中心に集まったとして計算される．$r<a$ まできた陽子に電子雲からはたらく力は電荷 $-2e(r^3/a^3)$ による引力で，それに逆らう仕事として V_2 は計算される．電子の間の相互作用エネルギーは pp.233–234 で計算した．陽子間の相互エネルギーは説明するまでもない．

次に，運動エネルギー K を評価しなければならない．電子の運動量を p，質量を m とすると，電子の運動エネルギーは 2 個分あわせて $2\times(p^2/2m)$ となる．電子が動きまわると，その反動で陽子も p の程度の運動量をもつことになるだろう．しかし，陽子の質量 M は $\sim1840m$ といった大きいものだから，運動エネルギーは極く小さい値になってしまう．そこで，$K=2\times p^2/2m$ とおこう．

ところで，量子力学にはハイゼンベルクの不確定性原理という大原理がある．一般に，粒子の位置を大きさ Δx の範囲に定めると運動量に Δp だけの不確定が生ずる．そして，

$$\Delta x\cdot\Delta p\gtrsim\hbar\qquad(\text{ハイゼンベルク})$$

の関係があるというのだ．$\hbar=6.6\times10^{-16}$ eV$\cdot$sec $=1.05\times10^{-27}$ erg$\cdot$sec はプランクの定数である．

上のモデルでは，電子を半径 a の球内に閉じこめている．そのため運動量には $\Delta p\gtrsim\hbar/a$ の不確定が避けられない．いま，水素分子がとれるエネルギーの最小を求めたいので不確定のぎりぎりをそのまま運動量の大きさにとることにしよう．つまり，$p\simeq\Delta p\simeq\hbar/a$ とおく．

そうすると，水素分子の全エネルギー $E=K+V$ は

$$E = \frac{\hbar^2}{m}\frac{1}{a^2} + \frac{e^2}{a}\left[-6 + 2\eta^2 + \frac{12}{5} + \frac{1}{2\eta}\right]$$

となる．これは a と $\eta = D/a$ の関数である．

われわれは水素分子のとり得るエネルギーの最小が求めたいのだから，a と η とをうまく選んで，この E を最小にすることを考えよう．

まず η である．明らかに $\eta = 1/2$ が E を最小にする．この値を用いると，

$$E = \frac{\hbar^2}{m}\frac{1}{a^2} - \frac{21}{10}\frac{e^2}{a}.$$

見苦しい係数 21/10 は 2 でおきかえよう．そうすると，この E を最小にする a は，$a = a_B$ であって，ボーア半径といわれる $a_B = \hbar^2/me^2 = 0.53 \times 10^{-8}\,\mathrm{cm}$ の 2/3 になる．そして，E の最小値は

$$E = -\frac{e^2}{a_B}.$$

こうして負の値が出てきたことは，2 個ずつの電子と陽子があると寄り集まって水素分子を作ったほうがエネルギーが低くなることを物語っている．得られた E の値は $-27\,\mathrm{eV}$ で実際の値 $-32\,\mathrm{eV}$ にほぼ等しい．すなわち

水素分子の解離エネルギー[1] $= 4.7\,\mathrm{eV}$

水素原子の結合エネルギー，2 個分 $= 13.6\,\mathrm{eV} \times 2$

$(+$

合計 $= 31.9\,\mathrm{eV}$

なお，上に得たボーア半径くらいの間隔で陽子がつまっているとして，その物質の密度を当たってみると，

$$d = \frac{M}{a_B{}^3} = 14\,(\mathrm{g/cm^3})$$

になる．惑星たちの密度も，まあ大体こんなものだった．

では，質量の大きい星の密度が桁違いに大きくなるのはなぜだろう．

それは結合エネルギーを重力が支配するようになるからではないか？　上の流儀でひとつ当たってみよう[2]．星の中の電子，陽子の総数をそれぞれ N とする．

---

1)　クールソン『化学結合論』上，関 集三ほか訳，岩波書店 (1983), p.137.

2)　本格的な議論が Jean M. Lévy-Leblond : Nonsaturation of Gravitational Forces, *Journal of Math. Phys.* **10** (1969), 806–812 にある．なお，電気力のみの場合について，三沢節夫：物質の安定性，「数理科学」1969 年 12 月号，および江沢 洋：世界の安定性に関する省察，

16. 矮星はなぜ小さい？ 247

結合が重力によるとすれば，そのポテンシャルに主に寄与するのは質量の大きい陽子である．一方，運動エネルギーは質量の軽い電子が荷う．そこで，全エネルギーは大雑把にいって，

$$E_{重力}(N) \sim N \cdot \frac{p^2}{2m} - \frac{N^2}{2} \cdot \frac{GM^2}{R}$$

と書けるだろう．陽子の $N \cdot p^2/2M$ と電子の $(N^2/2) \cdot Gm^2/R$ を省略したのである．R は星の半径，ポテンシャルの項の $N^2/2$ は引き合う対の数からきている．

さて，陽子たちにはパウリの排他原理がはたらき自分の領地 $(\Delta x)^3$ の中に他の陽子を入れない．電子についても同様であって，星の体積 R^3 の中にそれらが N 個ずつ入るためには，さきのハイゼンベルクの不確定性原理も考慮して，

$$pR \gtrsim N^{1/3}\hbar \qquad (\text{ハイゼンベルク} + \text{パウリ})$$

が要求される．これを用いてエネルギーの最小を求めよう．容易にわかるとおり，エネルギーが最小になるのは，

$$R = \frac{2\hbar^2}{GmM^2} N^{-1/3}$$

のときで，そのときの値は

$$E_{重力}(N) = -\frac{1}{8} \frac{G^2 mM^4}{\hbar^2} N^{7/3}$$

である．結合エネルギーが $N^{7/3}$ のように粒子数の高いベキで増すのが重力の特徴であって，これは電気の場合とちがって遮蔽がないことによっている．

電気力による結合エネルギーは粒子数に比例して増す．それを仮に，

$$E_{電気}(N) = -N \frac{e^2}{a_{\mathrm{B}}}$$

としよう．N が大きくなると重力による結合エネルギーが電気力によるものを凌駕するようになる．その境目の N を N_{crit} とおくと，それは $E_{重力}(N) = E_{電気}(N)$ とおいて求めることができて，大体

$$N_{\mathrm{crit}} \simeq \left(\frac{e^2}{GM^2} \right)^{\frac{3}{2}} \sim 10^{54}$$

となる．そして，これだけの大きさの星の質量は

───────────────

「固体物理」1969 年 3 月号，アグネ技術センター（本巻第 17 章に収録）．

$$\mathcal{M}_{\mathrm{crit}} \sim 2 \times 10^{34}\,\mathrm{g}.$$

この値は，図1の曲線が折れ曲がる点，すなわち木星の質量に合う！　正電荷のにない手を原子番号 Z，質量数 A の原子核として計算すると

$$N'_{\mathrm{crit}} \simeq Z^{7/2} A^{-3/2} \left(\frac{e^2}{GM^2} \right)^{3/2}$$

に増すことになり，鉄あたりの原子核が星の中では主だとして $Z \cong 25$, $A \simeq 50$ とおくと，

$$\mathcal{M}'_{\mathrm{crit}} \sim 10^{32}\,\mathrm{g}$$

を得る．

こんな具合にして "冷たい" 星の質量 – 半径曲線の折れ曲りが理解される．ここでは説明をしないが，図1の右端のグラフが垂直に立っている部分（星の質量の上限）も相対論的な効果として説明できるのである．

さて，この議論を折目正しい数学にのせようとしたら──おそらく，天文学的な手間が必要になることだろう！？

17. 世界の安定性に関する省察

A. 世界の安定性とは，また大仰な——．この前のときは，君はたしか SOS なんていってたのに．

M. ああ，あれ，場の理論の格子模型ですか．計算の結果が相対論的共変にできなくて悲鳴をあげたのでしたが，さいわい大変にうまい手がみつかりましてね．沈没をしないですみました．

A. それはよかった．すると，今日はその話をしてくれるのかね？ あれから1年たっている．いろいろ進展もしたことだろう？

M. それがですね，この1年はめちゃめちゃに忙しくて，自分の頭で物を考える暇に恵まれなかった．今度は本当の SOS です．

A. そうか．それでむなしさを感じて世界の安定性など考える気になったという訳かい？

M. まあ，そんなところかな．借着でもしないとこのサロンにこられないんです．今日はダイソン[1]からの借り物に尾ヒレをつけることで勘弁してください．

☆　　　☆　　　☆

A. ……？

M. 原子はプラスの電気をもった原子核とマイナス電気の電子たちからできている．物質は原子の集まりだ．固体物理の世界は，まあ，こういうことで——いいでしょう，A さん．世界はプラス電気の粒子とマイナス電気の粒子の集まり．さて，その系がクーロン引力によって潰れてしまうことがないのは何故でしょう？

A. プラスとマイナスが一緒になって世界が潰滅してしまうというのか．

プラス同志，マイナス同志のクーロン力は反撥力だよ．プラス電荷のまわりに無制限にマイナス電荷が寄ってくるわけにはいかない．この世界ではプラスとマ

イナスの電荷がうまい具合に分布して力を中和しているのだろう.

M. それは結構. それで思い出すのですが, 前に高等学校の物理の教科書に「もしも同種の電荷が相引き, 異種の電荷が相反撥する世界があったら, その世界の運命やいかに？」という問題[2]をのせようとしたんです. 難かしすぎるといって叱られちゃった. 冷たい戦争のある現実世界の安定性を考えるのには, このモデルが適していると思うんですけど.

A. 同種の電荷が反撥しあうからこそ物理の世界は安定なのだ.

M. そんなに単純なことでもないでしょう. 世界はもっと面白くできていますよ.

たとえば, プラス電荷 e をもった粒子とマイナス電荷 $-e$ の粒子とが, 食塩の結晶のナトリウム・イオンと塩素イオンのように配列されているとします. この"結晶"の静電エネルギーは

$$E_{\mathrm{C}} = -N\alpha\frac{e^2}{a} \tag{1}$$

になります. $2N$ が粒子の総数, これからは常に $N \gg 1$ とします. α はマーデルンクの定数で今の場合, 1.75 です. a は格子定数ですが, これを小さくすればするほど, "結晶"のエネルギーは下がる. プラス電荷とマイナス電荷がより近づくためです. エネルギーの低きにつくのが物質のならいですから, この"結晶"は自分から収縮する. つまり潰れてしまいます.

A. しかし, プラス電荷とマイナス電荷が近づくと同時に, プラスとプラス, マイナスとマイナスも相寄るのだ. これがブレーキにならないわけがない.

M. 電荷のそういうさまざまの組み合わせのエネルギーを全部合計した結果が (1) 式なのです. その合計をした時マーデルンクの定数がでてきたのでした. 君のいうブレーキでは力が足りないということですな.

A. ああ, 思いだした. 原子は何故つぶれないか. それはプランク定数 $\hbar$ のおかげだった. $\hbar$ によって媒介される物質の波動性が救いになるのでしたね.

間隔 a の格子状配列を実現するためには, 君の荷電粒子——というよりもイオンと呼ぶほうがよいかな, そのイオンのド・ブロイ波長は a の程度かそれ以下でなければならない. すると運動量は $\hbar/a$ の程度かそれ以上になる. 運動エネルギーは $2N$ 個のイオンについて合計すると, 少くとも

$$E_{\mathrm{K}} = \frac{N}{m}\left(\frac{\hbar}{a}\right)^2 \tag{2}$$

ということになるよ．m はイオンの質量だ．"結晶" が潰れかかって a が小さくなると運動エネルギーは増大する．"結晶" を潰すまいとするんだ．

M．格子の零点振動というやつですね．だんだんと面白くなってきたぞ．格子間隔 a はそうすると無暗に小さくなるわけにはいかないので，

$$E(a) = E_K + E_C \tag{3}$$

を最小にするような値に落ち着くことになりましょうね．$E(a)$ が最小になるのは，

$$a = \frac{2}{\alpha} a_B \qquad \left(a_B \equiv \frac{\hbar^2}{me^2} \right) \tag{4}$$

で，その最小値は，

$$E_{min} = -\frac{N\alpha^2}{2} Ry \qquad \left(Ry \equiv \frac{me^4}{2\hbar^2} \right) \tag{5}$$

エネルギー $E(a)$ はたしかに最小値をもつので，ぼくの "イオン結晶" は潰れないですむ．

A．食塩の結晶だとして，実験値と比べてみようじゃないか．食塩の格子定数は $5.63\,\overset{\circ}{\mathrm{A}}$，格子エネルギーは $182.8\,\mathrm{kcal/mol}$ だよ．

M．それには m として電子の質量をとるべきでしょうね．格子を作っているのは，電子ではなくて，ナトリウムや塩素のイオンですが，これらは重いから，運動エネルギーに主な寄与をするのは電子ということになるのです．その電子の波長も格子定数 a の程度としていいでしょうね．そうすれば上の計算もそのままでまあまあ――．

A．m を電子の質量としたら $a_B = \hbar^2/(me^2)$ はボーア半径で $0.53\,\overset{\circ}{\mathrm{A}}$ だ．(4) はその $2/\alpha$ 倍，すなわち 1.14 倍にしかならないから，これはだめだよ．(4) 式の a は食塩の格子定数の $1/10$ にしかならない．

M．ええと，格子間をとびまわる電子の数は $2N$ でなくて N とすべきかな．いや，これでは運動エネルギーの効き方が減って a はますます小さくなってしまう．

きっとモデルが簡単すぎるのでしょう．電子を中性のように考えたのがいけなかったかな．そうだ，釈迦に説法めいて恐縮ですけど，結晶の格子定数をきめるのはイオン半径なのですね．

ははあ，これは面白いぞ．モデルが簡単すぎるというよりも，もっと本質的な欠陥があるらしい．イオン半径を出すには原子内の電子の運動をもっとよく考えてやらねばならず，そうすると例のパウリの排他律を考慮に入れなければならぬ．

これはいい，巧まずして今日の話の導入部ができました．

☆　　　☆　　　☆

A. お茶をどうぞ．

M. こんな話があるのですが，御存知ですか？　パウリがオランダのアカデミーから賞かなにかをもらうことになって，ついては黒のスーツの正装をしなければならない．それを彼は大変にいやがった．そもそも持ち合わせがなかった．エーレンフェストが説得に当ったらしいのですが，さんざん手こずらせたあげくにパウリがいうには，「エーレンフェストよ，俺がこんなにもいやがったということを，お前のスピーチの中で一言する約束をしてくれるならば，お前のいうことをきこう」エーレンフェスト先生は知恵をしぼったあげくに，こう演説したのだそうです．「物質がこんなにも大きな体積を占めるのは，皆さんよく御承知のとおりパウリのせいであります．排他律さえなかったら物質の密度はもっとずっと高くなったはずです．パウリがあんなに胴まわりの大きいスーツを作り散財する羽目になったのも，自分が悪かったとあきらめてもらわなければなりません」

　このエーレンフェストの講演は後に印刷になり，彼の全集にものっていますが，そこでは修正が加えられていて，「交通混雑はパウリのせいだ」という話になっています．

☆　　　☆　　　☆

M. 問題の物質の安定性ですが，さきほどの"イオン結晶"のように荷電粒子の配列のパターンがきまっているときには，安定性は物質の波動性だけでも保証はされるわけです．クーロン引力によって物体が収縮すると，零点振動の運動エネルギーが増して収縮に反抗するのでした．

A. その結晶が途中で崩れてイオンの配置がぐずぐずになったら——？

M. それが問題です．言葉をかえていえば，プラス，マイナスのイオンから成る気体は安定だろうかという問題．

A. 温度は低いとして，結晶を作ったほうが安定だからこそイオンたちがああいう特別な配置をとるわけでしょう？　だから，途中で結晶が崩れるということは起こらないのではありませんか．

　それで実際に結晶をつくったときより低いエネルギーの状態が得られることを示そうというのですね．

M. そうです．まあ聞いてください．私たちは，パウリ原理がなかったらこの

世界がどうなるかにいま関心があるのです．パウリ原理なしでも結晶ができるか
どうか，これは検討を要する話ですよ．私たちはイオン気体を考えるところから
出発しましょう．

　イオン気体では，その中のたとえばマイナス・イオン1個に着目すると，その
まわりにはプラス・イオンが集まる傾向が生ずるでしょうね．マイナス・イオン
がプラス・イオンの雲という着物を着るわけです．よく見ると，その雲の着物は
たくさんのプラス・イオンそれぞれの波動関数の尻尾からできています．プラス・
マイナスのイオンがいわば1対1的の関係にある結晶の場合に比べて，波動関数
がこんどはずっと大きな拡がりをもつことが可能のように思われます．つまり，
波長が長くなる．運動エネルギーがそのために小さくなって，したがって系が収
縮して潰滅することへの反抗が小さくなるという可能性です．

　A.　ダイソンはそのことを調べたのですか？

　M.　そうです．プラスの電荷 e，マイナスの電荷 $-e$ をもったイオンが N 個ず
つ集まって全体として中性になっているとして，この系の基底状態のエネルギー
E_N が N と共にどう変わるかを調べたのです．もちろん，ダイソンといえども
E_N を正確に算出することはできませんで，上限と下限をおさえた．その結果は，

$$E_N < -AN^{7/5}\,\mathrm{Ry} \qquad （パウリなし） \tag{6}$$

$$E_N > -A'N^{5/3}\,\mathrm{Ry} \qquad （パウリなし） \tag{7}$$

$$E_N > -A''q^{2/3}N\,\mathrm{Ry} \qquad （パウリあり） \tag{8}$$

ここに Ry はイオンの質量（プラス，マイナス共通とする）を m と書いて，$\mathrm{Ry}=$
$me^4/(2\hbar^2)$ です．m，$-e$ が電子の質量と電荷に等しい場合なら，これはリュドベ
リのエネルギーで，御存知のとおり 13.6 eV という値になります．A，A'，A'' は
ある定数でして m，e，N によりません．

　A.　パウリありとかパウリなしとかいうのは？

　M.　排他律のある，なしを意味します．正確にいえば，排他律ありとは，電荷
の符号の同じ粒子に q 種類あってそれぞれがフェルミ統計にしたがうこと．排他
律なしとはボーズ統計にしたがうことを意味します．

　A.　フェルミ粒子でも N 個が1つ1つみんな異なる粒子だったら，パウリ原
理はないのと同じですね．このとき粒子の種類は $q=N$ です．(8) で $q=N$ とお
くとたしかに (7) にもどります．

　M.　お見事!!

A. しかし，上のような E_N の上限・下限の評価が世界の安定性とどう結びつくのかね？

M. はい，一番おもしろいのは (6) 式なのです．$-E_N$ はプラス・マイナスのイオンが N 個ずつ集まったときの結合エネルギーにほかなりません．世界にばらばらに散らばったイオン達をプラス，マイナス N 個ずつ集めると——

A. 集めてきて箱にでも入れるのか．

M. いや，失礼しました．容器はいらないのです．考えているのはイオンの集まりだけで箱などはない．この点，普通よく行なわれている計算とはちがいます．

A. すると，世界のイオンが雲か霞のごとく集まって，その数がプラス・マイナスそれぞれ N 個になったときということだな．

M. そうです．N 個ずつ集まって基底状態という特別の状態になったときの結合エネルギー，それが N に比例するどころではなくて，少くとも $N^{7/5}$ に比例して増大する．こう (6) 式は主張しているのです．

A. 結合エネルギーが N に比例するのだったら平和な感じなのに！ イオンの雲に新しいメンバーが加わって N が増えても，力は飽和していて新しいメンバーの分だけ雲が全体としてかさを増すだけだろう．

M. ところが結合エネルギーが $N^{7/5}$ なんかに比例したら，イオンの雲は性急に周囲の世界から仲間を呼び集めてエネルギーの奈落の底に墜落するほかない！

A. イオンの雲が 2 つ衝突した場合を想像してみると，そのちがいがよくわかる．$E_N \propto N$ なら 2 つの雲が平和的に合体するだけだけれど，$E_N \propto N^\gamma$, $\gamma > 1$ の場合には合体と共に爆発的にエネルギーを放出するのだね．

M. いや，$E_N \propto N$ のときには合体をしてもエネルギー的になんら得をしないから，2 つの雲はおそらく合体しないでしょう．自由とエントロピーを選ぶのではないでしょうか？

A. それに反して，$E_N \propto N^\gamma$, $\gamma > 1$ の場合には爆発的合体が起こり，類は類を呼んで遂には世界中の荷電粒子が 1 個所に集まってしまうのだな．

M. その終末的なイオン雲の直径は，ダイソンによれば，

$$\Lambda \sim N^{-1/5} a_{\mathrm{B}} \tag{9}$$

です．a_{B} は前にも顔を出した $\hbar^2/(me^2)$ で，m と $-e$ をそれぞれ電子の質量，電荷としたらボーア半径 0.53×10^{-8} cm になります．

A. 世界の終末には物質は一粒の塵芥となりはてるという次第か．その粒の大

きさは，おやおや，$N^{-1/5}$ に比例する．仮に1モルのイオンをとってきたとして $\Lambda \sim 10^{-13}$ cm．モル数が増すと Λ はさらに小さくなるのだから，いやはやひどいことになっておるわい．

M.　イオン雲の合体のときに莫大なエネルギーが放出されるので，そのために系が励起状態に移ることも考えられますよ．

A.　1モルずつの正負イオンが (6) 式にしたがって基底状態に落ちると，そのときは，ええと，TNT 火薬1メガトン以上のエネルギーが出る！　ただし，仮に $A \sim 1$ としての話だが．

M.　ダイソンの評価では $A = 1/(1944\pi^4)$ ですけれども，(6) 式はあくまで結合エネルギーの下限をあたえるものですから――．

☆　　　　☆　　　　☆

M.　問題の (6) 式を導き出してお目にかけましょうか？

A.　いや，いや，どうせ面倒な計算がいるのだろう？　近頃の君たちの数学ときたら――．

M.　おなじみの次元解析でいくのです．

A.　ほう，それならお手並を拝見．

M.　イメージを作りやすくするには，ダイソンの話をちょっと変えて，たとえばマイナス・イオンがうんと重いとするのがよいようです．そこで1個のマイナス・イオンに注目すると，そのまわりに身軽なプラス・イオンが集ってきて，いわゆる“着物”をつくる．雲といってもよいけど，この言葉はさっき別の意味に使いました．ともかく，芯のマイナス電荷はプラス電荷の着物によってシールドされるわけです．着物のサイズを λ とすれば，この着ぶくれしたお団子の静電エネルギーは，まあ $-e^2/\lambda$ と見てよいでしょう．こんな奴が N 個あるので，全体系の静電エネルギーは，

$$E_{\mathrm{C}} = -N\frac{e^2}{\lambda} \tag{10}$$

念のために言えば，この $-e^2/\lambda$ の中にはプラス・マイナスの引き合いのエネルギーのほかに着物の自己エネルギーも入れておかないといけません．着物のデザインを工夫してこの静電エネルギー E_{C} を正にすることもできますが，そんなものを基底状態が好むわけはありません．

次に，身軽に動きまわるプラス・イオン達の運動エネルギーを評価してやりま

しょう．運動エネルギーを，前に (2) 式のところで行なったように，波動関数の歪みに関係づけるのです．マイナス・イオンのまわりにプラス・イオンが寄って来て着物を作っているというのは，そこで波動関数が特に盛り上っていることで，つまりは波動関数の歪みを意味する．それが運動エネルギーになるというのが量子力学の論理ですね．

ところで，プラス・イオンはあちこち動きまわっているため，波動関数はぽやんと拡がっており，あちこち沢山のマイナス・イオンにかぶさっているでしょう．ということはですね，1 個のマイナス・イオンを見ると，そこにかぶさって着物を作っている波動関数は，いわば重ね着の形になっている．いくつものプラス・イオンによる着物が重なっています．いま，それを ν 個の重なりとしましょう．もし $\nu \gg 1$ ならば，波動関数が盛り上って着物をつくり電荷 $-e$ をシールドするにしても，個々の波動関数の盛り上りは小さくてよい．着物の裾での波動関数を 1 とすれば，中心が盛り上って $1 + 1/\nu$ になるくらいで十分でしょう．この盛り上り $1/\nu$ がサイズ λ の範囲で起こるのですから，勾配は $1/(\nu\lambda)$ ですね．

A. それにプランクの定数をかけた $p = \hbar/(\nu\lambda)$ が運動量になるわけです．運動エネルギーにして $p^2/(2m)$．これが 1 個のマイナス・イオンの着ぶくれ団子の中に ν 個分あるわけだ．

M. その通りです．そして，そのお団子がマイナス・イオンの数 N だけあるのですから，プラス・イオン全体の運動エネルギーは

$$E_K^{相関} = N\nu \frac{p^2}{2m} = N \cdot \frac{\hbar^2}{2m\nu\lambda^2} \tag{11}$$

となります．肩に "相関" と断わり書きした理由はあとで自然にわかるでしょう．マイナス・イオンは重いので，その運動エネルギーは無視！　です．

A. この (11) 式の分母に ν がついたのは前の (2) 式のときとちがう．波動関数がうんと拡がってるとして "重ね着" を君が許した結果こうなったのだね．

M. これは鋭い！　さて (10) 式と (11) 式の和を最小にするという条件から着物のサイズ λ が定まり

$$\lambda = a_B/\nu, \tag{12}$$

そして，このとき

$$E_K^{相関} + E_C = -N\nu \, \mathrm{Ry} \tag{13}$$

A. その Ry は前にも出た $me^4/(2\hbar^2)$ だね．$e^2/(2a_B)$ とも書けるものだ．さ

て，次には ν をきめなくてはならない．

M. それにはこのイオンの集まり全体のさしわたし Λ を考えるのです．プラス・イオンは Λ の範囲にほぼ一様に分布しているとしていますから，

$$\nu = N(\lambda/\Lambda)^3.$$

そこで (12) を考慮すると $\nu = [N a_{\mathrm{B}}{}^3/\Lambda^3]^{1/4}$ となり，

$$E_{\mathrm{K}}^{相関} + E_{\mathrm{C}} = -N^{5/4}(a_{\mathrm{B}}/\Lambda)^{3/4}\mathrm{Ry} \tag{14}$$

が得られます．

A. すると Λ が小さければ小さいほど，この系のエネルギーは下がる．収縮一路ということに――

M. そうはいきません．プラス，マイナス・イオンの波動関数が拡がっているとはいっても，Λ が限界ですから，そのための運動エネルギーとして，

$$E_{\mathrm{K}}^{散策} = 2N\frac{\hbar^2}{2m\Lambda^2} = 2N\left(\frac{a_{\mathrm{B}}}{\Lambda}\right)^2 \mathrm{Ry} \tag{15}$$

を勘定に入れなければなりません．これが系の収縮に反抗するわけです．(14) と (15) の和がこの系の全エネルギーですから，これを最小にする Λ を求めますと，

$$\Lambda = \left(\frac{8}{3}\right)^{4/5} N^{-1/5} a_{\mathrm{B}} \tag{16}$$

となります．もちろん数係数 $(8/3)^{4/5}$ には意味がないので，これが以前に示した (9) 式にほかなりません．この Λ において，系の全エネルギーは

$$E_{\mathrm{K}}^{散策} + E_{\mathrm{K}}^{相関} + E_{\mathrm{C}} = -\frac{5}{8}\left(\frac{3}{8}\right)^{3/5} N^{7/5}\mathrm{Ry} \tag{17}$$

ここでも数係数にはたいして意味はないわけで，$N^{7/5}$ という因子のででてきたことが重要です．

A. してみると，ダイソンの評価 (6) は不等式とはいえ漸近線としての N のベキは正しくあたえていると言えそうだな．君のいまの議論は非常にもっともらしい．うまいものだ．

M. これはどうも，この論法，実はほとんどダイソンの論文[1]からの借りものでして……．$\nu \sim N^{2/5} \gg 1$ になったことに御注意！ これでは結晶などできませんよ．

☆　　　☆　　　☆

A. 結局，プラス・マイナスのイオンの世界は，もしそれらが排他律にしたがわないならば不安定だということになるのだね．

M. はい，もちろん，電気をもったボース粒子は π 中間子をはじめこの世界にはいろいろありますけど，どれも強い相互作用をしますので，上の議論は幸か不幸か適用できません．何か意味ありげな事実です．

A. 強い相互作用というと？

M. この力は粒子たちが 10^{-13} cm くらいの距離に近づいた時だけ働らくのですが，電気力より千倍も強いのです．核力の原因になったりします．

ただ，強い相互作用なしで弱い相互作用しかしない W ボソンというのがこの世に存在するという仮説もあって，ベータ崩壊などの理論をたてるには都合のよい面もあるのですが，その存在を直接に示す実験に決定打がない．W ボソンは電気をもっていることになっているので，世界の安定をおもんばかった神様の御配慮で存在できないのかもしれませんね．

A. もし存在しても，その数が多くなければ大丈夫だろう？

M. 素粒子はエネルギーさえあればいくらでも生まれ出るので困ります．実は，そのようにして世界が――というより真空が――壊れる話もしたいと思ってたのですが [3]．

A. そういえば，君の上の議論は非相対論的なものだね．系の収縮が進むと粒子たちの運動量がうんと大きくなるから，運動は相対論的に扱わなければいけない．相対論的の効果で世界が救われるということはないだろうか？

M. それはないと思いますよ．系の収縮に反抗するのは運動エネルギーだったことを思いだして下さい．相対論の世界では運動エネルギーは運動量の 1 乗にしか比例しないから，反抗のちからは非相対論的の場合より弱くなるのです．

でも相対論的な量子電磁力学は御存知のような状態なので，決定的なことは現在いえません．

A. 物質が収縮して高密度になると一般相対性理論が効いてくることも考えられる．

M. どうも，もう与えられた紙数を超過してしまったので，素粒子論的のことは，また別の機会に．場の理論では，真空状態での全世界のエネルギーを 0 にきめたとき，局所的なエネルギー密度は決して非負の演算子であり得ないなんて事情もあっておもしろいのですが [4]．

A. 話を終りにする前に，排他律ありなら (8) 式によって結合エネルギーが N

に比例するという事実を再確認しておこう．安定性はパウリのおかげ！

☆　　　　☆　　　　☆

物質の安定性

フェルミ統計に従う正負のイオンが $N/2$ 個ずつあるとき，その最低のエネルギーを $E_0(N)$ とすると，N に無関係な定数 $\gamma > 0$ が存在して $E_0(N) \geq -\gamma N$ が成り立つ．これが，物質の安定性といわれるものであって，ダイソンとレナードが1967年に証明した[1]．その証明をリープらが見通しよくした[3], [4], [5], [6]．物質はシュレーディンガー方程式に従うとするが，その方程式の運動エネルギーの部分を $c\sqrt{p^2 + (mc)^2}$ で置き換えた場合も視野に入れている．しかし，輻射の放出・吸収や物質粒子の生成・消滅は入れていない．それでも，論考は日常の物質——化学，生物学，超伝導——から重力がきく冷たい星々，中性子星，超新星爆発[7]におよぶ．なお，上記の γ としてダイソンが出したのは 10^{14} Ryd であったが，リープはそれを 22.2 Ryd まで追い詰めた．$1\,\mathrm{Ryd} = 13.6\,\mathrm{eV}$ は水素原子のイオン化エネルギーである．なおボース統計に従う粒子の系では安定性の不等式は成り立たず $E_0(N) \geq -\beta N^{7/5}$ どまりである．

文献 [8] は，その著者自身による解説である．文献 [9] はやや詳しい解説．文献 [9] は共同研究者であるティリングが編集した物質の安定性に関するリープの論文の集成である．その中の第 I 篇 Review はリープによる平易なレヴューであって，ティリングによる Introduction とともに予備知識なしでも読めると思う．貴重である．

この本[10] に序文を寄せたダイソンはいう：Selecta of Elliott Lieb と題するこの本は，ワイルの Selecta やヤンの Selected Papers に並ぶもので，これらは，われわれに身近な物理的な諸過程に新たな数学的な深みを掘り出して物理学と数学を豊かにするものだ，と．

参考文献

[1] F. J. Dyson and A. Lenard : *J. Math. Phys.* **8** (1967), 423.

F. J. Dyson : *J. Math. Phys.* **8** (1967), 1538.

A. Lenard and F. J. Dyson : *J. Math. Phys.* **9** (1968), 698.

F. J. Dyson : *Phys. Rev.* **85** (1952), 631.

[2] 野上茂吉郎・今井 功・木下是雄・近藤正夫編『物理 B』，実教出版 (1963).

[3] E. H. Lieb : *Rev. Mod. Phys.* **48** (1976), 553.

[4]　E. H. Lieb and B. Simon : *Adv. in Math.* **23** (1977), 32.

[5]　E. H. Lieb and W. Thirring : *Phys. Rev. Lett.* **5** (1975), 687 ; Errata, *ibid.* **35** (1975), 1106.

[6]　E. H. Lieb : *Phys. Rev.* **29 A** (1984), 3018.

[7]　E. H. Lieb and W. Thirring : Gravitatinal Collapse in Quantum Mechanics with Relativistic Kinetic Energy, *Ann. of Phys.* **155** (1984), 494.

[8]　E. H. Lieb : なぜ物質は安定に存在するのか I, 「科学」 1979 年 5 月号 ; II, 1979 年 6 月号.

[9]　江沢 洋：物質の安定性，江沢 洋・恒藤敏彦編『量子物理学の展望——50 年の歴史に立って』下，岩波書店 (1978).

[10]　W. Thirring ed. *The Stability of Matter : From Atoms to Stars,* Selecta of Elliotte Lieb. Springer (1991).

18. 量子力学と実在

　アインシュタインは量子力学発見への道を先頭をきって拓いたにもかかわらず，いったん，その体系が確率解釈の上にたてられると，それは物理的実在の十分な記述をあたえないとして執拗な攻撃をくりかえすことになった．人間の観測行為とは独立に実在する外的世界を信じ，そこに因果の法則があることを信じるアインシュタインの，それは一種本能的な自己防衛の闘いだったともいえるのではないか．

　物理学会誌の編集部からあたえられた題は "量子力学の解釈の問題" であるが特集[1) の趣旨にあわせてアインシュタインという強烈な個性との関わりにかぎって考察する．解釈の問題も歴史の事実も十分に書きこむ余裕はないが，すでに優れた文献がいろいろある[1]．

　「今日は空気がとてもよく澄んでいるので，山が近く見える[2]」というとき，人は自分の視覚とは独立に山が実在していることを前提している．常識（common sense）というのは「共通感覚」のことだというが，この実在の前提も物理学者の大部分を含めて人々の共通感覚だとしてよいのではないか．

　アインシュタインは，極微の世界の，たとえば電子もそのような実在性をもつと考え，量子力学は，さまざまの現象を説明するにもかかわらず，物理学的実在を "完全に" 記述しきる力はないと主張して，それを受け入れなかった．量子力学を越えるものとして場の理論に期待をかけつづけた彼の立場は，おそらく死の直前に書かれたと思われる次の文章に要約されている．これは，著書『相対論の意味』第5版[3] のために書き改めた付録IIの新稿に含まれているもので，この本は彼が76歳の生涯を閉じた後に —— それでも同じ1955年のうちに —— 発行された：

---

　1)　特集，アインシュタイン生誕100年に際して，「日本物理学会誌」**34** (1979), no.12.

場の理論が実在の原始的・量子的構造の理解を可能にすることは考えられるだろうか？　ほとんどすべての人は"否"と答えるであろう．私は，しかし，現在これについて何にせよ信頼し得ることを知っている人はいないと思う．場の方程式の解が"特異性をもたない"という条件によって"どのように"また"いかに強く"制限されるか，まだわからないからである．

説明するまでもなく，アインシュタインは"特異性をもたない"という条件が"量子条件"の役をすることを期待している．

われわれは，ここでただちにアインシュタインにおける「実在」の概念の分析に入ることもできる．しかしその前に，歴史をたどることで多少の準備をしておくのが便利であろう．

18.1 波束の収縮

シュレーディンガーの波動力学・第1報が出たのは1926年1月，そしてボルンが散乱現象を論じて波動関数 $\psi(\boldsymbol{r}, t)$ の"確率解釈"を提出したのは同じ年の6月である．いわく，"波動力学は，衝突後の状態が正確にどうなるかという問に答えるものではなく，衝突の後に可能になるいろいろの状態について，そのそれぞれが実現する確率はいくらかという問に答えるのである."　そして，時刻 t に粒子が位置 $\boldsymbol{r}$ のまわりの体積素片 dv のなかに見出される確率は $|\psi(\boldsymbol{r}, t)|^2 dv$ であたえられる．この解釈は「電磁波の強度とは光量子の密度にほかならない」というアインシュタインの考えから思いついたものだ，とボルンは語っている[4],[5]．そもそも，シュレーディンガーを波動力学に向かわせたのもアインシュタインその人であった．そのことを，シュレーディンガーがアインシュタインへの手紙に書いている (1926年4月22日)[6]：

あなたとプランクが賛成して下さったことは，世界の半分が賛成してくれたのより価値のあることです．とにかく，あなたの気体の縮退の第二論文[7]によってド・ブロイの考えの重要性を鼻先につきつけられなかったら事は始まらなかったわけです…

しかし，アインシュタインは十分に得心していたのではなかった．4月26日には，"球面素波の存在をほとんど排除する考察を見出した"とシュレーディンガーに書き送っているし，その後も次々と疑問をぶつけるのであった[5]．

しかし，アインシュタインの疑義で，われわれの後の議論に関わるところの大きいのは，1927年10月のソルヴェイ会議で彼がボーアに呈したものであろう[8]．S_1 に細いスリットをもつ障壁の背後（右側）に螢光スクリーンをおき（図1），そ

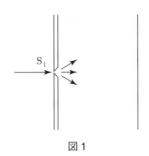

図1

の障壁に向けて左から粒子を入射させたとしよう．その粒子を表わす波動は S_1 を通り回折して螢光スクリーンに向かって広がってゆくはずだろう．ところが，ピカッと光るのはスクリーンの上の1点でしかない．その輝点が現われる直前まで $|\psi(r,t)|^2$ はスクリーンの上の広範囲にわたって広がっていた．輝点が1点で現われた以上，そこに粒子が来たことが確実になるので，そのとき存在確率 $|\psi(r,t_0)|^2$ はその1点に集中するとしなければならず，広がった波動を一瞬のうちに1点に集めるには，何らかの**遠隔作用**がなければならない！ 有限の距離をへだてて瞬間的に作用する遠隔作用が，アインシュタインの相対性原理と相容れないことはいうまでもない．

ここでアインシュタインが指摘したことは，後に "観測にともなう波束の不連続的・非因果的な収縮" として，量子力学のフォン・ノイマン流の解釈[9] のなかで市民権を得ることになるが，アインシュタインの疑問は消えない：

だれかが，たとえばハツカネズミが宇宙を観測したら，それで宇宙の状態が変わるというのだろうか？

これは，彼が1953年に若い学生に語った言葉である[10]．波束の収縮に対しては，その後，彼以外からもなおさまざまのパラドックスが提出されている：シュレーディンガーの猫，ウィグナーの友人，……．

18.2 神はサイコロ遊びをしない

アインシュタインが標題の言葉を吐いたのは 1926 年 12 月 4 日にボルンにあててかいた手紙が最初ではないだろうか[11]:

> 量子力学は，たしかに大したものです．しかし，私の内なる声に従えば，それはまだ本物ではありません．…とにかく私は，神はサイコロ遊びをしないと確信しております．

だからといって，彼は統計法則をまったく認めないというのではない．そもそも彼が若き日の研究生活を統計力学の構築の努力によってはじめたことは，本選集第 I 巻の第 16 章に述べたとおりである．[古典]統計力学においては，粒子たちの運動が厳格な因果の法則に従っていることは認めながら，粒子数が莫大であるのに比べて人の統制しうるパラメータの数が極端に少ないところから，粒子たちの挙動があたかも偶然に支配されているかのように取り扱えることを導くのである．

あるいは，古典力学によってラザフォード散乱を扱う際には，どんな精度にせよ原子核を狙って α 粒子を撃ち出すことができないところから，むしろ多数の α 粒子を撃ちこんだとき散乱角の大・小に統計法則が現われる．アインシュタインは，量子力学をこの意味のアンサンブルに対する統計法則と考えたがっていた節がある．その立場からは前節の波束の収縮はそもそも問題にならない．

彼が「神はサイコロ遊びをしない」といって忌避するのは，量子力学を物理の基礎法則と見る立場である．なるほど，量子力学においては波動関数 $\psi(r, t)$ こそシュレーディンガー方程式に従って時間の経過につれて決定論的かつ連続的に変化するけれども，それを観測に結びつける段になると確率解釈が避けられない．

しかし，確率をもちこむからには，理論の検証には実験を何回もくりかえして，"統計をあげる" 必要がある．素粒子の素過程の実験にしてからが，そのようにして行なわれるのである．それならば量子力学をアンサンブルに対する統計法則とみるのは，むしろ至当ではないか？

それを考える前に，次のことを確認しておきたい．すなわち，原子のエネルギー準位が離散的だという事実，あるいは一般的にいって "量子性" が，われわれの自然認識への確率の導入を避け難くしていることである．このことはアインシュタインもいっているが[12]，原子による光の放出・吸収が別のよい例になる．

ボーアが，原子の線スペクトルを離散的エネルギー準位の間を電子がとび移ることに帰したのは1913年であった．それにこたえてアインシュタインはこういったのだ[13]：

原子が状態 Z_m から Z_n に遷移して輻射エネルギー $\varepsilon_m - \varepsilon_n$ を放出する過程は，放射能を扱うときの流儀でしかほとんど考えられない．

すなわち，状態 Z_m にある原子の数を N_m として，単位時間あたりに起こる遷移の数を $A_m^n N_m$ に等しいとおく．この比例定数 A_m^n が原子の遷移確率にほかならず，"自発放射係数" として有名である．このとき同時に "誘導放射係数" B_m^n も導入された．

"…でしか…考えられない" といったときのアインシュタインは，おそらく光の放出を "時間に関して連続な" 変化として扱いたい——むしろ，扱うほかないと思ったのだろう．個々の原子の遷移は，離散的エネルギー準位の間に "あるとき突然に" 非連続的・非因果的に起こるのだろうが，そこに時間とともに連続的・因果的に変わってゆく何かを見ようとすれば，確率しかない．

同様のことは，たいていの量子的過程についていえる．たとえば，電子線をあてて原子を励起する場合（フランク–ヘルツの実験）：電子線の強さを少し変えれば電子線から原子たちに移るエネルギーも少し変わるという意味の連続性が当然この場合にも成り立つ．原子の遷移の不連続をこの意味の連続に媒介するのは確率のほかにない．

こうした量子力学的確率を——アインシュタインの意に反して——素過程に帰さなければならない理由としては，次のようなものがある．

光の放出の場合でいうなら，原子が状態 Z_m にあるという指定をしたとき，これが遷移しそうになっているか，いないかを区別するのに使える変数は，もはや原子には残っていない．どうしても区別したければ "隠れた変数" でも導入するほかなかろう．それにしても，各原子が非常によい精度で同一のエネルギー ε_m をもちながら遷移が間近か否かに関して差違をもつことは考え難いし，ましてアインシュタインが期待したように原子内に電子の軌道が実在して——アンサンブルとして $|\psi_m(\boldsymbol{r})|^2$ の電子密度をあたえつつ——その差違をもつということは，さらに考え難い．

確率を個々の過程に帰すべきことは，2つのスリットを通った電子の干渉によってもっとも直接に示されるが，これについては次の節で述べよう．

266

1954年4月，アインシュタインにしては珍しく大学で講義をしたとき，ある学生が「先生は，なぜ量子力学をしりぞけたのですか？」と質問した．「アプリオリ確率という考えを受け入れることができなかったから」という答えをきいたその学生は：

> しかし，アプリオリ確率を導入したのは先生御自身だったではありませんか．例の A, B 係数——．

アインシュタインは答えた：

> そのとおり，私もそれは承知だし，あれ以来ずっと後悔もしている．しかし，物理をやっているときには，右手のしていることを左手に知らせるべきではない[10]．

しかし，A, B 係数を導入したときの彼は確率を，アプリオリというよりは，アンサンブルに対して考えていたようなのだが——．

18.3 不確定性原理

アインシュタインは個々の要素過程を厳密な因果律によってとらえたいのである．それには個々の過程の時間・空間的記述が正確にできるのでなければならない．彼がハイゼンベルクの不確定性原理を破るような測定法を工夫しては量子力学に攻撃をかけることになったのも，自然のなりゆきであった．それを受けて立ったボーアとの間に1927年にはじまり20年ちかくも続いた討論は，ボーアの筆によって読むことができる[8]．

1927年といえば，ハイゼンベルクが不確定性関係を提出した年である．その考察に彼を導いたのは，前の年にアインシュタインが彼にした次の注意[14]であった：

> 原理的な観点からは，観測可能な量だけをもとにして1つの理論をつくろうと考えるのは，完全にまちがっています．理論があって初めて，何を人が観測できるかということはきまるのです．

この注意から発展した彼らの討論には，後に立ち戻る機会があろう．

さて，1927年10月の第5回ソルヴェイ会議でアインシュタインは量子力学に疑義を提出したが，それは次のような討論に発展したのだった[8]．図1の装置で障壁とスクリーンの間に2つの平行スリット S_2, S_2' のある第二の障壁をおくと

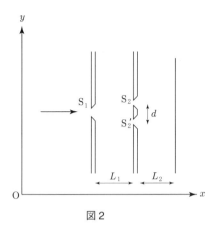

図 2

(図 2),左から電子ビームをあてたとき,スクリーン上では電子のたくさんくるところ・少ししかこないところが交替する.電子波の干渉縞である.注目すべきことに,電子流を非常に弱くして,スクリーンの位置においた写真乾板に露出時間のあいだ 1 個の電子しか到着しないように仕組んだ場合でも,同様に露出した乾板をたくさん重ねて見ると,各乾板に記録された電子の到着点 1 つずつが重なって干渉縞が見える[15].このことは,個々の電子が 1 つのスリットしか通れないとしたのでは理解できないであろう.前節でふれたとおり,ここにも,量子力学を統計アンサンブルに対する理論であるといってはすまされない,1 つの強力な理由がある.

アインシュタインは,しかし,次のように主張した:電子が第一の障壁のスリット S_1 を通過するとき,これにあたえる運動量を測定すれば,通過後の電子の運動量がわかり,したがって,その電子が第二の障壁で S_2, S_2' のどちらのスリットを通過するかがわかるはずだ.

確かにそのとおりであるが,アインシュタインがいうような運動量の測定をすると,スクリーン上の干渉縞が消えてしまう.それが,S_2, S_2' という 2 つの平行スリットのどちらを電子が通過するかを知るために払わねばならない代償であった.実際,第一の障壁に電子があたえる運動量を測定するには,この障壁を可動にしておかなければならないが,そうすると,そのスリット S_1 と第二の障壁のスリット S_2, S_2' との相対位置が揺れ動き,その結果としてスクリーン上の干渉縞が揺れ動いて,つまり山と谷が平均化されて消えてしまうのである.定量的にいうなら,左から入射する電子の運動量を $\boldsymbol{p}_0 = (p, 0)$ とするとき,これが第一の

障壁にあたえた運動量の y 成分を $p \cdot d/L_1$ より小さい誤差で測定しないと，電子が第二の障壁のどちらのスリットに向かうかの決定はできない．ところが，第一の障壁の運動量の y 成分を誤差 $\Delta P_{1y} < pd/L_1$ で測定すると，不確定性原理により，その障壁の y 座標が

$$\Delta Y_1 \gtrsim hL_1/pd \quad (h：プランク定数)$$

だけ不確定になって，その結果 S_1 と S_2 または S_2' をまっすぐに通過した電子がスクリーンに着く点でいって $\Delta Y_2 = \Delta Y_1 \cdot L_2/L_1$ なる不確定を生ずる．ド・ブロイの関係から電子波の波長は $\lambda = h/p$ であるから

$$\Delta Y_2 > \lambda L_2/d,$$

しかるに，$\lambda L_2/d$ はスクリーン上に生ずべき干渉縞の間隔にほかならない．こうして，2 つの平行スリットのどちらを電子が通るかを決定すると（そのように実験装置を仕組むと），その代償ででもあるかのように，スクリーン上の干渉縞が消えてしまう．量子力学の矛盾をつこうとしたアインシュタインのせっかくの工夫も無に帰した．いや，無に帰したのではなくて，これは，当の実験装置を

(1)　粒子としての経路を見るように仕組むか，

(2)　波動としての干渉現象を見るように仕組むか，

が二者択一であることを示して，量子力学的世界の特質を浮き出させる役をしたのである．すなわち，ボーアの要約によれば[8]，これは，粒子性と波動性という互いに相補的な側面が，互いに排他的な実験装置において，いかに現象するかを示す典型的な例なのであって，原子級の極微の対象の振舞が測定装置と切り離しては考えられないことを教えるものである．

　ちなみに，**相補性**（相互排他的補足性）という概念は，ボーアがソルヴェイ会議にさきだつ同年 9 月のコモ湖畔での会議で提唱したもので[16]，たとえば電子のような極微の世界の対象について異なる実験条件のもとで観測される結果は，その対象に関する単一の描像だけでは理解できず，

　　そのような対象の特質は，"相互排他的な" 多くの実験からの情報が互いに "補い合う" のでなければ汲みつくせない，

ということを意味している．

　アインシュタインは，ひるまなかった．1930 年 11 月の第 6 回ソルヴェイ会議で

は，エネルギーと時刻の間の不確定性関係

$$\Delta E \cdot \Delta t \gtrsim h$$

を反証すべく，次のような思考実験[8], [17]をボーアに呈した．

　すなわち，時計を内蔵させ定まった時刻 t に短時間 Δt だけ窓が開くように仕組んだ箱に光を入れる．そうすると光のパルスが箱を出る時刻は不確定 Δt の範囲で定まり，この Δt は実験する人の勝手でいくらでも小さくできる．他方，その光のパルスのエネルギーは，特殊相対論の帰結である $E = mc^2$ の関係により，光が箱を出る前後の箱の質量を測って差をとることで決定される．その際，光の入っている箱の質量は十分に時間をかけて好きなだけ精密に測ることができるし，光が出た後は，十分に時間がたって光のパルスが遠く離れてから箱の質量を測るならば，時刻 t の決定にも光のパルスそのものにも何の擾乱も及ぼすことなしに，好きなだけ精密な測定ができるはずである．こうして，光のパルスの発射時刻 t とエネルギー E とをともに好きなだけ精密に決定することができるので，エネルギーと時刻の不確定性原理は破られたことになる．これがアインシュタインの論旨であった．

　ボーアは，これに反対して次のことを指摘した：箱の質量を測るためには，これを可動にしておかねばならず，たとえばバネ秤につっておくとすると（図3），質量が減ったとき箱はいくらかつり上げられることになって，それが"重力場ではポテンシャルの低いところにある時計ほど進み方が遅い"という一般相対論の帰結によって時刻の測定に擾乱をあたえる．これは，アインシュタインの得手で

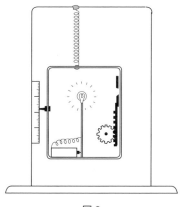

図3

ある一般相対性理論を用いて反論したというので話題になったが，そしてこれを
ルール違反とする向きもあるようだが [18]，"時計のシュレーディンガー方程式"
に重力ポテンシャルを省略せずに入れておけば当の効果はでてくる [19]．

それはとにかく，Δt を小さくするか（すなわち t の確定をもくろむか），ΔE を
小さくするか（すなわち E の測定をするか）は実験の仕組み方による相互排他的
な二者択一なので，こんどの場合にもボーアの相補性のテーゼは確認されたこと
になる．

18.4 局所性の原理

1935 年に，アインシュタインは若いポドルスキーとローゼンの協力のもと「物
理的実在の量子力学的記述は完全と考えられるか」[20] という疑義を出した．こ
れをアインシュタインが後にいいなおした形 [12] で説明すれば次のとおりである．

いま，ある時刻に 1 つの粒子が "空間の局限された範囲でだけ 0 と異なる" 波動
関数 $\psi(r)$ で記述される状態にあるとしよう．このとき，量子力学では，この粒子
について位置が確率分布 $|\psi(r)|^2$ 以上に確定的には知られないのみでなく，運動
量も確率分布までしか知られない．このことは，次のどちらを意味するのか：

(a) 粒子は実際 (wirklich) には定まった場所を占め定まった運動量をもってい
るのだが，波動関数はその完全な記述を与えない，

ということなのか．

(b) 波動関数による粒子の状態の記述は完全なのであって，粒子はなんらかの
観測がほどこされるまで位置も運動量ももたない．もし位置の観測がほどこさ
れれば粒子の位置は定まるが，どこに定まるかは確率分布 $|\psi(r)|^2$ が予言でき
るのみであって，測定装置との基本的に制御不能とみなされる相互作用によっ
て左右される，

ということか？　大多数の量子物理学者は (b) の解釈にくみするであろう，とア
インシュタインはいう．

ところが，量子力学の計算規則に従えば，その (b) の解釈は，物理学なら常に
前提にしなければならないと考えられる次の原理に矛盾することが証明されるの
である．その原理というのは

局所性の原理：同一の時刻に空間的に離れている事象は，どちらも同時刻的に

は他に影響することはできない.

確かに，この局所性がなかったら——たとえば月の裏側でいまのいま何が起こっているのかを知らなくては地上での実験計画がたてられないというのだったら，「物理学的思考は不可能であろう[12].」

さて，上記の仮説 (b) が局所性の原理に矛盾することを証明するには，量子力学の計算規則を少しばかり復習しなければならない.

量子力学においては "状態は波動関数で表わされる" つまり，これまでも何度も述べたが，粒子の位置座標とか運動量とかエネルギーとか…の "力学変数は演算子で表わされる." 演算子 $\widehat{A}$ というのは，波動関数 $\psi(x)$ にかけると，これを何か新しい関数に変えるようなものである. たとえば，運動量を表わす演算子 $\widehat{p}$ は $-i\hbar\partial/\partial x$ だが ($\hbar$ はプランク定数 h を 2π でわったもの)，これは任意の $\psi(x)$ を $-i\hbar\partial\psi(x)/\partial x$ という $(-i\hbar) \times$ (導関数) に変える. といっても，なかには特別な関数があって $-i\hbar\partial/\partial x$ を作用させても，せいぜい定数倍になるだけということがおこる. たとえば，p を定数として $e^{ipx/\hbar}$ という関数は，運動量の演算子をかけても

$$-i\hbar\frac{\partial}{\partial x}e^{ipx/\hbar} = p \cdot e^{ipx/\hbar}$$

のように単に p 倍されるだけである. 一般に，演算子 $\widehat{A}$ に対して，これをかけても

$$\widehat{A}u_\alpha(x) = \alpha u_\alpha(x)$$

のように単に定数倍になるだけということがおこるとき，その定数 α を $\widehat{A}$ の "固有値" とよび，その関数 $u_\alpha(x)$ を $\widehat{A}$ の "固有値 α に属する固有関数" とよぶ. 一般に，1つの演算子は多数の固有値，固有関数をもち，実際それらは任意の関数 $\psi(x)$ を

$$\psi(x) = \sum_\alpha c_\alpha u_\alpha(x) \tag{1}$$

のように "展開" するのに十分なだけたくさんあるのが常である. この展開は，ちょっと，3次元空間におけるベクトル $\boldsymbol{f}$ を，互いに直交する単位ベクトル $\boldsymbol{i}, \boldsymbol{j}, \boldsymbol{k}$ でもって $\boldsymbol{f} = c_1\boldsymbol{i} + c_2\boldsymbol{j} + c_3\boldsymbol{k}$ のように表わすのと似ているのだが，この類似に深く立ち入る必要はあるまい.

量子力学では，測定の直前に波動関数 $\psi_{直前} = \psi$ で表わされる状態にある対象に対して力学変数 A——演算子 $\widehat{A}$ で表わされる力学変数——の測定を行なった

結果は，その ψ を上の (1) のように $\widehat{A}$ の固有関数で展開して展開係数 c_α を見ることによって予言できる．すなわち，そのような測定を行なうと

［ⅰ］ 得られる測定値は $\widehat{A}$ の固有値のどれか1つであって，それ以外では決してなく，

［ⅱ］ たくさんの固有値のうちの α_0 が測定値として得られる確率は $|c_{\alpha_0}|^2$ である．もし，たまたま $c_{\alpha_0} = 0$ ならば，それが測定値に現われることは決してないのである．

［ⅲ］ 測定によって測定値 α_0 が得られると，その直後，対象の状態は

$$\psi_{直後}(x) = u_{\alpha_0}(x)$$

になっている (波束の収縮！)．それゆえ，ここで再び A の測定をすれば，［ⅰ］と［ⅱ］により確率1で測定値 α_0 がくりかえされる．これだけの準備をすると，

仮説 (b) が局所性の原理に矛盾することの証明ができる．すなわち，アインシュタインは2個の粒子 $1, 2$ を考えて，それらの位置座標を x_1, x_2 とし，それらが測定の直前に $\Psi_{直前}(x_1, x_2)$ という波動関数で表わされる状態にあったとする．そしてとくに，この波動関数は x_1 がニューヨーク市内に，x_2 が東京都内に——というのは冗談だが，とにかく両者が非常に離れている配位でだけ0と異なるものとしておく．つまり，2つの粒子は互いに非常に離れているとしておくのである．

さて，そこで粒子1に対して力学変数 A の測定を行ない，粒子2に対しては B の測定を行なうとしてみよう．その結果を予言するには，$\widehat{A}$ と $\widehat{B}$ との固有関数 u_α, v_β をとって，Ψ を

$$\Psi(x_1, x_2) = \sum_{\alpha,\beta} c_{\alpha\beta} u_\alpha(x_1) v_\beta(x_2)$$

と展開する．そうすると，粒子1に対する A，粒子2に対する B の測定の結果，それぞれ測定値 α_0, β_0 が得られる確率は $|c_{\alpha_0\beta_0}|^2$ になる——これははるか離れた2点での測定結果が確率論的な相関をもつことを意味しているではないか！ これが，すなわち局所性の原理との矛盾である．

ボームとアハロノフの例 [21] が，この矛盾を一層きわだたせる．彼らはスピン $1/2$ をもつ原子 $1, 2$ が結びついて合成スピン0の分子をつくっている場合を考える．その分子スピン波動関数は

$$\Psi = \frac{1}{\sqrt{2}} \big[\chi_\uparrow(1)\chi_\downarrow(2) - \chi_\downarrow(1)\chi_\uparrow(2) \big] \tag{2}$$

とかける．そのわけはともかくとして，ここでは同じ波動関数が

$$\Psi = \frac{1}{\sqrt{2}} \left[\chi_\rightarrow(1)\chi_\leftarrow(2) - \chi_\leftarrow(1)\chi_\rightarrow(2) \right] \tag{3}$$

ともかけることを納得していただけばよい．ここで，スピン 1/2 はシュテルン－ゲルラッハの実験が示すように 2 つの向きしかとれないのだが，$\chi_\uparrow$, $\chi_\downarrow$ はスピンが z 軸の正の向き，負の向きを向いている状態，それに対して，$\chi_\rightarrow$, $\chi_\leftarrow$ は x 軸の正，負の向きを向いている状態を表わす．もともと (2) は合成スピン 0 の状態なので，この分子に特別の方向はないから，z 軸を x 軸の方向までまわしても話はちがわないはずなのである．

　ボームらは，この分子が何らかの理由で合成スピンを保存しながら壊れ，2 つの原子が互いに遠く離れ離れになったとする．その時点で原子 1 のスピンの z 成分を測定すると，その測定値が↑だったら，測定後の 2 原子の状態は (2) から

$$\Psi_{直後} = \chi_\uparrow(1)\chi_\downarrow(2) \tag{4}$$

となり，遠く離れているはずの原子 2 のスピンが↓に確定する！　原子 1 の側での測定値が↓の場合には原子 2 のスピンは↑に確定するので，今度も離れた 2 点での測定が強く相関していることがわかる．その上，原子 1 の側でスピン成分を測定する軸の方向を変え，それをたとえば x 軸方向にすると，もしそれで測定値→ が得られたならば，その直後の系の状態は

$$\Psi_{直後} = \chi_\rightarrow(1)\chi_\leftarrow(2) \tag{5}$$

となるわけで，原子 2 の状態について (4) とのちがいは著しい．

　一方の系を観測することが遠く離れた他方の系の状態に影響するというこの種の結果を，シュレーディンガー[22] に従って "アインシュタイン－ポドルスキー－ローゼン (EPR) のパラドックス" とよぶ．

　アインシュタイン[12] は局所性の原理を重視して，上のパラドックスは量子力学の解釈 (b) を排除するもので，すなわち量子力学による記述が不完全であることを示す，と論じた．ボーア[23] は，これに反対して，再び量子力学的な対象の振舞と実験装置の設定との不可分を強調したのである．

　考えてみると，離れた点への同時的な影響を示す量子力学の明白な結果を承知の上で，アインシュタインが局所性の原理に固執したのは奇妙である．彼は量子力学を不完全としただけでなく，そもそも信用していなかったと考えなければ，こ

れは理解できないであろう．実際，それに近い証言もある[24]．

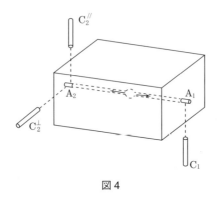

図4

実験によれば，問題の遠隔作用的な相関は量子力学の予言のとおりに確かに存在する．電子と陽電子が結びついた"原子"ポジトロニウムは，全角運動量 0 の状態で消滅して 2 個の光子を出す．それらの光子は正反対の方向に射出されるが，直線偏光としてみると角運動量の保存則から両者の偏りが互いに垂直となるから，ボームらの考えた (2) に類似の状態が実現するのである．そこで，図4のような鉛のブロックの中央にポジトロニウムをつくり，それが消滅して出す光をブロックにうがった孔の両端で観測しよう．実は，そこにアルミニウム片 A_1, A_2 をおいて光を散乱させるのであるが，クライン–仁科の散乱公式によると散乱された光の進む方向は散乱前の偏りの方向に依存するので，孔の両端での散乱光子の検出器を $(C_1, C_2^{//})$ のようにおくか $(C_1, C_2^{\perp})$ のようにおくかによって受けとる光子の数がちがってくる．そのちがいが，すなわち離れた 2 点 A_1, A_2 における光子の偏りの相関を示すわけである．もちろん 2 つの検出器での計数は同時計数回路によって行ない，同一のポジトロニウムから出た光子のペアだけを数えるようにする．ウーとシャクノフの実験 (1949)[25] によれば，同じ計数時間で比べて

$$\frac{(C_1, C_2^{\perp}) \text{の同時計数}}{(C_1, C_2^{//}) \text{の同時計数}} = 2.04 \pm 0.08$$

であった．これに対して，量子力学的な偏りの相関ありとする理論[26]で彼らの実験装置の寸法について計算した値は 2.00 になる．実験は，だから，離れた 2 点で行なわれる観測の量子力学的な相関が確かに存在することを示している．物理的な共通感覚からすればアインシュタインならずとも奇妙に思うことだが，局所

性の原理は成り立っていないのである.

18.5 隠れた変数

"隠れた変数" というのは, "どんな観測にも決してかからないが, 現象の背後にあってこれを統制している" として考えられる変数である.

ボームは, 前節に述べた局所性の原理の破れを説明すると称して1つの隠れた変数の理論[27]を提出したが, 非局所相互作用を含むものだったので, これではアインシュタインも喜ぶまいと評された[28].

では, 量子力学を離れてもっとも一般にいって, 前節で説明したたぐいの実験で見出される相関を局所性の原理をまもりながら理解する余地はあるのだろうか? これが近年の隠れた変数の理論の主要な関心事である.

ベルらは[29],[30], 最初なんらかの相互作用をしていた2つの系が遠く離れた後に, それぞれに a, b という測定をして測定値 $A(a, \lambda), B(b, \lambda)$ を得るとせよ, という. ここに λ が隠れた変数だが, 測定値 A, B は互いに他の測定法にはよらないという意味で, ここの設定は "局所的" である. それを強調するために λ を**局所的な隠れた変数**とよぶ. さて, 2つの測定値の相関は, λ が決して測れない変数なので

$$P(a, b) = \int A(a, \lambda) B(b, \lambda) \rho(\lambda) d\lambda$$

という平均になる. ρ は λ の確率密度である. ベルらは, これが $|A| \leq 1, |B| \leq 1$ の制限のもとで

$$|P(a, b) - P(a, b')| + |P(a', b') + P(a', b)| - 2 \leqq 0 \qquad (6)$$

という不等式を満たすことを証明した(一般化されたベルの不等式, またはCHSH[30]の不等式とよぶ). これは実験にかけることのできる結果である! 以下, (6)の左辺を δ と記す.

S. J. フリードマンとクラウザー[31]は, Ca原子の図5のような遷移で出る2つの光子について a, b をそれぞれの直線偏光を測る方向とし, A, B を偏光の度合いの測定値として

$$\delta = 0.05 \pm 0.008$$

を得た (1972). E. S. フライと R. C. トンプソン[32]は Hg を用いた同様の実験で

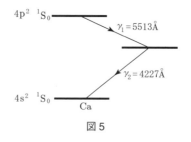

図 5

$$\delta = 0.046 \pm 0.014$$

を得ている (1976). いずれもベルの不等式 (6) に矛盾し, 局所的な隠れた変数の仮説を否定するものである.

18.6 むすび

　アインシュタインが量子力学に対してとった姿勢は, 客観的実在があるという強固な信念に貫かれている. 物体という概念が「元来これを生みだす源であった感覚から高度に独立性をもつとする」ことの妥当性の根拠は,「それによって初めて, われわれは感官の迷路の中に自分自身の方向をはっきり見定めていくことが可能になるということです[33]」と主張する彼は, おそらく「なんらかの物理学の理論を初めてつくりだすことが課題である場合」には「感覚界の背後に…人間とは独立に存在しつづける実在界を…原理的に認識不可能だとしても…想定せざるをえない」[34] といったプランクと同じ想いであっただろう.

　この文脈でなら, 量子力学とは奇妙なものだという筆者の嘆息を書き加えることも, あるいは許されるだろうか.

　かのディラックもいっている:「結局のところアインシュタインが正しかったということになるかもしれない.」[35]

参考文献

[1]　高林武彦: 観測の問題,『量子物理学の展望 (下)』, 江沢 洋・恒藤敏彦編, 岩波書店 (1978).
　　 B. デスパーニア『量子力学と観測の問題』, 亀井 理訳, ダイヤモンド社 (1971).
　　 柳瀬睦男ほか編『量子力学における観測の理論』, 日本物理学会 (1978) [新編物理学選集 69].

M. Jammer : *The Philosophy of Quantum Mechanics*, John Wiley(1974). （以下『哲』として引用）.

M. ヤンマー『量子力学史』，小出昭一郎訳，東京図書 (1974)，（以下『史』として引用）.

[2]　K. ポパー『客観的実在』，森 博訳，木鐸社 (1974), p.45.

[3]　A. アインシュタイン『相対論の意味』，矢野健太郎訳，第 5 版，岩波書店 (1958). 引用は江沢 洋の訳：岩波文庫，岩波書店 (2015).

[4]　M. Born : *My Life*, Taylor & Francis (1978), 232.

[5]　参考文献 [1]，『史』第 2 巻，p.106.

[6]　K. プルチブラム『波動力学形成史』，江沢 洋訳・解説，みすず書房 (1982).

[7]　A. Einstein : 単原子気体の量子論，*Berl. Ber.* **13** (1925) 3［中村誠太郎，他訳編『アインシュタイン選集 1』，共立出版 (1971) に収載］.

[8]　『ニールス・ボーア論文集 1』，山本義隆編訳，岩波文庫 (1999). 次の論文を含む：「量子力学と物理的実在」p.99,「物理的実在の量子力学的記述は完全と考えうるのか？」p.101.「原子物理学における認識論をめぐるアインシュタインとの討論」p.209,「因果性と相補性の概念について」p.193, 訳者による解説「ボーア–アインシュタイン論争」.

湯川秀樹・井上 健編『現代の科学 II』，中央公論社 (1970)［世界の名著］.

[9]　J. フォン・ノイマン『量子力学の数学的基礎』，井上 健・広重 徹・恒藤敏彦訳，みすず書房 (1957).

[10]　J. A. ホイーラー：回想のマーサー・ストリート，P. Aichelburg and R. Sexl 編『アインシュタイン——物理学・哲学・政治への影響』，亀井 理ほか訳，岩波書店 (1979).

[11]　A. Einstein, H. und M. Born『往復書簡集』西 義之ほか訳，三修社 (1976). 確率の忌避は 1934 年 3 月 22 日の「相対論的一般化には役立ちえない」をはじめ，くりかえし訴えられる. 1939 年（日付なし），1944 年 9 月 9 日，11 月 7 日［参考文献 [8] の林訳にある Born の論文に引用］. 1948 年 3 月 13 日，1950 年 9 月 15 日，1953 年 10 月 12 日.

[12]　A. Einstein : *Dialectica* **2** (1948), 320 – Quantenmechanik und Wirklichkeit ［参考文献 [11] の p.295 に引用あり］.

[13]　A. Einstein : *Verh. Deutsch. Phys. Ges.* **18** (1916), 318——量子論による輻射の放出と吸収［物理学史研究会編：物理学古典論文叢書 2, 光量子論に収載］.

[14]　W. ハイゼンベルク『部分と全体』，山崎和夫訳，みすず書房 (1974), p.103 および p.126 を見よ.

[15]　みごとな実験例. 市ノ川竹男,『量子力学 I』,岩波講座・現代物理学の基礎 (1978)

月報；A. Tonomura, J. Endo, T. Matsuda, T. Kawasaki and H. Ezawa. *Am. J. Phys.* **57** (1989), 117. 本書の第 12 章も参照.

[16] N. Bohr : *Nature* **121** (1928), 78, 580 — The quantum postulate and the recent development of atomic theory, 再録：N. Bohr : *Atomic Theory and the Description of Nature*, Cambridge (1961). この論文の翻訳：量子仮説と原子理論の最近の展開,『ニールス・ボーア論文集1』, 前出 [8], p.19.

[17] これが起こした波紋については参考文献 [1],『哲』.

[18] K. Popper : *The Logic of Scientific Discovery*, Basic Books (1950) [初版はドイツ語, 1935].

[19] W. G. Unruh and G. I. Opat : *Am. J. Phys.* **47** (1979), 743.

[20] A. Einstein, B. Podolsky and N. Rosen : *Phys. Rev.* **48** (1935), 696 – Can quantum mechanical description of physical reality be considered complete? [参考文献 [1] の選集に収載]. この論文の成立事情について [1] の『哲』を参照.

[21] D. Bohm and Y. Aharonov : *Phys. Rev.* **108** (1957), 1070.

[22] E. Schrödinger : *Proc. Camb. Phil. Soc.* **31** (1935), 555 [参考文献 [1] の選集に収載].

[23] N. Bohr : *Phys. Rev.* **48** (1935), 696 [参考文献 [1] の選集に収載].

[24] A. Shimony : Experimental test of local hidden variable theories の註 8. [*Foundation of Quantum Mechanics*, B. d'Espagnat ed., Academic Press (1971), 182].

[25] C. S. Wu and I. Shaknov : *Phys. Rev.* **77** (1950), 136(L).

[26] H. S. Snyder, S. Pasternack and J. Hornsbostel : *Phys. Rev.* **73** (1948), 440.

[27] D. Bohm : *Phys. Rev.* **85** (1952), 166.

[28] J. S. Bell : *Rev. Mod. Phys.* **38** (1966), 447.

[29] J. S. Bell : *Physics* **1** (1965), 696.

[30] J. F. Clauser, M. A. Horne, A. Shimony and R. A. Holt : *Phys. Rev. Lett.* **23** (1969), 880.

[31] S. J. Freedman and J. F. Clauser : *Phys. Rev. Lett.* **28** (1972), 938.

[32] E. S. Fry and R. C. Thompson : *Phys. Rev. Lett.* **37** (1976), 465.

[33] A. アインシュタイン『物理学と実在』, 参考文献 [8] の『現代の科学 II』に井上 健訳あり.

[34] M. プランク：新しい物理学の世界像 (1929), プランク『現代物理学の思想(下)』, 田中加夫ほか訳, 法律文化社 (1973).

[35] P. A. M. Dirac : *Directions in Physics*, Wiley-Interscience (1978). 引用は p.10. より.

●エッセイ

55年目の量子力学演習

山本義隆

1. 回想の量子力学演習

　大学に入学し，二年の秋に理学部の物理学科に進学が決まり，その後，大学院の修士課程の頃まで，それなりに幾つもの講義を聴いている．そのはずだけれども，聴くのが下手だったのか，黒板に数式を書かれてもそれを目で追うだけでは頭に入らなかった．結局，自分で本を読んで，納得するまで自分で手を動かして計算を確かめないことには，自分のものにならなかった．「一を聞いて十を識る」というような言葉があるが，私にはそんな資質はなかったようだ．

　そんな次第で，いま顧みて講義で身についた物理というのは少なかったように思われるが，例外は，学部三年の時の量子力学演習であった．担当は，当時，素粒子研の助手であった江沢 洋さんと，もうひとり物性理論の助手の方であったが，今思い返しても，この演習，とりわけ江沢さんの指導が，私の物理学の学習には大きかったように思われる．それは単に知識の問題だけではなく，物理学に向かう姿勢も含めてそうであった．

　量子力学の講義は梅沢博臣先生で，これは先生が日本でなされた最後の講義であったと思われるが，解析力学から始まって，前期量子論，そして量子力学に進む．その意味では，昔の量子力学のオーソドックスな教科書のスタイルにならったもので，正直なところそれほど印象には残っていない．そして量子力学演習も，その進展にあわせたもので，同様に力学から始まったが，しかしこちらのほうは印象深いものであった．

　まず第一に，問題が難しかった．すくなくとも，当時の私にはそうであった．

　当時のノート類はほとんど失くしたが，この量子力学演習のガリ版刷りのプリ

ントだけは大切に残しておいた.「ガリ版刷り」という言葉も懐かしいが，今では死語だろうな. ザラ紙のプリントの黄ばみとともに，使われている単位系が CGS なのも時代を感じさせる.

その第 1 回，1962 年 4 月 24 日の第 1 問はつぎのようなものである.

　x 軸に沿って振動する調和振動子がある. 質量は m，バネの強さ（単位長さの伸びに対するひき戻しの力）は k である. 時刻 $t = -\infty$ においては，バネの支点は点 $x_0 = l$ にあって，振動子は $x = A\cos\omega t$ のように振動していた. いまバネの支点 $x_0 = l$ を

$$x_0 = l + ae^{\alpha t} \quad (\alpha > 0)$$

のように移動したら

　1．振動の模様はどう変わってゆくか.
　2．特に $|t| < \infty$ のとき $\alpha \to 0$ の極限を考えたら振動の模様はどうなるか.
　3．$-\infty < t \leq 0$ の間に，支点を動かすために費やされた仕事を計算せよ. そのエネルギーはどこに行ったか.

同様に，4 月 30 日の第 2 回の最初の問題（全体の第 5 問）は

　運動方程式 $\ddot{x} + k(t)x = 0$ に従う振子がある. ここに

$$k(t) = \omega_0^2 \qquad\qquad\qquad t < -T$$
$$k(t) = \omega_0^2\left\{1 + \left(1 + \frac{t}{T}\right)\delta\right\} \qquad t \geq -T$$

とし，$T \gg 1/\omega_0$ とする. $t < -T$ では振子は $x = A\cos\omega_0 t$ のように振動していたとし，$|t| \ll T$ における振動をしらべよ.

前者はグリーン関数をもちいた微分方程式の解法の例題であり，後者は断熱定理の具体例である. そう言ってしまえば類型的に思えるが，しかしいずれの問題にも，教科書に一般的に記述されていることを，一般論で済ますことなく，具体的なモデルを作って実際に確かめてみなさいという配慮がなされている. ちなみにこの二つの問題は，のちに江沢さん，中村孔一さん，そして私が一緒に書いた『演習詳解　力学』（現在は増補改定版が日本評論社から出されている）の問題に収録されている（じつは上記の第 1 問は，元のプリントでは若干の不備があり，この問題集に収録したときに訂正しておいたものをここには記した）.

量子力学の学習がある程度進んだ 11 月 5 日の第 14 回第 2 問（全体の第 59 問）は

エッセイ：55 年目の量子力学演習 281

　　基底状態にある水素原子のそばを高速の陽子が通りすぎるとき水素原子が
（ⅰ）第一励起状態に励起される確率，（ⅱ）イオン化される確率を計算せよ．
これらの場合に対する作用断面積を求め，その結果を N.Bohr の古典論的な
計算結果（*Phil. Mag.* 25 (1913) 10–31, 30 (1915) 581–612 ）と比較せよ．
そして 12 月 10 日の第 17 回の第 1 問（全体の第 71 問）はこうであった．

　　スピンが 1/2 で電荷をもたないフェルミ粒子 N 個からなる "原子核" を考
えよう．核子は共通のポテンシャル $U(r) = \dfrac{k}{2}r^2$（r は定点からの距離）の
中を運動しているものとする．（Nuclear Shell Model）

　ⅰ）波動関数による期待値を $\langle\quad\rangle$ で示し，核半径 R を $\sqrt{\left\langle \sum\limits_{i=1}^{N} r_i^2/N \right\rangle}$ で定義
しよう．質量数 N の核の半径は基底状態においておよそ $1.2 \times N^{1/3} \times 10^{-13}$ cm
である．このことを用いて，$N = 8$ の核を基底状態から第 1 励起状態にも
ち上げるのに必要なエネルギー ΔE を求めよ．このとき，基底状態のスピン
（原子核の全角運動量）はいくらか．

　ⅱ）核子が更にスピン軌道力のポテンシャルを受けるとする：

$$V(r) = \alpha(\vec{l}\cdot\vec{s}) \quad (\alpha = \text{const.}).$$

$N = 8$ の場合，上記の励起エネルギー ΔE は，このために変わるかどうか．

　ⅲ）$N = 9$ の場合を O^{17} になぞらえて，励起エネルギーが実験と合うよう
に α の値を定めよ．

　ⅳ）更に，おなじ主量子数，おなじ方位量子数をもつ核子同士（それぞれのスピ
ンを $\vec{\sigma}_i/2, \vec{\sigma}_j/2$ とする）のあいだに相互作用 $V_{ij}(r) = \beta(1+\vec{\sigma}_i\cdot\vec{\sigma}_j)$ （$\beta =$
const. > 0) が働くものとする．$N = \cdots, 7, 8, 9, 10, \cdots$ の核の基底状態に
おけるスピンはいくらになるか．

そしてこの問題には，酸素核のエネルギー準位の図が付されていた（次頁）．こ
れらいずれも，現実の物理現象に引き寄せて考えようという意図が汲み取れる．
　翌 1963 年 2 月 11 日の第 21 回の第 2 問（全体の第 87 問）は英文で与えられて
いる：

Protons of 200,000 electron-volt energy are scattered from aluminium.
The directly backward scattered intensity ($\theta = 180°$) is found to be 96%
of that computed from the Rutherford formula.

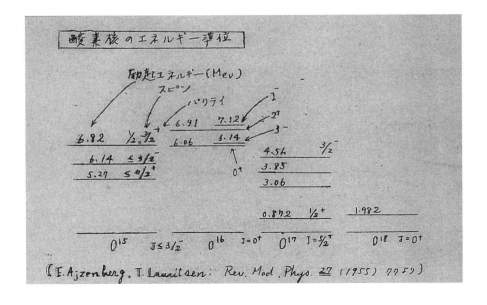

Assume this is to be due to a modification of the Coulomb potential that is sufficiently short range so that only the phase shift for $l = 0$ wave is affected. Is this modification attractive or repulsive ? Find the sign and magnitude of the change in the phase shift for $\ell = 0$ produced by the modification. Assuming the modification of the potential to be of the square-well type (radius $1.2 \times A^{1/3} \times 10^{-13}$cm, $A =$ mass number of Aluminium nucleus) estimate the strength (depth or height) of the potential. Then, in the forward direction (θ small but not exactly zero), how much is the deviation of intensity from the Rutherford formula ?

ここでも教科書の一般的な記述をこえる現象の考察が求められている.

こんな具合に, 1962年4月24日から翌63年2月11日 (当時は「建国記念の日」などという国家主義丸出しの祭日はなかった) まで毎週月曜の午後, 全部で21回, 1回ほぼ4問で, 全88問におよび, 問題の多くは, 量子力学の教科書的な理解だけではとても歯が立たないようなものであった. 毎週月曜に, ほぼ4題の問題のプリントが与えられ, 火曜日から毎日眺めてあれやこれや計算しているうちに, 三日目くらいになんとか手掛りが見つかって, 1週間に1題, ともかくも

解ければよいほうであった.

　実はこの年, とくに秋からは大学管理法闘争が山場を迎えていたのだが, この量子力学演習だけは, 相当無理をしても予習し出席することにしていた. 今, この量子力学演習が 1963 年 2 月 11 日まで全部で 21 回と書いた. しかし正直に言うと, 丁度そのころ, 1963 年 2 月の中旬から, 私は, 闘争の過程で下された処分の撤回を求めて時計台前で座り込みを始めたのであり, 実際, そのことに関する『東大新聞』への私の投稿が掲載されたのはその年の 2 月 20 日号である. そして量子力学演習どころではなくなってしまった. だから, 量子力学演習は実際には 2 月末まで, そのあと 2 回ほどあったのかもしれない.

　演習の進め方は, やる気のある学生が自発的に前に出て, 黒板に自分の解答を書いてゆくのであるが, その間, 江沢さんは, あまりなにも言わずに眺めておられた. ときどき, 条件を変えてみればどうなるかとか, 異なる場合にもやってごらんとか, だいたい話を膨らませる方向に口をはさむだけで, それは間違っているとか, それでは駄目だとかはほとんど言われなかったように思う. 与えられた問題をとおり一遍のやり方で解いて満足するのではなく, 自分で話を広げ, 自分で問題をさらに設定するように, 促されていたように思う. そして問題が広がるにつれて, 私たちが考え計算しなければならない内容も増えていったのだが, その過程に江沢さんは, 学生が納得するまでじつに根気よく付き合ってくださった. この演習は公式には月曜の午後 1 時から 5 時までであったが, 生協食堂での夕食をはさんで夜の 9 時や 10 時過ぎまで及ぶこともしばしばあった.

　物理学にたいする江沢さんの関心の広さや理解の深さだけではなく, その情熱, そして教育にたいするその熱意は, 私たちに訴えるものがあった.

　こうして私たちは, すくなくとも私は, 物理の学習とは, 思いついたことは何であれ計算してみることだと学ぶことになった. 必ずしも一通りの正解があるわけではなく, 思いきって自由に様々な角度から考えてみることが重要であり, そしてその考えるということは, 労力を厭わず実際に手を動かして計算してみること, その上で計算結果を物理的に吟味することだということを学んだのであった.

2. 思いついたことはやってみるという教訓

　「自由に」という点では, どこかで江沢さんが「物理は自由だ」と言っておられたが, 実際にも『数理科学』1969 年 12 月号に載せられたエセー「君にとって量

子力学とは」で，原子核を題材にして書いておられる：

　　いま〔原子〕核を四角な箱としましょう．いや四角じゃなくて丸だ，いや，それでは言葉が不正確だから球といえ．そんなことが気になるようでは理論物理学はできません．いっそ，原子核を一次元の線分 $-\ell/2 \leq x \leq \ell/2$ にしてしまいましょう．

わかりやすく言えば，そういうことなんだろう．

ガリレオ以降，物理学理論とは，様々な要因が複雑にからまった現実の自然のなかから，基本的と思われる要素のみを選りだし，現象の本質がもっともよく浮き彫りにされるように，それらの要素を必要に応じて時にデフォルメし，理想化することによって得られてきたのであり，要素の選択の適否やモデル化の巧拙にこそ，物理屋のセンスが問われるということであろう．

もちろんデフォルメの仕方によっては，話がおおきく変わってくることもある．それを知るのも物理の学習のうちであろう．

たとえば3次元等方調和振動子を考える．中心力であるから角運動量は保存し，古典論では運動は一平面上でおこなわれる．だから古典論では，平面上の2次元の扱いをしても運動は本質的に変わらない．もちろん定量的にも違いはない．

しかしおなじことを量子力学ですると，どうなるか．エネルギーの固有値は，3次元では

$$\left(n_x + \frac{1}{2}\right)\hbar\omega + \left(n_y + \frac{1}{2}\right)\hbar\omega + \left(n_z + \frac{1}{2}\right)\hbar\omega = \left(n_3 + \frac{3}{2}\right)\hbar\omega$$

であるが，はじめから2次元の扱いをすると

$$\left(n_x + \frac{1}{2}\right)\hbar\omega + \left(n_y + \frac{1}{2}\right)\hbar\omega = (n_2 + 1)\hbar\omega$$

となり，あきらかに違いがでる．ここではじめて，たとえ古典論では平面上の運動になるケースでも，量子論では不確定性原理により運動は一平面上には限られない，つまり古典論では運動平面が厳密に (x, y) 平面であったとしても，量子論では $z = 0$，$p_z = 0$ の状態はあり得ず，古典論の軌道平面に直交する方向の揺らぎがともなうのだと，思いいたることになる．

この事実は，やはり中心力であるクーロン力の場合には，計算結果を現実，つまり測定値と比較することが可能であり，しかもそういう奇妙な話は，私の知るかぎり量子力学のどの教科書にも書かれていないようなので，面倒でも確かめてみる価値がある．なにしろ，思いついたことは面倒がらず実際に計算してみると

いうことが，江沢さんから学んだ教訓なのだ．

そこでこの場合も，はじめから2次元平面——(x,y) 平面または (r,ϕ) 平面——上に限定された運動を考える．2次元の原子と見てもよい．

その場合，角運動量は $\vec{L} = (0,0,L) = (0,0,xp_y - yp_x)$ で，それに対応する量子力学の演算子は，座標表示で

$$L = \frac{\hbar}{i}\left(x\frac{\partial}{\partial y} - y\frac{\partial}{\partial x}\right) = \frac{\hbar}{i}\frac{\partial}{\partial \phi}$$

ゆえ，角運動量の固有関数と固有値は $\exp(i\ell\phi)$ および $\ell\hbar$；$\ell = 0, \pm1, \pm2, \pm3, \cdots$ と得られる（$\ell = 0$ は棄てる）．この場合，角運動量はきっちり z 軸方向を向き，揺らぎがないので，厳密に $\hbar$ の整数倍の値をとるのである．

そして，ポテンシャルを $-\kappa/r$ とすれば，2次元ハミルトニアンは

$$H = \frac{p_x^2 + p_y^2}{2m} - \frac{\kappa}{r}. \tag{1}$$

ここで $r = \sqrt{x^2 + y^2}$ であり，2次元のラプラシアンは

$$\frac{\partial^2}{\partial x^2} + \frac{\partial^2}{\partial y^2} = \frac{\partial^2}{\partial r^2} + \frac{1}{r}\frac{\partial}{\partial r} + \frac{1}{r^2}\frac{\partial^2}{\partial \phi^2}.$$

この式の $\partial/\partial r$ の項の係数が3次元の場合の2と異なることに注意．したがって2次元の運動エネルギー $(p_x^2 + p_y^2)/2m$ に対応する演算子は

$$-\frac{\hbar^2}{2m}\left(\frac{\partial^2}{\partial x^2} + \frac{\partial^2}{\partial y^2}\right) = -\frac{\hbar^2}{2m}\left(\frac{\partial^2}{\partial r^2} + \frac{1}{r}\frac{\partial}{\partial r}\right) + \frac{L^2}{2mr^2}.$$

これは変数分離形ゆえ，波動関数を $R(r)\exp(i\ell\phi)$ として，2次元シュレーディンガー方程式の動径部分は

$$\left\{-\frac{\hbar^2}{2m}\left(\frac{d^2}{dr^2} + \frac{1}{r}\frac{d}{dr}\right) + \frac{(\ell\hbar)^2}{2mr^2} - \frac{\kappa}{r}\right\}R(r) = ER(r)$$

と表される．そして，これが束縛状態にたいする有界で2乗可積分な解を持つように，3次元の場合と同様の処方でエネルギー E の固有値を求めると

$$E = -\frac{m\kappa^2}{2(\nu + |\ell| + 1/2)^2\hbar^2} \qquad \nu = 0, 1, 2, 3, \cdots \tag{2}$$

が得られる．この場合も3次元の扱いで得られる正確なエネルギー準位

$$E = -\frac{m\kappa^2}{2n^2\hbar^2} = E_n \qquad n = 1, 2, 3, \cdots \tag{3}$$

と，あきらかに異なっている．

ボーアは，新しい原子模型を提唱した 1913 年の論文「原子と分子の構成について」の「第 1 部」で，量子条件を導入して水素原子にたいする (3) 式のエネルギー準位をはじめて導いた．そしてその論文の「第 2 部」で，電子の電荷や質量やプランク定数などの既知の物理定数を使って，(3) 式からリュードベリ定数 R に光速 c をかけたものの値を（ボーアの論文では κ は CGS 単位で e^2 ）

$$cR = \frac{|E_1|}{h} = \frac{2\pi^2 me^4}{h^3} = 3.26 \times 10^{15}\,\mathrm{s}^{-1}$$

と計算し，これを実測値つまりバルマー系列の観測値から得られる $3.290 \times 10^{15}\,\mathrm{s}^{-1}$ と比較して，'very close agreement with observations' と自分で表現している．そして 13 年 12 月の講演「水素のスペクトルについて」で，リュードベリ定数の測定値 $R = 109675\,\mathrm{cm}^{-1}$ と自身の計算値 $R = 1.09 \times 10^5\,\mathrm{cm}^{-1}$ をくらべ，ここでも 'The agreement is as good as could be expected' と自賛している．たしかに物理定数の当時の精度を考慮すれば，一致は素晴らしく良い．

ちなみに江沢さんの書かれた『ボーア革命』（日本評論社）には，ボーアの得た値として $cR = 3.1 \times 10^{15}\,\mathrm{s}^{-1}$ をあげ，「ボーアは，論文にこの結果を示して "実測値との一致は h, m, e, c の値の不確かさの範囲内にある" と書いています」と記されている (p.148)．これは実は 1913 年論文の「第 1 部」のもので，ボーアは「第 2 部」で当時の最新の物理定数を使って計算し直した上記の値を欄外の脚注に書き加えたのである．欄外に書かれているところを見ると，ゲラの段階で急遽書き込んだのだと思われる．

しかしいずれにせよ 2 次元で計算した (2) 式では，リュードベリ定数もイオン化エネルギーも，実際の測定値の 4/9 倍で，大きくはずれている．このことは，水素原子内の電子が，定常状態でもたしかに 3 次元空間を動いている（正確には存在確率が 3 次元に広がっている）ことを示している．

このことで，すこし（いやちょっと大幅に）脱線しておこう．

考えてみれば，(3) 式によって正確なリュードベリ定数を導きだすことに成功したことこそが，1913 年のボーアの原子模型が，それまでの物理学の常識に著しく反する前提にもとづいていたにもかかわらず，原子内部の真相を暴きだしたものと最終的に認められるにいたった大きな契機であった．Jammer の『量子力学史』（東京図書）には，直後にアインシュタインが「この背後には何かがあるに違いない．リュードベリ定数の導出がたんなる偶然であるとは私には信じられない」と語ったとある．したがって (3) 式で与えられる水素原子のエネルギー準位の公式

の導出に成功するか否かこそが，1925–26 年に登場した行列力学や波動力学においても，それらが本物と認められるための決定的な試金石であった．

そのエネルギー準位の公式であるが，波動力学では，もちろんシュレーディンガー自身が導いた．行列力学では，大方の教科書や歴史書にはパウリとディラックが独立に導いたとある．三者ほとんど同時である．実際，受理されたのは，パウリ論文 1926 年 1 月 17 日，ディラック論文 1 月 22 日，そしてシュレーディンガー論文 1 月 27 日．まさしく鎬を削っていたのである．

シュレーディンガーのものは波動方程式の固有値問題として鮮やかに解いたもので，現在の教科書に載せられているのと基本的に変わらない．パウリの解は角運動量とレンツ・ベクトルの行列を用いた力業で，これも見事と言う他はない．もっともパウリにとっては手ごろな演習問題程度であったのかもしれないが．

このパウリの解は，相当な計算を要するもので，大概の教科書には書かれていない．私の見たかぎり，例外はドゥルカレフの『量子力学』（大竹書店），サクライの『現代の量子力学』（吉岡書店）の改訂版，シッフの『量子力学』（吉岡書店）の第 3 版，そして Espositio, Marmo & Sudarshan の *From Classical to Quantum Mechanics* である．そこで 2 次元のモデルでパウリの解を再現してみよう．パウリがどのようなことをしたのか，その大略を紹介するとともに，2 次元の扱いではやはり正しいエネルギー準位が得られないことをあらためて確認するためである．

よく知られているように，逆自乗の引力（重力やクーロン力）のもとでの運動では，角運動量 $\vec{L} = \vec{r} \times \vec{p}$ とレンツ・ベクトルが保存する．レンツ・ベクトルは

$$\vec{A} = \frac{\vec{r}}{r} - \frac{(\vec{p} \times \vec{L})}{m\kappa} \tag{4}$$

で定義される（レンツ・ベクトルを，このノーテーションで $m\kappa\vec{A}$ で定義する流儀や符号を逆にとる流儀もあり，私は以前の『解析力学 I, II』（朝倉書店）ではそうしていたのだが，ここではパウリ論文に倣った）．これは角運動量に直交する軌道平面内のベクトルである．角運動量の保存は空間の等方性（回転対称性）の結果であり，他方，レンツ・ベクトルの保存は隠れた対称性の結果である（この点については拙著『解析力学 I, II』の例 3.2.3, 6.3.2, 6.4.2, および数学書房から出した私の『力学と微分方程式』最終節参照）．上式と位置ベクトル $\vec{r}$ との内積をとると，θ を $\vec{r}$ とレンツ・ベクトルのなす角として

$$r|\vec{A}|\cos\theta = r - \frac{\vec{r} \cdot (\vec{p} \times \vec{L})}{m\kappa} = r - \frac{(\vec{L} \cdot \vec{L})}{m\kappa},$$

すなわち，平面極座標で表した円錐曲線としての軌道の方程式

$$r = \frac{(\vec{L} \cdot \vec{L})/m\kappa}{1 - |\vec{A}| \cos\theta}$$

が得られる．軌道は $|\vec{A}| < 1$ のとき楕円，$\theta = 0$ で r が最大，つまりレンツ・ベクトルは，惑星軌道の用語をもちいれば，軌道平面内で遠日点方向を向いた定ベクトルで，その大きさ $|\vec{A}|$ は楕円の離心率を表している．角運動量の保存が軌道平面と面積速度が一定であること，つまりケプラーの第0および第2法則を表しているのにたいして，レンツ・ベクトルの保存は，軌道の形状と配置（方向づけ）が変わらない事，つまりケプラーの第1法則を表している．

　以上は古典論の話だが，量子化するために，以下では角運動量やレンツ・ベクトルの成分をすべて q 数として扱う．とくに2次元の扱いでは，基本となる正準交換関係は $[x, p_x] = [y, p_y] = i\hbar$ で，他はすべて0．ここに $[x, p_x] = xp_x - p_xx$．$\vec{L} = (0, 0, L) = (0, 0, xp_y - yp_x)$ として，2次元ベクトル $\vec{A}$ の成分

$$A_x = \frac{x}{r} - \frac{1}{2m\kappa}(p_y L + L p_y) = \frac{x}{r} - \frac{1}{m\kappa}\left(p_y L + \frac{\hbar}{2i}p_x\right),$$

$$A_y = \frac{y}{r} + \frac{1}{2m\kappa}(p_x L + L p_x) = \frac{x}{r} + \frac{1}{m\kappa}\left(p_x L - \frac{\hbar}{2i}p_y\right)$$

を定義する．これらは (4) の成分であるが，エルミット化するための細工が施してある（ここでは2次元の扱いをしているが，3次元の扱いでは，項の数が増すとともに，A_x, A_y の最後の項の係数が異なってくる）．これより，正準変数の交換関係に注意して少々面倒な計算をすることで，交換関係

$$[A_x, L] = -i\hbar A_y, \qquad [A_y, L] = i\hbar A_x, \qquad [A_x, A_y] = i\hbar \cdot \frac{-2H}{m\kappa^2}L \qquad (5)$$

および，加法公式

$$A_x^2 + A_y^2 = 1 + \frac{2H}{m\kappa^2}\left(L^2 + \frac{\hbar^2}{4}\right) \qquad (6)$$

が導かれる．ここに H は (1) 式で表されるハミルトニアンである．H と L は可換ゆえ，定常状態，つまりハミルトニアンの固有値 E の固有状態は縮退しているので，その状態に着目する．$H = E$ として

$$A_x = \sqrt{\frac{-2E}{m\kappa^2}}\, m_x, \quad A_y = \sqrt{\frac{-2E}{m\kappa^2}}\, m_y, \quad L = m_z$$

で m_x, m_y, m_z を定義すると，先の加法公式 (6) は，

$$-\frac{2E}{m\kappa^2}\Big(m_x^2 + m_y^2 + m_z^2 + \frac{\hbar^2}{4}\Big) = 1 \tag{7}$$

と書き直される. また (5) 式を書き直すことで (m_x, m_y, m_z) の交換関係

$$[m_x, m_y] = i\hbar m_z, \quad [m_y, m_z] = i\hbar m_x, \quad [m_z, m_x] = i\hbar m_y$$

が得られる. この交換関係は角運動量成分の交換関係とまったく同じである（2次元ケプラー問題は隠れた対称性として3次元の回転対称性を有しているのである）. したがって固有値, 言いかえればハミルトニアン行列と同時に対角化したときの行列の対角要素として

$$m_x^2 + m_y^2 + m_z^2 = n(n+1)\hbar^2, \quad n = 1, 2, 3, \cdots$$

が得られる. 交換関係だけからでは n は半整数でもよいのだが, $m_z = L$ は空間角運動量ゆえ, ここでは n は整数に限られる.

そしてこの結果と上記の加法公式 (7) より, エネルギーの固有値

$$E = -\frac{m\kappa^2}{2\{n(n+1)+1/4\}h^2} = -\frac{m\kappa^2}{2(n+1/2)^2 h^2}$$

が導かれる. この結果は, 当然ながら, 先に波動方程式を使って求めた (2) 式と同一で, 2次元の扱いでは正しいエネルギー準位 (3) が得られないことがあらためて確認された.

以上の計算は実際にはかなり面倒ではあるが, これをパウリがやったように3次元でやるとなると, 計算はさらに面倒になる. ここまできたから, その概略を示しておこう. 3次元だから角運動量は $\vec{L} = (L_x, L_y, L_z)$, レンツ・ベクトルは $\vec{A} = (A_x, A_y, A_z)$ と, 各3成分を持ち, それらの間の交換関係は, (5) にかわって

$$[L_i, L_j] = i\hbar\epsilon_{ijk}L_k, \quad [A_i, L_j] = i\hbar\epsilon_{ijk}A_k, \quad [A_i, A_j] = i\hbar\epsilon_{ijk}\frac{-2H}{m\kappa^2}L_k,$$

（ϵ_{ijk} はエディントンのイプシロン）. また加法公式は, (6) にかわって

$$A_x^2 + A_y^2 + A_z^2 = 1 + \frac{2H}{m\kappa^2}(L_z^2 + L_y^2 + L_z^2 + \hbar^2).$$

ここの H はもちろん3次元のハミルトニアン. 最後の項の係数が2次元の場合と異なっていることに注意. ここまでは, 大変ではあるが基本的に腕力の問題である. じつはさきにドゥルカレフの教科書に載っていると言ったが, それはここまでで終っている. ここから先, この交換関係から代数的に固有値を求めるのは少々頭の体操を必要とする. 結論だけ書くと

$$L_x^2 + L_y^2 + L_z^2 = l(l+1)\hbar^2,$$
$$A_x^2 + A_y^2 + A_z^2 = -\frac{2H}{m\kappa^2}\{n^{*2} + 2n^* - l(l+1)\}\hbar^2.$$

これを上記の加法公式に代入して，$n^* + 1 = n$ と書き直せば，正しいエネルギー準位 (3) が得られる．

これはパウリの議論に倣ったものだが，むしろ $\vec{A} = \sqrt{-2H/m\kappa^2}\,\vec{K}$ とスケール変換し，さらに $\vec{M} = \frac{1}{2}(\vec{L} + \vec{K})$, $\vec{N} = \frac{1}{2}(\vec{L} - \vec{K})$ と組みなおすと，$\vec{M}, \vec{N}$ がたがいに可換で，かつそれぞれが角運動量と同型の交換関係を満たすことがわかり，見通しはずっとよくなる．このことは 3 次元ケプラー問題が広い対称性 $SO\,(4)$ を有していることを示しているが，そのこともふくめて，この議論は先述のサクライやシッフの書の改訂版や Sudarshan たちの教科書に書かれている．最近になってこの議論がいくつかの教科書に書かれるようになった背景にあるのは，この対称性への関心であろう．古典論の範囲では，同様の議論を私は『解析力学 II』の例 6.4.2 に記しておいた．

3. ディラック論文について

さて問題はパウリに 5 日遅れ，シュレーディンガーに 5 日先んじたディラックの解である．パウリの解が教科書にはあまり出てこないといったが，ディラックのものは輪をかけて「不人気（？）」で，これはほとんど何処にも載っていない．

Van der Waerden が編集した *Sources of Quantum Mechanics* には，パウリの論文とディラックのこの論文が共に収録されているのだが，ディラックのものは q 数の代数を説明する前半部分だけで，肝心の水素原子についての議論はカットされている．

ディラックの原論文で調べてみると，驚いたことにディラックは，(1) 式とまったくおなじ 2 次元のハミルトニアンで議論している．それで一体どうして「ディラックは彼の理論で水素原子の振動数を導きだした」（Jammer『量子力学史』）というようなことが言えるのか，その点が気になるので，すこし詳しく触れておこう．ただ，この論文に記されている q 数の代数の表記法は現在の教科書に書かれているものと少々異なるので，遠回りになるがその点から始めることにしよう．

q 数の正準変数を正準変換して q 数の作用変数 J と角変数 w を導入する．ここ

に $[w, J] = (wJ - Jw)/i\hbar = 1$. 〔この時点ではディラックはプランク定数 h を $h/2\pi$ の意味で使っているので,ここではのちのディラックの記号 $\hbar$ に改める.またこのディラック括弧は $i\hbar$ で割っていることに注意.ディラックは多重周期系で論じているが,ここでは簡単に 1 自由度の周期系で説明する.多自由度にするには w や J に添え字をつける.そのとき $[w_s, J_r] = \delta_{sr}$.またディラックは角変数の周期を 2π にとっているので,作用変数は古典論の表現では $J = \oint pdq/2\pi$ で定義されるものである.〕このときハミルトニアンは $H(J)$,正準方程式は

$$\frac{dJ}{dt} = [J, H] = 0, \qquad \frac{dw}{dt} = [w, H] = \frac{\partial H}{\partial J}.$$

ここで時間導関数 $de^{i\alpha w}/dt = [e^{i\alpha w}, H]$ において,左辺は $i\alpha w e^{i\alpha w} = i\alpha\omega e^{i\alpha w}$,右辺は $(e^{i\alpha w}H - He^{i\alpha w})/i\hbar$,したがって

$$\alpha\omega = \frac{1}{\hbar}(H - e^{i\alpha w}He^{-i\alpha w}) \qquad \therefore \qquad \hbar(\alpha\omega)(J) = H(J) - H(J - \alpha\hbar).$$

第 2 式左辺の $(\alpha\omega)(J)$ がボーアの遷移振動数 $\omega(J, J - \alpha\hbar)$ にあたる(α は整数).そしてこの式は,ボーアの振動数条件を表している.

そこで q 数の任意の周期関数 $x = \sum_\alpha x_\alpha(J)e^{i\alpha w}$ において,展開係数をハイゼンベルクの遷移振幅にあわせて $x_\alpha(J) = x(J, J - \alpha\hbar)$ と記し,時間導関数にかんして,dw/dt から得られる角振動数 $\omega(J, J - \alpha\hbar)$ をもちいて表される

$$\frac{dx}{dt} = \sum_\alpha x(J, J - \alpha\hbar)i\omega(J, J - \alpha\hbar)e^{i\alpha w},$$

および,y にたいしても同様に表し,積 xy にたいする表現

$$xy = \sum_{\alpha,\beta} x(J, J - \alpha\hbar) \cdot y(J - \alpha\hbar, J - (\alpha+\beta)h)e^{i(\alpha+\beta)w}$$

をあわせて,それらの展開係数(つまり行列要素)の関係

$$\dot{x}(J, J - \alpha\hbar) = i\omega(J, J - \alpha\hbar)x(J, J - \alpha\hbar),$$
$$xy(J, J - \gamma\hbar) = \sum_\alpha x(J, J - \alpha\hbar) \cdot y(J - \alpha\hbar, J - \gamma\hbar)$$

が得られる.これだけを導いてディラックはつぎのように語っている.

これらの公式は,q 数を c 数で表現する手段を提供する.たんに J の関数と考えられる表現 $x(J, J - \alpha\hbar)$ および $\omega(J, J - \alpha\hbar)$ において,J に c 数 $n\hbar$ を代入〔原文では「それぞれの J_r に c 数 $n_r\hbar$ を代入」〕し,その結果を c 数で

$x(n, n - \alpha)$ および $\omega(n, n - \alpha)$ と記す. n に順に 1 ずつ異なる一連の値をとるようにしたすべての c 数 $x(n, n - \alpha) \exp\{i\omega(n, n - \alpha)\}$ の集合が, q 数 J_r のすべての値にたいする q 数 x の値（the values of the q number x for all values of the q numbers of J_r）を表現しているもの考えることができる.

そしてここで, それ以下では $x(n, n - \alpha)$ がゼロになる n に最小値があるとして, そのときを「正常状態（normal state）〔基底状態のこと〕」としている.

結局ディラックは, 前期量子論での作用変数をもちいた量子条件 $J = n\hbar$（一般に $J_r = n_r\hbar$）とボーアの振動数条件, およびほぼ半年前に発表されたハイゼンベルクの先駆的論文の遷移振幅の表現を念頭において, q 数としての作用変数 J のとる値（つまり固有値）が $n\hbar$ であると推測（予断？）したということのようである. 数学的に厳密な議論ではない.

さて, 水素原子の問題であるが, ディラックは 2 次元極座標で表した古典論の楕円軌道の公式に現れるパラメータを q 数に置き直し, それを用いて q 数としての角変数 w を定義する. 他方で, はじめに置いたハミルトニアンが q 数 P で

$$H = -\frac{m\kappa^2}{2P^2} \tag{8}$$

と表されることを示し（κ は先に私が定義した記号に合わせたもので, ディラックの原論文では CGS 単位の e^2），

$$\frac{dw}{dt} = \frac{m\kappa^2}{P^3}$$

を導いている. いずれの部分も, おそろしく複雑で面倒な計算である. そしてこの右辺が $\partial H / \partial P$ に等しいことから, 「この P は角変数 w に正準共役な作用変数である」と結論づける. ここまでは P は q 数である.

議論は事実上ここで終っているのであり, その後に「J〔作用変数〕$= \hbar$ が正常状態（normal state〔基底状態〕）である」として, つぎのように結んでいる:

もしそうであるならば, P を $\hbar$ の整数倍に等しいと置くべきであろう, そうすれば観測されている水素原子のスペクトルを得ることになるであろう（If this is so, one would have to put P equal to an integral multiple of $\hbar$, and one would then obtain the observed frequencies of the hydrogen spectrum）.

つまりこうして (8) 式から正しいエネルギー準位 $E = -me^4/2n^2\hbar^2$ が得られるというのだが, しかしこれは 'would' とあるように, あくまで推測でしかなく,

エネルギー準位を「導いた」とはとても言えない．q数Pを簡単にc数に置き換えることの当否はさておいても，そもそも作用変数が$\hbar$の整数倍をとるというのは前期量子論の話である．量子力学では作用変数が一般的にどう定義されるのか，そのこと自体よくわからないが，たとえば1次元のポテンシャル問題で，

$$J = \frac{1}{2\pi} \oint p dq = \frac{1}{2\pi} \oint \sqrt{2m(E - U(q))} dq$$

と定義されるものとすると，WKB近似で示されているように，この量は近似的に$(n + 1/2)\hbar$の値をとる．そしてこの値を使ったとすれば，先に2次元ハミルトニアンの場合に私が求めた「誤った」エネルギー準位 (2) とおなじものが得られることになる．

結局デイラックは，水素原子にたいして2次元の扱いという不適切な前提で計算し，事実上は前期量子論に相当する不確かな推測にもとづいて，結果的に「正しい値」に辿りついた，あるいはむしろ「正しい値」が得られるように不確かな推論を重ねたということになる．

しかし私の管見のおよぶ範囲で，このことを指摘した文献は見当たらない．どの教科書も，量子力学ではパウリとディラックが独立にエネルギー準位の公式を導いたとして済ましている．実は，ディラック自身も，その後この議論に触れていないようである．自身の書いた有名な教科書『量子力学』でも，1930年の初版から1958年の最終第4版にいたるまで，水素原子のエネルギー準位に関しては一貫して波動関数の固有値問題として導いている．結局1926年の水素原子の議論は，自分でも不十分で不正確だと知っていたのではないだろうか．

量子力学での作用変数について触れておくと，『量子力学』の初版と1935年の第2版までは，1次元調和振動子の場合にq数としての作用変数を$J = H/\omega - \hbar/2$で定義し，「その固有値が$\hbar$の零もしくはそれ以上の整数倍」になると記しているが，作用変数のこのような定義は，調和振動子の場合にしか使えない．もともと古典力学では作用変数Jで表された調和振動子のハミルトニアンは$H = \omega J$であり，人為的で不自然なディラックのこのJの定義は，作用変数の固有値を無理に$n\hbar$にするためのきわめてアド・ホックな定義であり，そしてこの議論さえも，1948年の第3版からは削除され，作用変数は完全に姿を消している．

歴史書も，水素原子のエネルギー準位についてのこのディラックの議論には，ほとんど立ち入っていない．例外は，私の調べたかぎり，Mehra と Rechenberg の大部な *The Historical Developement of Quantum Theory* (Vol.4)，および武

谷三男・長崎止幸両氏の『量子力学の形成と論理 III　量子力学の成立とその論理』の 2 書であるが，いずれもディラックの計算を無批判になぞっているだけで，事実上受け容れている．Kragh の *DIRAC：A Scientific Biography* には，このディラックの議論の簡単な紹介の後に「ディラックが認めているように，量 P が $\hbar$ の整数倍であるならば，これ〔得られた式〕は実験的に確かめられている 1913 年のボーアの理論で語られた結果と同一である．しかし，彼は P がたしかに $\hbar$ の整数倍になることを証明することができなかったので，水素原子のスペクトルのディラックによる導出は完全ではない（not complete）」と結んでいる．

　しかし，2 次元の扱いという前提そのものが決定的に不適切だという指摘は，どこにもない．この事実は，ディラックの権威と結果オーライで百年近く見過ごされてきたようである．ディラックとて神様ではなかったのだ．

　脱線が過ぎたが，はじめの話に戻ると，思いついたことはまずやってみるという教訓は，時に意外な発見にもつながるものだという話である．

4. 量子力学を教えること・学ぶこと

　私が大学院で素粒子研に進んだときには，江沢さんは外国に行かれたが，日本に戻られて学習院大学にポストを得られたのち，有限自由度の量子力学が無限自由度の場の量子論にどのように繋がるのかという問題をモデル的に検討するためのものとして，ϕ^4 相互作用の非局所的な扱いについて，私は，中村孔一さんとともに，江沢さんと一緒に仕事をさせていただいた．

　そしてその副産物として，シュレーディンガー方程式の数値解を求めるプログラムの作成をすることになった．1967 年のころであった．この仕事によって，私ははじめて FORTRAN と，そして微分方程式の数値解法を学んだ．そのことは，それまで解析的にのみ見ていた波動関数の振る舞いについて，異なる見方を与えてくれるものであった．その後，1988 年に江沢さんが放送大学の教科書として書かれた『現代物理学』には，調和振動子にたいするシュレーディンガー方程式を書き直した微分方程式 $\left(-\dfrac{d^2}{d\xi^2} + \xi^2\right)u(\xi) = \lambda u(\xi)$ について，

　　〔この〕微分方程式は任意の λ に対して解をもつのであって，ただそのごく一部だけが境界条件〔$\xi \to \pm\infty$ で $u(\xi) \to 0$, $u'(\xi) \to 0$〕を満たす $u(\xi)$ を与えるのである．この事実は〔この〕微分方程式を計算機によって数値的に解

こうとするとき，痛いほど思いしらされる．たとえば $\xi \to -\infty$ で境界条件
をみたすようにして，ξ の増す向きに数値積分した解は，λ が固有値とわずか
でも違うと，やがて狂暴に発散する．（p.311）

と書かれている．これは，そのときの私たちの経験にもとづいている．

ディジタルな計算では，たとえ 16 桁精度で固有値を「正確に」求めたとしても，
17 桁以下では真値との差があるわけで，数値積分をそのまま続けると，無限遠で
波動関数が完全には減衰せずに，やがて途方もなく発散する．そのため，固有値
ごとに節（node）の数を数え，波動関数がその節の数だけゼロをきった後にあら
ためてゼロに近づくさいには，十分小さくなったところでその先を強制的に減衰
させるための cut-off 因子を付けておかなければならない，ということを私たち
は経験的に学んだのである．「痛いほど思いしらされる」とか「狂暴に発散する」
という，そのややオーバーで物理学の書物らしくない表現に，私たちの実際の経
験の強烈な印象が影を落としている．こうして，規格化を可能とする境界条件に
よって束縛状態のエネルギーが厳密に決定されるという事実を，実感として知る
ことになった．

なお，この『現代物理学』は，現在は朝倉書店から出されている．内容が盛り
沢山のきらいがあるが，原子物理学の入門書としては推薦できる良い本である．

ところで先に，私の受けた量子力学の講義と演習が「解析力学からはじまって，
前期量子論，そして量子力学に進む，その意味では，昔の量子力学のオーソドッ
クスな教科書のスタイルにならったもので」と記したが，実際，その後も江沢さ
んは，講義でこのスタイルを続けておられたようである．学習院大学での講義を
下敷きにした量子力学の入門書である江沢さんの『量子力学（I）』『同（II）』（裳
華房）は，やはり古典力学から量子力学への歴史的展開にそくして議論が進めら
れている．そしてその理由として，同書の「はしがき」には「古典物理学から量
子物理学への革命の過程を説明したのは，それなしでは量子力学の枠組みが理解
されないと思うからである．そのくらい量子力学の構造は奇妙だ」とある．

その背後にあるのは，たんなる教育上の技術や配慮だけではない．そこには「い
までこそ，たいていの人は量子力学になれっこになってしまい，波束の収縮など
ということも平気で口にすることが多くなったようであるが，ほかならぬ量子力
学の建設者たちは血を吐くような議論を重ねたものである」（「猫と重ね合わせと
客観的な偶然性」『数理科学』1969 年 12 月）という，江沢さんの歴史への理解が

ある．そしてこの点は私も同感である．

　実際にも，量子力学の建設者の一人であるオーストリアのパウリは，ノーベル賞講演で「古典的な考え方になじんでいる物理学者がボーアの"量子論の基本的要請"の話をはじめて聞かされたときに経験したショックを，私もさけることができませんでした」と回顧している．そして行列力学の創案者ドイツのハイゼンベルクは，その思想的自伝としての『部分と全体』で「ヨーロッパにおいては，新しい原子理論〔つまり量子論〕の非直観的な傾向，粒子と波動の概念の間の二重性，自然法則の純粋に統計的な性格などが，たいていは白熱した議論となり，ときとしては新しい考えが激しく拒絶されるという結果を招くことがあるのに，大部分のアメリカの物理学者は，これといった障害もなく新しい考え方をむしろ進んで受け入れ，明らかに彼らは少しも困難を感じないように見える」との感想をもらしている．

　それはもちろん，ヨーロッパとアメリカという地理的な距離だけではない．1918年に生まれたオランダの物理学者パイスは「既成の量子力学にさらされた世代に属していた」ので，アインシュタインやボーアと個人的に接するまで，量子力学における過去の断絶の大きさを十分に自覚することが出来なかったと述懐している（『神は老獪にして…』）．結局，みずから悩み格闘して量子力学を創りあげた世代と，出来あがった量子力学を正しいものとして受け容れた世代の違いであろう．その意味では，同じ1918年にアメリカで生まれたファインマンが量子の不思議にこだわり続けたのは，さすがである．

　この点では「〔現在では〕若い物理学者たちのほとんどが，量子力学の内部にある論理にはあまり関心を持たず，信頼性のある答えを手っ取り早く手に入れるための手段として利用することにもっぱらかかずらわっている」という，Farmeloによるディラックの伝記『量子の海　ディラックの深淵』（早川書房）の指摘が的を突いている．数学者の故・倉田令二朗氏との対談で「量子力学というのは古典力学に慣れていた人にとっては非常にショッキングな新しい認識方法であったわけですね．ところが人間とは面白いもので，慣れてくるとそれがあたり前になっちゃうわけです．疑いもしない．これが実は問題なんだ」と憂慮を口にしておられるように（『物理学の視点』より），量子力学の教育をマニュアル化された計算手法のトレーニングに解消してはならない，というのが江沢さんの一貫した姿勢だったのだと思う．

　そんな風にして，私は江沢さんから，量子力学とともに，物理学の学習の仕方

を学んだ．その後，私は，量子力学を使うという立場の研究者にはならなかったのだが，量子力学の基本的な問題にはこだわり続け，それで，コペンハーゲン解釈を確立したニールス・ボーアの論文集の翻訳を手がけることになった．

研究者にはならなかったものの，私は，物理学教育のはしくれにかかわって，今日にいたるまで予備校で物理を教えてきた．江沢さんが『物理教育』の1970年の17巻第4号に書かれたエセー「物理学にも思想があることを理解させる」に，つぎの一節を見出す：

> 高校では"数値積分法"でもって微分方程式を解くべきだと思っている．労働をいとうてはいけない．……ある種の学生は，なにかスマートな方法がみつかって問題が解けるはずだと腕を組み，あげくのはて，よいアイデアが浮かばないといって才能に絶望したりしているが，腕は動かすためにあるのである．アイデアは労働の後に浮かんでくるもので，つまりは複雑な手続きをして求めた結果を見通しよくコンファームする機能を果たすにすぎないと考えておいたほうがよい．

私は江沢さんほど熱心な教育者ではないけれども，数学や物理の学習においてもっとも重要なこととして「労働をいとうてはいけない．……腕は動かすためにある」という教訓を，常々予備校で子どもたちに語ってきた．

予備校では，量子物理学としては，年度末近くのあわただしい時期に，1905年のアインシュタインの光電効果の理論と1913年のボーアの原子モデルに始まる前期量子論を，それも深く掘り下げることもなければ，話をその先まで発展させる余裕もなく，駆け足で上っ面に触れる程度で済ませている．元々，前期量子論は矛盾に満ちた過渡的な理論で，よくよく考えるとおかしなところが一杯あるのだが，それにもかかわらず，寝ている子を起さないとでも言うように，表面的に旨くいっている処だけをつまみ食い的に語って，大学に入ったらゆっくり考えてくださいというようなことを言ってお茶を濁しているのが現状である．

江沢さんの『ボーア革命』には「いま日本の高等学校では，ボーアの原子模型はどの教科書にも載っていますが，さて，どういうふうに教えるか，正しいことだと教えるか，おぼえなさいと教えるか，それともこれはとんでもない理論だったんですよって教えるかですね」とある (p.153)．日ごろのおこないを見透かされているようで，恥ずかしくなる．

5.「君にとって量子力学とは」

ところで先に「必ずしも一通りの正解があるわけではなく，様々な角度から考えてみることが重要であり」と書いたが，実際にも，先に触れた江沢さんのエセー「君にとって量子力学とは」には，ファインマンの講義録の一節 'Every theoretical physicist who is any good knows six or seven different theoretical representations for exactly the same physics' を枕にして，「量子力学とはあなたにとってなんですかとたずねてごらんなさい．六人七様の答えが返ってくるでしょう」とあり，量子力学への幾つかのアプローチが語られている．

その一番目には「量子力学とは '不確定性原理' です．そういう人がいるかもしれません．きっとあなたは高校生でしょう」とあり，二番目に「量子力学とは何かと問われたら，エネルギーの式 $E = \dfrac{1}{2m}p^2$ の《運動量 p を $-i\hbar\dfrac{d}{dx}$ でおきかえる》ことによって波動方程式をたてることだと答える．化学の先生なんかがおっしゃりそうなことです」とある．

私自身がおなじことを問われたら，どう答えることになるだろうか．

私は，以前に仕事の関係で天体力学を学ぶ機会があり，そこから解析力学へと関心を広げていったのだが，その過程で解析力学の形式が量子力学に見事に対応づけられている，あるいは繋がっていることに大きな印象を受けた．その対応，その繋がりは，解析力学のポアソン括弧が量子力学の交換関係に置き換えられるというディラック流の量子化や，あるいは古典力学の正準変換と量子力学のユニタリー変換の対応にも見てとれるが，それとともに作用積分がド・ブロイの導入した電子波（粒子波）の位相を与えるという事実に顕著である．

私の解析力学の学習は，後に中村孔一さんに手伝ってもらって書いた『解析力学 I』『同 II』にまとめられたが，その後，私はその副産物として『幾何光学の正準理論』を書き，数学書房から出版してもらった．そして，波動光学の短波長近似としての幾何光学——むしろ「解析的光線光学」とでも言うべきもの——を「波動化」することによって波動光学が復元される，そのプロセスが粒子力学の「量子化」にほぼ完全に対応し並行しているのであり，しかもその過程で量子現象の特徴を考慮することによって見事にシュレーディンガー方程式が導きだされることに大きな感銘を受けた．

それゆえ「君にとって量子力学とは」という江沢さんの問いかけにたいする私

なりの精一杯の回答として，『幾何光学の正準理論』にも概略を記したその過程を，ここにあらためて詳しく述べさせてもらうこととしよう．

ド・ブロイが導入した「電子（一般には粒子）に結びついた波動」すなわちド・ブロイ波の波動関数を，つぎのように求める．否，もっと正確に言えば，つぎのように推測する．

幾何光学では，2点 $\vec{r}_0$, $\vec{r}$ を通る光線は，途中の屈折率を $\mu(\vec{r})$，経路長を s として，真空に換算した経路長，すなわち

$$\text{光路長} \quad V(\vec{r}, \vec{r}_0) = \int_{\vec{r}_0}^{\vec{r}} \mu(\vec{r}(s)) \, ds$$

が極値（正確には停留値）となる経路をとる．光速を c として $V(\vec{r}, \vec{r}_0)/c$ が伝播の所要時間ゆえ，所要時間が極値になる経路を選ぶと言ってもよい．これがフェルマの原理であり，この $V(\vec{r}, \vec{r}_0)$ がハミルトンの点特性関数ないしアイコナール関数と言われるものである．

同様に，エネルギーが保存される粒子の運動では，2点 $\vec{r}_0$, $\vec{r}$ を通る粒子は，エネルギーを E，途中のポテンシャルを $U(\vec{r})$ として

$$\text{作用} \quad W(E, \vec{r}, \vec{r}_0) = \int_{\vec{r}_0}^{\vec{r}} \sqrt{2m\{E - U(\vec{r}(s))\}} \, ds$$

が極値（停留値）となる経路をとる．これが最小作用の原理であり，とくに積分経路が現実の軌道の場合，この関数がハミルトンの特性関数と言われる．つまり力学における $\sqrt{2m\{E - U(\vec{r})\}}$ が，次元は異なるが機能としては光学における屈折率 $\mu(\vec{r})$ に対応しているわけで，そのことはポテンシャルが不連続に変化する面での粒子の屈折の法則から確かめられる．なお，以下では始点 $\vec{r}_0$ の記載は省略．

ところで幾何光学では，フェルマの原理が成り立つとき，光線束は $V(\vec{r}) = \text{const.}$ の面に直交しているので，波動化すれば，この面が波動の同位相面を与える．なお，幾何光学は振動数を考慮しないので，基本的に単色光を扱っていることになり，その光線束にともなう波動の位相は $\Phi_0(\vec{r}, t) = k_0 V(\vec{r}) - \omega t = \phi(\vec{r}) - \omega t$ で与えられる．ここに $\omega/2\pi = \nu$ が振動数で，k_0 は，長さの次元をもつアイコナール関数 $V(\vec{r})$ を無次元にするためにつけた定数である．位相は 1 波長で 2π 変化するから，$\nabla\phi = k_0 \nabla V = \vec{k}$ を波数ベクトルとして，$2\pi/|\nabla\phi| = 2\pi/|\vec{k}| = \lambda$ がその波の波長を与える．

そしてフェルマの原理と最小作用の原理のこの対応関係にもとづいて，幾何光学における単色波の位相 $\Phi_0(\vec{r}, t) = \phi(\vec{r}) - \omega t$ に，エネルギー一定の定常状態での

電子波の位相 $S_E(\vec{r}, t) = W(E, \vec{r}) - Et$ を対応させることができるであろうと推察される。ただし関数 S_E は（作用）の次元，つまり（運動量）×（長さ）の次元，あるいはおなじことだが（エネルギー）×（時間）の次元を持つのにたいして，位相は無次元でなければならないから，S_E を（作用）の次元を持つ定数 $\hbar$ で割ったもの，すなわち $\Phi_E = \dfrac{1}{\hbar}(W - Et)$ をド・ブロイ波の位相とする。この段階では，定数 $\hbar$ は（作用）の次元を持つこと以外は，なにもわかっていない。

ここで二つの位相の対応関係から，$W = \hbar\phi$，$E = \hbar\omega$ とおいて，振動数を $\nu = \omega/2\pi$ として，後者の式を「アインシュタインの関係」$E = h\nu$ と見なせば，$\hbar = h/2\pi$ はディラックの用いたプランク定数であり，$\nabla W = \hbar\nabla\phi$ の対応は，運動量ベクトルと波数ベクトルの関係 $\vec{p} = \hbar\vec{k}$ を与え，これは粒子波の波長についての「ド・ブロイの関係」$p = h/\lambda$ に他ならない。この二つの関係は，プランク定数 h を介して粒子像と波動像を関係づけるものであり，ここにプランク定数の重要性が見て取れる。幾何光学が波動光学の短波長の極限として有効であるのと同様に，古典力学（粒子力学）は，ド・ブロイ波の波長 $\lambda = h/p$ においてプランク定数がきわめて小さいために，波動力学の短波長極限であるという事実に，巨視的世界におけるその有効性が保証されているのである。

以上の議論より，定常状態での粒子にともなうド・ブロイ波の波動関数を

$$\Psi_E(\vec{r}, t) = N \exp\left[\frac{i}{\hbar}\{W(E, \vec{r}) - Et\}\right]$$

とすることができる（N は規格化の因子）。定常状態にかぎらなければ，この場合の E の関数 $W(E, \vec{r})$ を t の関数にルジャンドル変換すればよい。すなわち

$$\frac{\partial}{\partial E}(W - Et) = \int^{\vec{r}} \sqrt{\frac{m}{2(E - U(\vec{r}))}} ds - t = 0$$

と置き，これより

$$ds = \sqrt{\frac{2}{m}(E - U(\vec{r}))} dt \quad \text{かつ} \quad E = \frac{m}{2}\left(\frac{ds}{dt}\right)^2 + U(\vec{r}) = \frac{m}{2}\dot{\vec{r}}^2 + U(\vec{r})$$

の関係が得られ，この関係を用いることで，ルジャンドル変換された関数

$$S(\vec{r}, t) = \Big[W(E, \vec{r}) - Et\Big]_{\text{above relation}} = \int^t \left\{\frac{m}{2}\dot{\vec{r}}(t')^2 - U(\vec{r}(t'))\right\} dt'$$

が導かれる。古典力学では関数 $S(\vec{r}, t)$ は作用積分，とくにその積分経路が現実の軌道の場合，ハミルトンの主関数，その被積分関数 $L(\vec{r}, \dot{\vec{r}}) = \dfrac{m}{2}\dot{\vec{r}}^2 - U(\vec{r})$ はラ

グランジアンと言われるもので，質点は端点を固定した変分で作用積分 S が極値（停留値）となる経路をとるというのがハミルトンの原理である．

ここでド・ブロイ波（電子波）が伝播するときの位相が

$$\Phi_S(\vec{r}, t) = \frac{1}{\hbar} S(\vec{r}, t) = \frac{1}{\hbar} \int^t L(\vec{r}, \dot{\vec{r}}) dt' \tag{9}$$

で与えられると仮定し，そのことの意味を以下のように考える．

量子力学では，ブラ・ケット形式で表して，時刻 t_0 での系の状態が状態ケット $| \Psi, t_0 >$ で指定される．時刻 t_0 の状態では，シュレーディンガー表示でもハイゼンベルク表示でも同一とする．基底ブラとして q 数 $\vec{r}$ の固有値 $\vec{r}'$ での固有ブラ $< \vec{r}', t_0 |$ をとると，初期状態での波動関数は，$\vec{r}$ 表示で $\Psi(\vec{r}', t_0) = < \vec{r}', t_0 | \Psi, t_0 >$.

この状態は時刻 $t > t_0$ にはシュレーディンガー表示で

$$|\Psi, t > = \exp\{-iH(t - t_0)/\hbar\} |\Psi, t_0 >$$

に移り，$\vec{r}$ 表示で

$$\Psi(\vec{r}, t) = < \vec{r} | \Psi, t > = < \vec{r} | \exp\{-iH(t - t_0)/\hbar\} | \Psi, t_0 >$$

と表される．ここで $< \vec{r} | \exp\{-iH(t - t_0)/\hbar\} = < \vec{r}, t |$ はハイゼンベルク表示での時刻 t での基底ブラであるから，この波動関数は $\Psi(\vec{r}, t) = < \vec{r}, t | \Psi, t_0 >$ とも表される．そこで $t = t_0$ での q 数 $\vec{r}$ の固有ケットと固有ブラの完全性を使うと

$$\Psi(\vec{r}, t) = \int d\vec{r}' < \vec{r}, t | \vec{r}', t_0 > < \vec{r}', t_0 | \Psi, t_0 >$$

$$= \int d\vec{r}' < \vec{r}, t | \vec{r}', t_0 > \Psi(\vec{r}', t_0). \tag{10}$$

時刻 $t = t_0$ に粒子が $\vec{r}_0$ にあったとすれば $\Psi(\vec{r}', t_0) = \delta(\vec{r}' - \vec{r}_0)$ であり，このとき $\Psi(\vec{r}, t) = < \vec{r}, t | \vec{r}_0, t_0 >$. つまり $< \vec{r}, t | \vec{r}_0, t_0 >$ は，サクライの教科書にならえば「以前のある時刻 t_0 に正確に $\vec{r}_0$ に局在していた粒子の時刻 t での波動関数」であり，同時に，時刻 t_0 の固有状態 $| \vec{r}_0, t_0 >$ から時刻 t の固有状態 $| \vec{r}, t >$ への遷移振幅でもある．いずれにせよ (10) 式より $\lim_{t \to t_0} < \vec{r}, t | \vec{r}_0, t_0 > = \delta(\vec{r} - \vec{r}_0)$ でなければならないことがわかる．

ここで先に求めた (9) 式の位相 Φ_S によって，この遷移振幅が

$$< \vec{r}, t | \vec{r}_0, t_0 > = N \exp(i\Phi_S) = N \exp\left[\frac{i}{\hbar} \int_{t_0}^t L(\vec{r}, \dot{\vec{r}}) dt'\right] \tag{11}$$

で与えられるというのが上記の仮定の意味である．N は規格化因子．

これはディラックが 1933 年の論文「量子力学におけるラグランジアン」に

$$< q_t \mid q_T > \text{ corresponds to } \exp\left[i \int_T^t L dt/\hbar\right],$$
$$< q_{t+dt} \mid q_t > \text{ corresponds to } \exp\left[iL dt/\hbar\right]$$

と書き，プリンストンの大学院生であったファインマンがこの謎めいた公式に注目し経路積分へと行き着いた，と言われる表式である．ここで corresponds to とあり，is equal to となっていないことに注意．ファインマンが悩んだ所以である．なおディラックの原論文ではブラとケットは，丸い括弧で (…| や |…) のように表されていたのだが，尖った括弧のほうが見やすいので，ここでは改めた．

以前の『岩波講座　現代物理学の基礎 5　量子力学 III』に江沢さんが書かれた「第 17 章　運動の法則」には「〔量子力学の〕波動関数は確率振幅なのだ．……その確率振幅が古典力学におけるラグランジアンによって書き表されるという発見は驚きである」とある（p.151）．そう，ここは「驚かなければならない」処なのである．実際，量子の存在をほのめかす実験事実がまったくなかった 19 世紀にハミルトンが形成した理論が，20 世紀の量子力学の核心に連なる内容を内に有していたということは，やはり驚くべきことと言える．

6. シュレーディンガー方程式にいたる

以上による電子波の導出（措定）は，光学とのアナロジーに導かれたまったく形式的な議論である．問題は，この (10) 式で表される波動 $\Psi(\vec{r}, t)$ が物理学的に何であるのか，そしてどのような振る舞いをするのかにある．それが何であるのかは実験事実にもとづいて決定されなければならず，その振る舞いは，波動関数のみたすべき波動方程式によって定められる．

その波が何であるのかについて，量子力学形成の直後から語られ，そして —— アインシュタインやシュレーディンガー等のビッグ・ネームに拒絶されたにもかかわらず —— 現在にいたるまで維持されてきたもっとも有力な解釈は，この波動が粒子の存在確率を与えるというものである．

たとえば電子を 1 個，2 個と識別する実験では，電子はかならず点状の領域に 1 個の電子として検出され，その限りで波動性の拡がりを示すことはないし，もちろん電子の破片（一部）が検出されることもない．そのことは空間に広がった波が —— アインシュタインには認められなかったことだが —— 観測によって瞬

時に一点に「収縮」するからだと考えられている．実際，電子銃から打ちだされ，ほぼ一方向（z 軸の方向）にそろった電子ビームを $z = z_0$ の位置に z 軸に垂直に置いた写真乾板にあてると，写真乾板のあちこちに広がりのない輝点が残される（実際には蛍光フィルムに 1 個の電子が当ったときに出る光を画像センサーで輝点として記録させるわけで，その仕組みは込み入っているが，ここでは，そして以下でも，簡単に写真乾板に電子が直接輝点を作るとする）．そして波動関数は，観測の結果として得られる乾板上の輝点の分布の確率密度を与えると考えられている．

　ただし「確率」というときに，ビーム内に多くの電子が含まれ，その 1 個 1 個の電子の軌道は，気体分子運動論の場合のように決まってはいるが，しかし技術的にあるいはさしあたって理論的に追跡することが不可能なため，確率的に扱う，つまり電子集団を統計的アンサンブルとして扱う，ということではない．素過程そのものが本来的に確率的であると考えられている．つまり十分に弱いビームであれば 1 個の電子の輝点が記されてからつぎの輝点が記されるまで，時間があく．それを 1 回の実験としよう．その 1 回の実験でその 1 個の電子が写真乾板のどこに輝点を作るか，そのこと自体が本質的にまったく不定なのである．十分な時間をかけて何度も実験を繰り返し，その結果，多くの輝点が記されると，それはある分布を示す．その分布の情報のみが波動関数で与えられる．

　つまり写真乾板上での電子の（もちろん「収縮」直前での）波動関数を $\Psi(x, y)$ とすると（厳密に言うならば $\Psi(x, y)\delta(z - z_0)$ を z で積分したもの），乾板上の微小領域 $x \sim x + dx$，$y \sim y + dy$ にある輝点の数は $|\Psi(x, y)|^2 dx dy$ に比例している．つまり $|\Psi(x, y)|^2$ は 1 回の実験で乾板上の点 (x, y) に電子が見出される確率密度に比例している（全確率を 1 になるように規格化しておくと，確率密度そのものを与える）．先の引用にあった「波動関数は確率振幅なのだ」ということの意味である．1 個の電子が局所的にかつ無規則的に検出される実験と，電子に付随する空間的に広がった波動を両立させ得る，現在考えられる唯一の道が，電子に付随した波動の，観測による瞬時の「収縮」を前提とするこのような確率解釈なのである．

　しかしこの事実だけでは，実は電子の粒子性しか見えていないのであり，電子が本当に空間内を波動として，つまり空間的に広がって伝播しているのかどうかは，これだけではわからない．

　そこで次に，電子銃と写真乾板のあいだに，二つのスリット S_A，S_B を有しそ

の他の部分では電子を通さない衝立を置く．写真乾板上での（「収縮」直前の）波動関数は，重ね合わせの原理により，スリット S_A を通った波 Ψ_A とスリット S_B を通った波 Ψ_B の和 $\Psi = \Psi_A + \Psi_B$ で与えられる．

いま，スリット S_B を塞いだときに写真乾板上で電子が検出される確率密度は $P_A = |\Psi_A(x,y)|^2$，逆にスリット S_A を塞いだときに写真乾板上で電子が検出される確率密度は $P_B = |\Psi_B(x,y)|^2$，そしてそのように別々に撮影された二つの写真乾板を事後的に重ねると，実際に $P_A + P_B = |\Psi_A|^2 + |\Psi_B|^2$ の分布が得られる．

しかし，両方のスリットを開けて電子がその両方のスリットを通過できるようにしたときの，写真乾板上で電子が観測される確率密度は $P_A + P_B$ にはならず，

$$P_{AB} = |\Psi_A + \Psi_B|^2 = P_A + P_B + 2\mathrm{Re}(\Psi_A^* \Psi_B)$$

となり，干渉項（右辺の第3項）のため乾板上に干渉縞が生じる．このことは波動関数の重ね合わせの原理が成り立っていることとともに，電子がたしかにスリット S_A を通る Ψ_A とスリット S_B を通る Ψ_B の重ね合わさった波動として伝播したことを示している．

ただし，電子があくまでも粒子としていずれか一方のスリットを通過しているはずだと考え，何らかの仕掛けによってひとつひとつの電子がどちらのスリットを通ったかを判別しうるようにしておくと，干渉縞は消滅する．この場合には，不確定性原理のために避けられない観測によるディスターバンスが干渉縞の形成を破壊するというテクニカルな見方もあるし，原理的には，スリットの位置での観測によって波動が一旦その地点で「収縮」し，そのため波動がかならずどちらか一方のスリットを通過したことになり，乾板上の確率密度が $P_A + P_B = |\Psi_A|^2 + |\Psi_B|^2$ となると考えることもできる．

ファインマンが有名な講義録で量子力学を語る冒頭に「古典的な方法では説明することが不可能な，**絶対的**に不可能な（impossible, *absolutely* impossible），そしてその内に量子力学の肝（the heart of quantum mechanics）が込められている」と強調した現象である．

そして，このようにひとつひとつの電子が波動として広がって空間を伝わっているのであれば，両方のスリットを開けておくと，電子ビームが十分に弱くて，電子がスリットを事実上1個ずつしか通過しないときにも，そのひとつの波が二つに分れ干渉する，つまり自分自身で干渉するという可能性が考えられる．

もともと波動として考えられていた光では，この事実は，実は随分以前から知ら

れていた．ディラックの『量子力学』には，第2版以降「I §3 光子の干渉」に「光子はみなそれぞれ自分自身とだけ干渉し，2個の異なる光子の間の干渉はけっして起らない（Each photon interferes only with itself. Interference between two different photons never occurs）」と，あたりまえのように断言されている．しかし不思議なことに量子力学の教科書では，ディラックのこの書もふくめて，このことを示した実験については滅多に書かれていない．私の知る限り，この実験に言及しているのは，バークレー・コースの『量子物理』と江沢さんの『量子力学（I）』だけである．江沢さんの書によると，1909年にケンブリッジの学生テイラーが，強度が5×10^{-13} J/s，光子間の平均間隔200 m という微弱な光でも，長時間かければ写真乾板上に強い光と同様の干渉縞を示したとある．必要な露光時間は2ヶ月に及んだので，テイラー君はその間ヨット航海に出かけたという（p.18）.

　この事実は，古典論の波動像ではもちろん，量子論の光子像でも説明がつく．というのもデイラックの『量子力学』には，先の引用の直前に記されているように「光子のいろいろな進行の状態にそれぞれ普通の波動光学の波動関数がひとつずつともなっている」からである．つまり，光の粒子性を体現している光子像においても，その光子1個1個が波動性を有しているのである．古典論と量子論の違いは，その波動が前者では実際の空間的に広がって伝わる電磁場の振動を表すのにたいして，後者では確率振幅であるという点にある．

　点光源といっても実際にはいくつもの原子の集まりであり，それぞれの原子からの光は，量子論では光子，つまり角振動数の拡がりが$\Delta\omega$で，それゆえ不確定性関係から導かれる$\Delta t \simeq 1/\Delta\omega$の時間的な持続をもつ波束（wave packet）として，古典論の見方ではやはり時間的に有限の長さの波連（wave train）として，ばらばら（incoherent）に放出される．干渉計においてはそれぞれの波束ないし波連は，そのひとつひとつが二つに分れ，経路差l，波長をλとして位相差$2\pi l/\lambda = \Delta\phi$の二つの波束（波連）として検出のための写真乾板に到達する．この位相差はすべての波束（波連）に共通である．こうして写真乾板には

$$\Psi = \sum_k \{a_k \exp\{i(\omega t - \phi_k)\} + a'_k \exp\{i(\omega t - \phi_k - \Delta\phi)\}\}$$

で表される二つに分れた波束（波連）の集団が到着し，重ね合される．kはk番目の波束（波連）を表し，それぞれの波束（波連）が原子から放出される時刻は不規則でばらばらゆえ，その位相ϕ_kは，波束（波連）ごとにばらばらである．a_k, a'_k

は実数にとることができる. 干渉光の強度は

$$|\Psi|^2 = \sum_k \{a_k^2 + a_k'^2 + 2a_k a_k' \cos(\Delta\phi)\} + \sum_{k \neq j}(k \text{ と } j \text{ のクロスターム})$$

となる. 最初の和は自分自身での干渉. 他方, クロスタームの和は, 各項の位相差 $\phi_k - \phi_j$ または $\phi_k - \phi_j \pm \Delta\phi$ がばらばらゆえ, 沢山の波束（波連）が全体として打ち消しあうので干渉を示さない. つまり, ディラックの言うように, それぞれの波束（波連）がつねに自分の片割れとだけ干渉しているのであり, n を整数として $\Delta\phi = 2n\pi$, すなわち光路差が $l = n\lambda$ のとき, 各波束（波連）ごとに強めあっている. それゆえ光が十分弱くて光源と観測点の乾板のあいだに高々 1 個しか波束（波連）が存在しない場合でも干渉を示すのである.

古典論と量子論の違いは, 古典論では乾板上で検出されるときにも波動としての拡がりを示すが, 量子論では検出されるときには拡がりのない粒子としてである（写真フィルムのハロゲン化銀の粒がひとつ黒くなる）という点にある. 古典論では拡がりを示すというのは, 実は多くの光子の集合を見ているからである.

光が光子ないし波連として自分自身でこのように干渉しているのであれば, 電子も, 空間内を波動（波束）として伝播しているかぎり, 自分自身で干渉しているのではないだろうか. そうだとすれば微弱な電子線でも干渉を示すであろう.

この微弱な電子線の干渉については, ようやく 20 世紀の後半になって実際に確かめられることになった. つまり非常に微弱で 1 回の実験では電子銃と写真乾板のあいだの二つのスリットのある空間に高々 1 個しか電子がない状態で実験すると, 写真乾板には高々 1 個の輝点が記される. そのかぎりでは干渉の効果は認められない. しかしその写真を何枚も重ねると顕著な干渉縞が浮かび上がったのである（次頁の写真）. つまり電子は, 写真乾板に到達するまではたしかに波動として空間内を移動し, 1 個の電子であれ, その波動が両方のスリットを通過して乾板に達し, 自分自身で干渉し打ち消しあうところには到達しないのである.

その実験は, ほかでもない, 外村 彰氏を中心とした実験グループに理論家サイドからは江沢さん自身が加わったチームによってはじめて実現された. Greenstein と Zajonc の『量子論が試されるとき』（みすず書房）の冒頭には「1989 年, 物質波というド・ブロイの難問（conundrum）をとりわけはっきりと見せつけた実験が報告された. この実験は東京の日立中央研究所と学習院大学の外村, 遠藤, 松田, 川崎, 江沢がおこなった」と書かれている（それはよいのだが, 同書の原典

エッセイ：55年目の量子力学演習 307

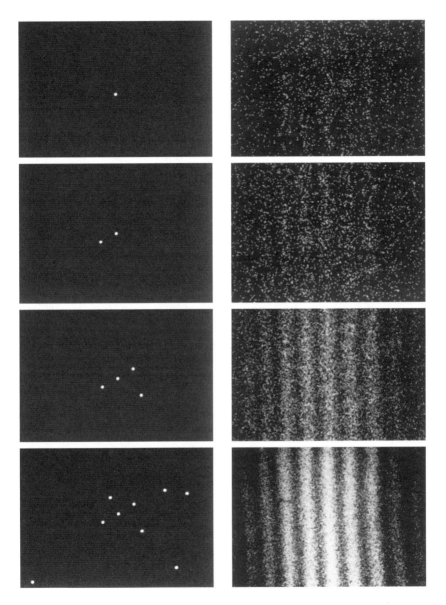

二本スリットの干渉実験に事実上相当する，電子線バイプリズムによる干渉縞の形成過程．
電子は1個また1個と捉えられる．その位置ははじめは電子数が少なくランダムに見えるが，電子数が増すと干渉縞が現われる．A.Tonomura *et al.* : *Am. J. Phys.* **57** (1989) 117.

The Quantum Challenge では，江沢さんの名前が一貫して Exawa と綴られているのはいただけない）．前頁の写真はそのチームが撮影したものであり，いまでは量子力学の基礎をめぐる世界中の多くの書籍にしばしば使用されている（この実験については，江沢さんの『量子力学（Ⅰ）』pp.71-4，および外村 彰氏の『量子力学を見る　電子線ホログラフィーの挑戦』（岩波書店）参照）．

　ところでこの場合，スリットが二つということは本質的ではないから，衝立上のスリットを三つ，四つと増やしてゆくと，それに応じて写真乾板に到達したそれぞれの電子の波動はそのすべてのスリットを通過したと考えられる．そしてそのスリット数が無限大に達した極限では，衝立を大きな開きをもつ絞りに置き換えたもの，ないしは衝立そのものを取りのぞいた場合に相当し，そのとき，電子の波動関数はその開口絞りのあらゆる点を，あるいは衝立のあった面上のすべての点を通過して乾板に達したと考えられる．その面上のすべての点を 2 次波源とする波動の重ね合わせが乾板の各点に達するのだと言えば，これは量子力学における「ホイヘンスの原理」であり，(10) 式はその数学的表現に他ならない．

　ここで議論は (10) 式とそれに続く (11) 式の問題に戻ってくることになる．

　ファインマンとヒッブスの書『量子力学と経路積分』には書かれている．

　　　ここで量子力学の法則を与えることができる．それぞれの軌道が a〔始状態〕から b〔終状態〕に行く全振幅にどれだけ寄与するかを言わねばならない．作用〔積分〕の極値を与える特別な経路のみが寄与するのではなく，すべての経路が寄与する．全振幅にたいするそれぞれの経路の寄与は，おなじ重みであるが，位相が異なる．あるひとつの経路がもつ位相は，その経路の作用〔積分〕S を作用量子の単位 $\hbar$ で割ったものである（p.27）．

　この著しい事実から，波動関数に課せられる条件を考えよう．

　ポテンシャルが $U(\vec{r})$ で与えられる力の場のなかを粒子が動いているものとする．時刻 t に点 $\vec{r} = (x, y, z)$ に達する波は，それより少し前，時刻 $t_0 = t - \tau$ に，その近くのすべての点，つまりすべての $\vec{r}' = \vec{r} - \vec{\rho}$ を通ってきたのであるから，その微小時間 τ の位相差を $\Delta\Phi$ として，

$$\Psi(\vec{r}, t) = \int <\vec{r}, t \,|\, \vec{r} - \vec{\rho}, t - \tau > \Psi(\vec{r} - \vec{\rho}, t - \tau)\, d\vec{\rho}$$
$$= N \int \exp(i\Delta\Phi)\, \Psi(\vec{r} - \vec{\rho}, t - \tau)\, d\vec{\rho} \tag{12}$$

と表される（$d\vec{\rho} = d\rho_x d\rho_y d\rho_z$）．積分領域は $\vec{\rho}$ の全領域．

この波動の位相が先に導いた (9) 式の Φ_S で表されるというのが上記のように
ファインマンの得た答であり，そうだとすれば，この (12) 式は，微小時間間隔に
たいする (10)(11) 式とおなじものである．その位相差 $\Delta\Phi_S$ は，いまの場合 τ が
十分に小さいとしてその 2 次以上の項を無視し，また $\dot{\vec{r}}(t)$ を $(\vec{r}-\vec{r}')/\tau = \vec{\rho}/\tau$ で
置き換えることで，

$$\Delta\Phi_S = \frac{i}{\hbar}\int_{t-\tau}^{t}\left\{\frac{m}{2}\dot{\vec{r}}(t')^2 - U(\vec{r}(t'))\right\}dt'$$

$$= \frac{i}{\hbar}\left\{\frac{m}{2}\left(\frac{\vec{\rho}}{\tau}\right)^2 - U(\vec{r}(t))\right\}\tau = \frac{im\rho^2}{2\hbar\tau} - \frac{i}{\hbar}U(\vec{r})\tau$$

と表すことができる（$\rho = |\vec{\rho}|$）．したがって，上記の積分は

$$\Psi(\vec{r}, t) = N\int\exp\left\{\frac{im\rho^2}{2\hbar\tau} - \frac{i}{\hbar}U(\vec{r})\tau\right\}\Psi(\vec{r}-\vec{\rho}, t-\tau)d\vec{\rho}.$$

ここで，$\Psi(\vec{r}, t)$ を簡単に Ψ と記し，ρ や τ が微小量であることを考慮して

$$\Psi(\vec{r}-\vec{\rho}, t-\tau) = \Psi - \frac{\partial\Psi}{\partial t}\tau - \vec{\rho}\cdot\nabla\Psi + \frac{1}{2}(\vec{\rho}\cdot\nabla)^2\Psi$$

と展開し，積分する（$\rho^2 = \rho_x^2 + \rho_y^2 + \rho_z^2$ に注意）．τ の 1 次までとった結果は

$$\Psi = N\left(\frac{2\pi i\hbar\tau}{m}\right)^{3/2}\left\{\Psi - \left(\frac{\partial}{\partial t}\Psi + \frac{i}{\hbar}U\Psi - \frac{i\hbar}{2m}\nabla^2\Psi\right)\tau\right\}.$$

この式の τ の 0 次の項から規格化因子 $N = (m/2\pi i\hbar\tau)^{3/2}$ が定まり，そのとき
$\lim_{t\to t_0} <\vec{r}, t\,|\vec{r}_0, t_0> = \delta(\vec{r} - \vec{r}_0)$ の条件が満たされることになる．そしてさらに
τ の 1 次の項より，波動関数 $\Psi(\vec{r}, t)$ のみたすべき方程式

$$-\frac{\hbar^2}{2m}\nabla^2\Psi(\vec{r}, t) + U(\vec{r})\Psi(\vec{r}, t) = i\hbar\frac{\partial}{\partial t}\Psi(\vec{r}, t)$$

が導かれる．これが非相対論的量子力学の波動関数のみたすべき方程式，すなわ
ちシュレーディンガー方程式である．

　逆に言えば，ここでよく知られているシュレーディンガー方程式が正しく導か
れたことが，微小（無限小）区間にたいしては，規格化因子を適切にとれば (11)
式の仮定が正しかったことを裏づけている．ノーベル賞講演で語っているように，
ファインマンがディラック論文を知ってはじめにした計算である．なお，この導
き方からわかるように，シュレーディンガー方程式は，量子力学では電子波（一
般に粒子波）が空間のあらゆる点を通って伝わるという事実を内包しているので
ある．

この議論からファインマンの経路積分に話が繋がるのであるが，私がもっとも納得した量子力学へのアプローチである．それが優れていることの理由のひとつは，古典力学のハミルトンの原理や幾何光学のフェルマの原理の意味，つまりどのようにして粒子や光線は作用積分や光路長が停留値をとる経路を「知る」のかというモーペルチュイやライプニッツ以来の問題が，逆にこのことによって明らかになったことにある．

　つまり量子力学では粒子は波動として空間を伝播するが，(9) 式において作用積分 S が停留値をとる曲線上の値からプランク定数 $\hbar$ にくらべて大きく離れるところでは，その位相が激しく変動して波が打ち消しあうことになり，結局，その波の拡がりは作用積分があまり変動しない停留曲線の周囲のある範囲に限られることになる．その範囲内の経路をとると言ってもよい．他方，古典力学はプランク定数が小さくなった極限ゆえ，その波動の拡がりが事実上停留曲線そのものに限定されることになり，結果として粒子の拡がりのない軌道を描くことになる，というわけである．光学におけるフェルマの原理も同様に理解される．そのことはファインマンの『光と物質のふしぎな理論』(岩波現代文庫) に詳しく，そのファインマンの議論を，私は『幾何光学の正準理論』の末尾に勝手に使わせてもらった．

　ともあれこれをもって「君にとって量子力学とはなにか」という江沢さんの問いかけにたいする私の回答にかえさせてもらおう．55 年目の量子力学演習とでも言うべきか．合格点をもらえるだろうか．それにしても，量子力学にたいする不可思議さの感覚は，55 年を経ても解消されることはない．

第 III 巻 解説

上條隆志

1. 第 1 部　戦後の高校生の感じたいぶき

1.1　世界観

　本巻は，いよいよ現代物理の根幹をなす量子力学についての論考集である．江沢洋さんは量子力学基礎論の研究者として，世界にその名をよく知られており，その著作の貴重なことは，本選集第 1 巻の田崎晴明さんのエッセイからも読み取っていただけると思う．今後は本書を読まずして量子力学とは何かを語れないといっても過言ではないだろう．

　量子力学は現代の技術の，つまりは生活の基礎になっている．それだけではない．日常の目に見える世界よりさらに深い層で世界が何からどのようにできているかを明らかにするもので，世界観の基礎を形成し，哲学・思想にも影響を与えてきた．特に不確定性原理という言葉の響きは魅力的で，一般書でもよく援用されるが，そのかなりの部分が，ときには科学者が書いたものでさえも，正しい理解とはいえないことがある．例えば

1. 未来は確率でしか記述できず，自然は不確定であり，因果律は成り立たない．
2. 観測で自然は変化するので，観測する人間の主観によって世界も変わる．
3. 物質は波と粒子の姿を同時に持つ．

などはよく見られるところだ．これらを正しく判断するためには本巻の科学的分析が欠かせない．物理を専門にしないが量子力学を知って自分の世界観に生かそうという人も是非本巻を読んでいただきたい．

　最も目にすることの多い因果律の問題だけ，触れておきたい．量子力学によれば，確かに対象を観測すると，測定値がどの値になるか確率的にしか決まらない場合が多いが，観測するまでは，対象の「状態」の時間的変化は法則に従って決まり，未来は科学的に予言可能で因果律は成り立っている．また例えば 1 つの物

理量を測定した後，再び同じ量を測定すれば同一の値をとり不確定は起こらない．
「世界は不確定なもの」式の議論は正しくはない．

1.2　江沢さん，朝永さんの量子力学と出会う

　江沢さんと朝永振一郎先生の名著『量子力学I』（現在はみすず書房から出ているが，もとは東西出版社から 1949 年に出た）の量子力学との出会い．この美しい文章を本巻の冒頭に置かせていただいたが，どう読んでいただけただろうか．江沢さんは 1932 年生まれなので，この本が出たのは 17 歳のときである．中国，アメリカなど連合国との 15 年戦争に敗北し，軍国主義的・権威主義的な重しが取り去られ，自由と平等の息吹が感じられた戦後民主主義の空気は，高校生が自由に「乱暴に」学問に挑戦するのを助けた，と言ってもいいのではないか．著者朝永さんが「出来上がった量子力学を紹介するよりも，それが如何にして作られたか」を語り，読者にも議論への参加を呼びかけたことも，若者を奮い立たせた．

　「歴史を知るのは，これから新しい理論を作り上げるためにこそ必要である」
ということを江沢さんが読み取ったことは重要である．実際，1965 年にノーベル賞をもらうことになる朝永さんのくりこみ理論の第 1 報が *Progress of Theoretical Physics* に発表されたのは 1947 年であり，この本が刊行されたのが 1949 年，朝永グループの「くりこみ理論2」が同年に出る．新しい理論の手がかりを求めてまさに苦闘しながら量子力学成立の道を明らかにするこの本を朝永さんは書いた．本当の理論を作り上げるには，それがどのように出来上がってきたか，どのような矛盾を克服してきたかの歴史的分析が大切なことを教えてくれる．実際，朝永さんはくりこみ理論にいたるご自身の追求の過程を分析し，書き残している（『量子力学と私』[1] 所収の「量子力学と私」「量子電気力学の発展」，また『量子物理学の展望』[2] 所収の「無限大の困難をめぐって」参照）．

1.3　物理には自由が必要

　量子力学創始者の一人，W.ハイゼンベルクもまた自伝的著書[3] をこう始めている．

　「それはおそらく 1920 年の春だったにちがいない．第一次大戦の結末は，我が国の若者たちを不安と焦燥におとしいれていた」．「平和な時代の若者たちをとりまいていた家庭や学校による保護は，もはやこの混乱の時代にはほとんど失われ

て，その代わりに若者たちがある程度自由に考える傾向が生まれていた．彼らはそれによって，まだ十分な基礎ができていない場合でも，自分自身の判断を信用するようになっていたのである」．彼は10〜20人の若者たちと野山を歩いて討論していた（ワンダーフォーゲル！）．「原子の安定性はどこから来るのか」を．

このように学問の進歩には「自由・平等」の空気が糧になる．とりわけ量子力学は「コペンハーゲン精神」と呼ばれる自由な議論の中で育ち，その空気は，ボーアの下に参加した仁科芳雄によって日本にも持ち帰られ（本巻「7. 量子力学の現場で学ぶ」参照），後の湯川秀樹・朝永振一郎らに継承された．

今はどうだろうか？　悲観的な方もおられるかもしれないが，今も若者たちは自由に向こう見ずに挑戦しようとしている．私は30年以上現場にいて，表に出なくてもたくさんの教師と生徒が協力して自主的輪読会などを作り上げて来たことを知っている．卑近なところでも，某C大学生たちは数ヶ月私と一緒に楽しんだ後，自分たちだけで翌年も課外のゼミを続けたと聞くし，私の学校でも中高生が偏微分の波動方程式に挑戦している．

しかし，ここで一言お許し願いたい．文部科学省・教育委員会そして競争をあおる社会はこの自由の空気を押しつぶそうとしているとしか思えない．本来参考資料だった学習指導要領を一方的に処罰を伴う強制的なものにし，学生・教員の自由な議論と意志決定を封じ，入試成績競争を優先することは，決していい方向には働かない．効率一辺倒，つまらない物理になってしまう．「あなたは効率の悪い勉強をしていませんか」という塾の広告！　教育行政がすべきことはクラスの人数を20人にすることで十分．それだけで今の教育問題の大部分はうまくいくことを現場はよく知っている．

1.4　暗雲

しかし「物理学と自由」ばかりいうと，何を脳天気にといわれそうだ．量子力学の歴史にもやがて暗雲が立ちこめる．核兵器の開発だ．科学者も軍事機密保持に埋もれていく．ドイツに残ったハイゼンベルクも，亡命するボーアも巻き込まれる．1941年にハイゼンベルクがコペンハーゲンに赴き亡命前のボーアと会ったときのことは演劇にもなっている[4]．ただし，ボーアは最後まで核兵器の国際管理に力を尽くした．科学者の責任の問題は避けて通れない．本選集でも取り上げる予定だ．

2. 本書の構成

「第2部　量子力学への道」が量子力学形成の歴史である．いわゆる科学史の本とは異なり，原論文をもとにどのような論理のもとに計算がすすめられたか，読者もスリリングに追体験し理解できるように書かれている．

江沢さんによる本書以外の量子力学史の本を挙げておくと，『ボーア革命』[5]，『波動力学形成史——シュレーディンガーの書簡と小伝』[6]，『仁科芳雄往復書簡集——現代物理学の開拓』I, II, III, 補巻[7] がある．これらの本を精力的に作られたのも江沢さんの歴史についての問題意識からだろう．江沢さん以外の著者で日本語で書かれたものでは『量子力学の形成と論理　I 原子模型の形成　II 量子力学への道』[8]，『量子力学史』[9]，『量子論の発展史』[10] がとりわけ参考になる．

「第3部　量子力学の発展」は，体系として完成した量子力学を提示し，その抱える諸問題を論じる．これらはすぐれて現在的であり，量子力学とは何かを浮き彫りにし，また未解決の問題を明らかにする．「自分でも考えてみて欲しい」という読者への挑戦もある．こんなに楽しいことはない．

ただし，江沢さんの著作のうち，主に場の量子論に関するものはスペースの都合もあり，第 IV 巻に収録した．

標準的教科書で量子力学をひととおり学びたいと思う読者には，『量子力学 I, II』および『量子力学』基礎演習シリーズ[11] を薦める．これは現在の大学生たちに，わかりやすく，もっとも愛用されている教科書のひとつである．『現代物理学』[12]もおすすめだ．こちらは放送大学のテキストだったので，将来物理を専門としない人にも良い本である．

2.1　この本は誰にでも読めるか

「高校生でも読めるように」，「始めから終わりまで，他の本を参照しなくても読めるように」江沢さんは意識して書かれている．前提とする知識もできるだけ高校の物理の教科書のレベルとなるよう工夫した．すぐに分からないところがあっても，注意深く定義し，推論を略さず書かれているので，急がずにじっくり繰り返し読めば必ずわかると思う．今は理解できないところは，江沢さんが書かれたように，「背中に背負って」いただきたい．

第 III 巻解説　315

3. 第 2 部　量子力学への道

3.1　ボーア革命

　江沢さんは 2013 年に仁科記念財団，2014 年に学習院大学で「ボーアの原子模型，革命から百年」と題した講演を行った．どちらも大教室満員の盛況．私たち教員の物理サークルの合宿でもお話しいただいた．本巻の論考「ボーアの原子模型」はそれらをさらに物理的にしっかりと肉付けしたものだ．それはまさしく「革命」の名にふさわしい．ボーアが原子・分子という未踏の地に歩を進め，新たな世界の法則をさぐるという立ち位置を明確に意識して新たな作業仮説を次々に打ち出していく様を「革命」とよんだのだから．1913 年発表当時はまったくの四面楚歌．のちに量子力学を完成した立役者の一人 M. ボルンは「反対である．ボーア理論は信用しない」といい，P. エーレンフェストは「これが理論物理なら俺は物理をやめる」とまでいった[5]．

　しかし，筆者がこの江沢さんの講演を聴いたとき感じたのは，確かにボーアの勇気と決断が道を拓いたのだが，ボーアはまた一歩一歩必然の道を試行錯誤して上っていったのだという印象だった．それは私には思いがけないことだった．江沢さんの克明な科学史的分析の力である．

3.2　水素原子には電子は 1 個しかない

　ボーアは 1911 から 12 年の間に「運動する荷電粒子の物質中での速度損失」の研究で，水素原子の電子数が 1 であることを確かめた．それは大切な一歩だ．なぜなら，小さな核のまわりを電子が回るとする長岡模型などにあっては，電子は円運動すなわち加速運動をするので電磁波を生じ，電子はエネルギーを失って原子核に落ち込むことはマクスウェル電磁気学から明らかだが，長岡らは手をこまねいていたわけではなく，それを防ぐため，多数の電子が土星のように回って互いに干渉して安定するように考えていた．長岡の場合は電子 1000 個くらいである．こうなると定常電流に近いだろう．

　もし，1 個の電子しかないのに電磁波が出ないとすれば，原子内の電子には核のまわりを電磁波を出さずに安定して回るという運動が存在し，しかもプランクがエネルギーのやりとりが $h\nu$ というの塊で行われると考えたのに習えば，2 つの状態間に遷移が起これば光が放出され，それらのエネルギーの差が

$$E_n - E_{n-1} = h\nu$$

に等しくならなければならない．ボーアはこれを作業仮説として原子・分子の世界へ切り込んだのである．

3.3 初期条件から量子条件へ

　しかしそれは古典電磁気学だけでなく，ニュートン力学にも反する．力学ではまず相互作用から運動方程式が決まり，実際の運動は初期条件に応じて決まるから，とびとびの軌道は考えられない．そこでボーアは初期条件とは異なる「量子条件」で決まる解を探す．「初期条件から量子条件へ」という江沢さんのスローガンはこの事情を表してぴったりだ．こうして量子条件を満たす定常状態という概念ができ，新しい物理が自由と大胆さを持って一歩を踏みだした．

　ボーアはニュートン力学で電子の軌道を求める．逆2乗相互作用から楕円軌道を導くのは力学の問題としては定番だが，江沢さんの方法は読者に分かりやすい．これとバルマー公式を合わせれば軌道半径が決まる．最小のものをボーア半径という．このボーア半径で角運動量を計算すると，なんと $\hbar = \dfrac{h}{2\pi}$ にほぼ等しくなった！　そこでボーアは角運動量が $L_n = n\hbar$ となることを量子条件にする．量子条件の精密化はド・ブロイの物質波からもたらされ，$p = \dfrac{2\pi\hbar}{\lambda}$ をボーアの軌道に用いると軌道の上に定常波を作るといえる．この形にすると円軌道だけでなく楕円軌道にも適用でき，エネルギーの式はボーアが円軌道について求めたものと一致した．さらに角運動量がある軸に対して傾きをもっている状態へ拡張された．こうして多くの反対を受けながらボーア・モデルは確固たる位置を築いていく．量子条件については日本の石原 純の貢献がある．

3.4 ボーア・モデルは古くて間違っている？

　江沢さんは最後にボーア・モデルの現在的意義に触れる．問題を明らかにするためにひとつの例を挙げよう．米国物理教師協会の元会長 K. フォードは [13]（日本語による紹介は鈴木 亨 [14]），ボーア・モデルの歴史的意義は認めるが，現代の量子力学の計算とは異なるもので，内容そのものは学ぶに値しないといっている．本当にそうだろうか．彼らがボーアの間違いとしてあげているのは

1．電子の基底状態の軌道角運動量 $l = 0$ を除いてしまったこと．

2．軌道のエネルギーに $W = \dfrac{nh\omega}{2}$ という妙な仮定を用いた．

第 III 巻解説　317

　3．定常状態の軌道を古典力学で求めていること.

　4．平面的な原子像. 定まった軌道があるのはおかしい.

である.

　これに対する反論は次のようになる. $l = 0$ をボーアが除いてしまった理由は明らかで, 古典的にはそれは直線運動になり, 原子核と衝突してしまうからだ. これは, しかし, 不確定性原理が分かると軌道に幅が出るので可能になる. ボーアも経験的にすぐに $l = 0$ を認めた. また確かに第 1 論文では 2 番目に挙げられている妙な仮定が見られるが, ボーアはその後すぐに間違いに気づいて, 角運動量の量子化と遷移の正しい法則に改めた. 前掲の武谷三男[8]や高林武彦[10]にはこの仮定が実質的に角運動量の量子条件になっていたことを示してもいる. このようにボーアが研究の進展に伴い改めたものを取り上げて間違いとするのはフェアではない.

　ボーアの古典的計算と平面軌道は現代の量子力学とは異なるという問題はどうか. 江沢さんは p.28 の図 7 で解答している. 方向量子化まで考えると, 軌道角運動量 l というのは実際の角運動量の大きさは $\sqrt{l(l+1)}\hbar$ で, 角運動量の z 成分は $l, l-1, \cdots, -l$ だが, このとき角運動量の x 成分, y 成分は不確定になり, したがって角運動量ベクトルが z 軸のまわりに歳差運動のように広がる. それを考えると図 7 はボーア・モデルが現代の量子力学の結果とよく合うことを示す. 決まった半径がないはずだという非難に対しては p.144 の図 8 (他にも同様のものがあるが) を見ていただけばいいだろう. ボーア・モデルは現代の量子力学の結果と不思議によく合うのである. こうなるとむしろ全く違う 2 つの計算結果がなぜよく合うのかのほうが問題かも知れない. 江沢さんの論文でボーアの値打ちを改めて見直してもらえたのではないか.

3.5　ハイゼンベルク

　1924 年に, かつて反対していたボルンが量子力学の名付け親となる. その後, ハイゼンベルクとシュレーディンガーという全く異なるように見える 2 つの道をたどり, 最後にディラックやヨルダンによって統一される. 1925 年から 26 年の短い間の劇的展開である.

　「3. ハイゼンベルク —— 行列力学のはじまり」で読者は江沢さんに導かれ, ハイゼンベルクの「誤り」も発見しながら, どのように計算したか追体験する.

彼は，原子の中での電子の軌道は観測できないとし，軌道間遷移のスペクトル
の振動数と強度を決めるべき量のみによって理論を組み立てようとする．1925年
の夏に枯草熱にかかりヘルゴランド島で2週間の療養中に数学的定式化へすすん
だ．そこでは

1．座標をフーリエ変換し，その振幅を準位間遷移の振幅と読み替える．
　　それを用いて運動方程式と量子条件を書き換える．

2．ボーアの対応原理を受けつぎ $\dfrac{\partial E_n}{\partial n}$ を $E_n - E_{n-1}$ で読み替える．

微分を差で置き換えるわけだ．しかし「水素原子にそのような計画を適用しよう
とした私の試みは失敗に終わった」ので「私は自分の計算能力でやりとげられそう
な，数学的に簡単な力学系を探し求めた」．「そのような系の1つとして……原子
物理学で分子内の振動の模型として現れてくる，いわゆる非調和振動子を思いつ
いた」．「この形式でのエネルギー保存が成り立つかどうか」をやってみて，「最初
の一項でエネルギー則が本当に確認されたときに，私はある興奮状態におちいっ
てしまい，何度も何度も計算のミスを繰り返してしまったほどだった」．

彼の喜びが伝わるようだ．しかし，江沢さんは手厳しい．ハイゼンベルクは相
互作用のポテンシャルに3乗の非線形項を加えたから，学生でも分かるように，
これでは有界な振動にはならない．そこで江沢さんオリジナルで4乗の項にかえ
て見事にハイゼンベルクの計算をやってみせる．読者もハイゼンベルクと同じよ
うな興奮が味わえただろうか．ハイゼンベルクは気づいていなかったが，ボルン
が行列の計算であることを見抜き行列力学と呼ばれるようになる．

「4．ハイゼンベルク訪日」にあるように，仁科芳雄の尽力で，1929年にディラッ
クとともに来日する．歓迎の長岡半太郎が，「日本の大部分の学生たちは試験のた
めに詰め込み勉強をし」ているだけだと檄を飛ばした．理化学研究所は講演を独
占せず，日本中の大学を招待し，講演録も全国に配られた．

3.6　シュレーディンガー

1923年のド・ブロイの物質波はボーア・モデルに量子条件として影響を与えた
が，その波動的側面を強く受け止めたのがシュレーディンガーである．1924年に
ボース統計が理解されたのも波なら自然なことで，後押しになった．

1926年の論文第1部では，電子が不連続に飛躍するという描像より，遷移は
波の振動形態の変化と考えて，空間と時間の中で連続的に実現されるという方が

第 III 巻解説　　319

ずっと共感がもてるとして，電子が波であることを主張する．

　波であるとすれば，その従う法則は何か．シュレーディンガーはチューリッヒ大学のコロキウムでド・ブロイの論文を紹介したとき，デバイから「波動を論じて波動方程式が出てこないのは子どもの遊びみたいなものだ」と批判されたと伝えられる[15]．シュレーディンガーは，波動方程式を探した．

　答えはすぐに同年の第2部に示された．その第1章の表題は「ハミルトン理論の立場での力学と光学との間に存在する類似性」である[16]．「6. 波動方程式の創造」に見るように，シュレーディンガーは，幾何光学と波動光学の関係から古典力学と波動力学の関係を類推する．幾何光学と波動光学の関係とは，光は波動として伝わるが，屈折率が波長に対して空間的に一様と見なせるとき幾何光学が成り立ち，光線として考えていいということである．しかし屈折率が急激に変化する媒質では，幾何光学では扱えなくなる．同じように，原子の内部のような小さくて急激に変化する場では古典力学が破綻せざるを得ない．古典力学を波動力学で作り替えるということである．そして古典力学を波動的に扱ったハミルトン–ヤコビの方程式からシュレーディンガー方程式に達した．それから，めでたく水素原子のエネルギー・スペクトルが得られた．

　彼は「5. シュレーディンガー ―― 問い続けた量子力学の意味」にあるように，自身が定式化した波動とは何を意味するかを終生考え続けた．彼は物理学とは科学哲学である，といっている．誠実な科学者だ．

　なお，この項に関しては巻末の山本義隆さんのエッセイも参考になると思う．

4. 第3部　量子力学の発展

4.1　ディラック，ヨルダンの変換理論

　シュレーデインガーとハイゼンベルクという全く違う2つの理論形式を，1926年にディラックとヨルダンが統一し，量子力学の体系が成立した．第3部が「9. ディラックの名著」からはじまるのはそういうわけである．

　彼らの理論が到達したところは，電子のような存在は，粒子でも波動でもなく，やや抽象的だが，量子力学的な「状態」と呼ぶべき新しい存在であるということになる．それは粒子として観測すれば粒子として現れ，波として観測すれば波として観測できる，さらに「粒子」「波動」というだけでなく，もっと多様な表現も許すということになる．状態は無限次元のベクトルで表され，いろいろな座標軸

で表現できるというのがその構造になる（例えば p.165, 図 2）.

4.2 量子力学は見ることができるだろうか

　量子力学は日常と直接には縁のない極微の世界での話だと思ったら，それは間違い．量子力学の法則に従う物質から世界はできているので，それはいろんなところに芽を出し得る．それを見るのは難しいが，「10. 大きな物体の量子力学，実験」で見るように，科学者は工夫してきた.

　「10.1 大きな物体の波動性」では電子よりずっと大きい原子・分子について，ナトリウム原子，ヨード分子で干渉を見た．C_{60} とか $C_{44}H_{30}N_4$, $C_{60}F_{48}$ の波動性も確かめられている.

　その干渉現象では，第 12 章，第 13 章で詳しく論じられるが，二重スリットのどちらのスリットを通ったかを知ると干渉縞が消えるのが量子力学の理論のいうところである．それを確かめたのが 1998 年オーストリアのツァイリンガーの実験.

　原子の中の電子の状態を見ることも試みられている．準位間の量子飛躍がランダムに起こっていることを示す実験も．原子内の電子の動きを見ると，実際にボーアの古典軌道に意外に近いことも分かった.

4.3 巨視的世界で量子力学が現れにくいのはなぜか

　量子力学では状態の重ね合わせの法則が大切である．そして 2 つの状態の単なる足し算ではなく，状態間の干渉があるのがその特徴．しかしわれわれの古典的物理の世界では量子力学が見えないのは，その干渉が破壊されているからといえる．それがどのように起こるのかが「11. 重ね合わせの破壊」．今のところ環境との相互作用というのが有力だが，まだ十分に理解されていない.

4.4 光の干渉で光子が 1 個ずつ観測されるのはなぜか

　「12.「光子の裁判」と量子の不思議」では朝永さんの名著「光子の裁判」が紹介され，それに続いていわば「電子の裁判」が述べられる．1989 年に外村 彰さんが電子線バイプリズムを用いて干渉縞を観測するのに世界で最初に成功した，江沢さんが関わった実験だ．その素晴らしい写真は，乾板上に見事に電子のぶつかった光点が増えていって縞になることを示す．この実験は『世界でもっとも美しい 10 の科学実験』に選ばれ [17]，また『量子論が試されるとき』の第 1 章に掲げられた [18].

第 III 巻解説　　321

　朝永さんの「光子の裁判」でも，光子 1 個ずつ来るようなごく弱い光を用いると，やはり光は 1 個ずつ検出され，多数の光子がやがて縞を形成する．そこで改めて考えると，これを高校の教科書のように光の波の干渉と考えたときは問題になっていなかったが，量子論で光子 1 個が自身と干渉し，スクリーンに 1 個として検出されるというのは一体どういうことなのだろうかと疑問がわく．

　江沢さんは「13. 干渉の量子力学」で，光子の裁判と外村 彰さんの実験を量子論的に扱ってみせる．どのようにするか．方法としては第二量子化または場の量子論の言葉を用いる．光を電磁波の電場として表すと，これは空間に広がる場であるが，それを新たに演算子と見て粒子の生成・消滅演算子で書き直す．これは電場を空間に作用して光子を生み出したり消滅させる働きをもつものと見るのである．この場の量子論の立場は「光というものは真空の各点に分布している振動子が隣へ隣へと振動を受け渡していくことで伝播するのである」という立場[1]である．江沢さんは初めての人にも意味がよく分かるよう巧みに導入する．なお，光子と電子の違いは，演算子が交換関係を満たすか，反交換関係を満たすかの違いになる．

4.5　パラドックス

　「14. 量子論のパラドックス」とは我々のマクロの世界の常識にはそぐわないが，量子力学では真理になるものである．量子力学とは何かを考えるために「超」重要だ．

　1．ものはもともと波で，粒子は波が 1 ヵ所に固まったものではないのか？
　2．いや，もともと粒子で，幽霊のような波に導かれているのでは？
　3．観測すると波束が瞬間的に超光速で収縮するのは相対論違反か？
　4．角運動量がある方向に量子化されるというが，空間は一様なのになぜ？

など．「ボーアとアインシュタインの不確定性をめぐる長い論争」も紹介され，「実験装置を粒子としての経路を見るように仕組むか，波動としての干渉現象を見るように仕組むか，が相互排他的」であることも明らかになるが，圧巻は，シュテルン–ゲルラッハの実験を解析し，角運動量が実は特定の方向でなく任意の方向の方向量子化の重ね合わせになっていることを計算によって厳密に証明するところである．スピンに関連し EPR のパラドックスをとりあげ，ベルの不等式が紹介される．「実験はこの不等式に矛盾し，量子力学にあっているといえそうに思わ

れる」のだが，さらにくわしくは「18. 量子力学と実在」に続く.

4.6　量子力学に関連する話題

　「15. 核分裂の理論」ではボーアらの原子核の理論を解説する．原子核を水滴のようなものと考え，それが中性子を吸収すると，そのエネルギーによって振動をはじめ，やがて真ん中がくびれて，ついには2つにちぎれると核分裂を説明した.

　ここでの注目は核分裂のエネルギーが電気的クーロンエネルギーから計算できることを示したところ．分裂した2つの破片は互いに接触した正荷電であり，クーロン斥力のために反発し 200 MeV のエネルギーで飛び散る．つまり核分裂のエネルギーは電気的反発力で運動エネルギーとして現象する．これは興味深い.

　このころから物理学者は核兵器と関わらざるを得なくなる．最後の p.241 にさりげなく書かれているのだが，速い中性子による核分裂は実は理化学研究所の仁科研で 1940 年に発見された．これは重大だ．というのは，原子炉と違って原爆は「速い中性子でも核分裂する」から可能になったのだから．原爆に必要なことを世界に先駆けて日本が発見したという皮肉な事実.

　「16. 矮星はなぜ小さい」「17. 世界の安定性に関する省察」は，世界がなぜこのようであるのかという大きな議論．前者は結合エネルギーのうち電磁気力より重力が勝つからという計算であり，後者はパウリの排他原理がないと世界は成り立たないというもの．そういえば，パウリが太っているのは彼が見いだした排他原理のせいというジョークもある.

4.7　アインシュタインの異議

　量子力学に対する異論で一番重要なのは EPR のパラドックスだろう．第 14 章で解析されているが，この最終章「18. 量子力学と実在」で改めてその意味を江沢さんは問うている.

　個人的感慨を許していただくと，私は大学4年の亀淵 迪教授のセミナーではじめて，このアインシュタイン，N. ローゼン，B. ポドルスキーの論文，そしてボームの解説と出会った．そのころは「量子相関」といっていたと思うが，今でも「量子エンタングルメント」とか「量子もつれ」，「遠距離相関」といわれ，重要な論文である．その出会いは衝撃的で，面白さに夢中になった．観測問題のグリーンの論文，シュレーディンガーの猫などを読み，アインシュタインの関連文献も漁った．それ以来，脳裏から離れたことはない．このテーマを学生に提示した亀淵さ

んに，深く感謝している．

　アインシュタインの主張は否定され，量子力学が正しいという結果は出たわけだが，アインシュタインの「もしこれを認めるなら，どの対象も他と独立して物理的に考察することなどできない」という意味のコメントに出会ったとき，ほとんど慄然としたのを覚えている．はじめに近くにあった電子が，やがて1つは地球，もうひとつは月に分かれたとして，片方を観測したら，片方の状態は観測しなくても決まるなんてことがあっていいのか？　もし量子力学が正しいとしたら，宇宙のすべては関連しているということになるのだろうか？

　「ハツカネズミが宇宙を観測したとしたらそれで宇宙の状態が変わるのか」とアインシュタインがいったというが，江沢さんもまた「奇妙なものだ」と結ぶ．量子力学はまだ私たちを引きつけてやまない．

　本巻もまた読者を引きつけてやまないことを願う．

参考文献

[1]　朝永振一郎『量子力学と私』，江沢 洋編，岩波文庫 (1997).

[2]　江沢 洋・恒藤敏彦編『量子物理学の展望——50年の歴史に立って』（上），岩波書店 (1977).

[3]　W. ハイゼンベルク『部分と全体』，湯川秀樹序，山崎和夫訳，みすず書房 (1974).

[4]　M. フレイン『コペンハーゲン』，小田島恒志訳，劇書房 (2001).

[5]　L. ローゼンフェルト『ボーア革命』，江沢 洋著・訳，日本評論社 (2015).

[6]　K. プルチブラム『波動力学形成史——シュレーディンガーの書簡と小伝』，江沢 洋訳，みすず書房 (1982).

[7]　中根良平・仁科雄一郎・仁科浩二郎・矢崎裕二・江沢 洋編『仁科芳雄往復書簡集——現代物理学の開拓』I, II, III，補巻，みすず書房，I, II (2006), III (2007), 補巻 (2011).

[8]　武谷三男『量子力学の形成と論理　I 原子模型の形成』，勁草書房 (1972). 初版は銀座出版社 (1948).
　　武谷三男・長崎正幸『量子力学の形成と論理　II 量子力学への道』，勁草書房 (1991).

[9]　天野 清『量子力学史』，自然選書，中央公論社 (1973).

[10]　高林武彦『量子論の発展史』，自然選書，中央公論社 (1977).

[11]　江沢 洋『量子力学 I, II』，『量子力学』基礎演習シリーズ，裳華房 (2002).

[12]　江沢 洋『現代物理学』，朝倉書店 (1996). 現在オンデマンド出版.

[13]　K. W. Ford : *The Physics Teacher* **56** (2018), 500-502.

[14]　鈴木 亨「物理教育通信」第 175 号，pp.53–63.

[15] W. Moore *Schrödinger*, Cambridge (1989), p.192.

[16] E. シュレーディンガー『シュレーディンガー選集 I　波動力学論文集』，湯川秀樹監修・田中 正・南 政次共訳，共立出版 (1974).

[17] R. P. クリース『世界でもっとも美しい 10 の科学実験』，青木 薫訳，日経 BP社 (2006).

[18] G. グリーンスタイン・A. G. ザイアンツ『量子論が試されるとき』，森 弘之訳，みすず書房 (2014).

初出一覧

1. 朝永振一郎『量子力学 I』
   「数学セミナー」2000 年 8 月号，特集／高校生に贈る 21 世紀に伝えたい 21 冊，日本評論社．

2. ボーアの原子模型
   本選集にて書き下ろし．

3. ハイゼンベルク —— 行列力学のはじまり
   「数理科学」2012 年 2 月号，特集／古典のススメ［物理編］，サイエンス社．

4. ハイゼンベルクの訪日
   「数理科学」2012 年 9 月号，特集／ハイゼンベルク，サイエンス社．

5. シュレーディンガー —— 問い続けた量子力学の意味
   「えれきてる」第 14 号 (1984 年夏)，連載／だれがエレクトロンを見たか ⑭，東芝．

6. 波動方程式の創造
   「数理科学」2009 年 9 月号，特集／シュレーディンガー，サイエンス社．

7. 量子力学形成の現場で学ぶ
   「日本物理学会誌」1990 年 10 月号，特集／仁科芳雄生誕百年記念，日本物理学会．

8. 量子力学の建設者たち —— ド・ブロイの死去に寄せて［座談会］
   「みすず」1987 年 6 月号，みすず書房．

9. ディラックの名著『量子力学』
   「数理科学」2007 年 9 月号，特集／ディラック，サイエンス社．

10. 大きな物体の量子力学，実験
    日本物理学会編『アインシュタインとボーア —— 相対論・量子論のフロンティア』（裳華房，1999），第 2 章「量子力学的世界像と古典物理学」の 2.6 節，2.7 節に加筆．「化学と教育」1993 年 11 月号（日本化学会）に執筆した「だれが原子や分子をみたか」より第 5 節「原子内の電子の動きを見る」を加えた．

11. 重ね合わせの破壊
    日本物理学会編『アインシュタインとボーア —— 相対論・量子論のフロンティア』，第 2 章「量子力学的世界像と古典物理学」の 2.8 節に加筆，裳華房 (1999)．

12. 「光子の裁判」と量子の不思議
    「数理科学」2014 年 1 月号，特集／波と粒子，サイエンス社．

13. 干渉の量子力学
    「数理科学」1988 年 1 月号，特集／光の時代，サイエンス社．のちに『続・物理学の視点』培風館 (1991)，別冊・数理科学『量子力学の発展』サイエンス社 (2001) に

収録.

14. 量子論の発展とパラドックス

日本物理学会編『量子力学と新技術』培風館 (1987) の第 10 章より.

15. 核分裂の理論

「数理科学」2013 年 9 月号, 特集／ボーア, サイエンス社.

16. 矮星はなぜ小さい？

「数理科学」1971 年 6 月号, 特集／物理と数学, サイエンス社.

17. 世界の安定性に関する省察

「固体物理」1969 年 3 月号, アグネ技術センター.

18. 量子力学と実在

「日本物理学会誌」1979 年 12 月号, 特集／Einstein 生誕 100 年に際して, 日本物理学会. のちに『物理学の視点』培風館 (1983) に収録.

人名一覧

アイヒェンドルフ	Eichendorff	1788–1857
アインシュタイン	Albert Einstein	1879–1955
アスペ	Alain Aspect	1947–
アハラノフ	Yakir Aharonov	1932–
イーヴ	A. S. Eve	1862–1948
イェンソン	Claus Jönsson	
イレーヌ・ジョリオ=キュリー	Irene Joliot-Curie	1897–1956
イワネンコ	Dmitri Ivanenko	1904–1944
ウィグナー	Eugene Paul Wigner	1902–1995
ウィーラー	John A. Wheeler	
ウィントナー	Aurel Wintner	1903–1958
ウェンツェル	Gregor Wentzel	1898–1978
ウーレンベック	George Eugene Uhlenbeck	1900–?
エーレンフェスト	Paul Ehrenfest	1880–1933
落合麒一郎		
オッペンハイマー	J. Robert Oppenheimer	1904–1067
カウシュミット（ゴーズミット）	Samuel Abraham Goudsmit	1902–1978
ガーニー	R. W. Gurney	
ガイガー	Hans Geiger	1882–1945
ガモフ	George Gamov	1904–1968
カルッカー	Jørgen Kalckar	
菊池正士		1902–1974
クラウザー	John Francis Clauser	1942–
クラマース	Hendrik Anthony Kramers	1894–1952
ゲーテ	Johann Wolfgang von Goethe	1749–1832
ゲルマン	Murray Gell-Mann	1929–
ゲルラッハ	Walther Gerlach	1889–1979
ゴルドン	Walter Gordon	1893–1940
コンドン	Edward Uhler Condon	1902–1974

コンプトン	Arther Holly Compton	1892–1962
坂田昌一		1911–1970
嵯峨根遼吉		1905–1959
サン=テグジュペリ	Antoine de Saint-Exupéry	1900–1944
シモニー	Abner Shimony	1928–2015
シュウィンガー	Julian Seymour Schwinger	1918–1994
シュテファン	Josef Stefan	1835–1893
シュテルン	Otto Stern	1888–1969
シュトラスマン	Fritz Strassmann	1902–1980
シュレーディンガー	Erwin Rudolf Josef Alexander Schrödinger	1887–1961
正田建次郎		1902–1977
シラード	Leo Szilard	1898–1964
スマイス	Henry DeWolf Smyth	1898–
ゼーマン	Pieter Zeeman	1865–1943
ゾンマーフェルト	Arnold Johan Sommerfeld	1868–1951
ダーウィン	Charle Galton Darwin	1887–1962
高林武彦		1919–1999
武谷三男		1911–2000
チャドウィック	James Chadwick	1891–1974
ディラック	Paul Adrien Maurice Dirac	1902–1984
デスパニア	Bernard d'Espagnat	1921–2015
デニソン	David Mathias Dennison	1900–1976
デトウシュ		
トヌラ	Marie Antoinette Baudot Tonnelat	1912–
ド・ブロイ	Louis de Broglie	1892–1987
G. P. トムソン	George Paget Thomson	1892–1975
J. J. トムソン	Josef John Thomson	1856–1940
朝永振一郎		1906–1979
西島和彦		1926–2009
仁科芳雄		1890–1951
ヌッタル	John Mitchell Nuttall	1890–1958
ノイマン	John von Neumann	1903–1957
パイス	Abraham Pais	1918–2000

ハイゼンベルク	Werner Heisenberg	1901–1976
パウリ	Wolfgang Pauli	1900–1958
ハース	Arthur Haas	
パストゥール	Louis Pasteur	1822–1895
バーネット	Burnet	
ハーン	Otto Hahn	1879–1968
バッカー	Robert Fox Bacher	1905-2004
パパペトロウ	Achille Papapetrou	
ファインマン	Richard Phillips Feynman	1918–1988
フェルミ	Enrico Fermi	1901–1954
伏見康治		1909–2008
プラチェック	George Placzek	1905–1955
プランク	Max Karl Ernst Ludwig Planck	1858–1947
フリードマン	Heinrich Freedman	
フリッシュ	Otto Robert Frisch	1904–1979
ブリルアン	Léon Nicholas Brillouin	1889–
フレデリック・ジョリオ＝キュリー	Frédéric Joliot-Curie	1900–1958
プルースト	Macel Proust	1871–1922
フレネル	Augustin Jean Fresnel	1788–1827
フント	Friedlich Hund	1896–
ベーテ	Hans A.Bethe	1906–2005
ペラン	Jean-Baptiste Perrin	1870–1942
ベル	John Stewart Bell	1928–1990
ベルクソン	Henri Bergson	1859–1941
ポアンカレ	Henri Poincaré	1854–1912
ホイッテーカー	Edmund Taylor Whittaker	1873–1956
ボーア	Niels Hendrik David Bohr	1885–1962
ボーテ	Walter Wilhelm Bothe	1891–1957
ボーム	David Joseph Bohm	1917–1992
ポドルスキー	Boris Podolsky	1896–1966
ボルツマン	Ludwig Eduard Boltzmann	1844–1906
マイトナー	Lise Meitner	1878–1968
マッハ	Ernst Mach	1838–1916
マーデルング	Madelung	

マンデル	Leoard Mandel	
メーラ	Jagdish Mehra	
ヤコブセン	Jacobsen	
矢崎為一		
山内恭彦		1902–1986
ヤン	Chen Ning Yang	1922–
ヤンマー	Max Jammer	
湯川秀樹		1907–1981
ユング	Carl Gustav Jung	1875–1961
ヨルダン	Pascual Jordan	1902–1980
ラウエ	Max Theodor Felix von Laue	1879–1960
ラザフォード	Ernest Rutherford	1871–1937
ラビ	Isidor Isaac Rabi	1898–1988
ランジュバン	Paul Langevin	1872–1946
ランチョシ	Cornelius Lanczos	
レッヒェンベルク	Helmut Rechenberg	
ローシュミット	Joseph Loschmidt	1821–1895
ローゼン	Nathan Rosen	1909–1995
ローゼンフェルト	Léon Rosenfeld	1904–1974
ローレンツ	Hendrik Antoon Lorentz	1853–1928
ワイツェッカー	Carl Friedrich von F.Weizsäcker	1912–2007
ワイル	Claus Hugo Hermann Weyl	1885–1955
渡邊 慧		1910–1993

索引

α 崩壊　86
　　──のガモフの理論　86
γ 線顕微鏡　80, 81, 84
CHSH の不等式　275
$\mathrm{div}\, A$ のスペクトル　52
Either A or B　158
ingenious　109
Neither A nor B　157
pregnant　108
Smyth　241
Theoretical minimum　114

アインシュタイン　56, 93, 95, 106, 184,
　　188, 240, 261, 263, 266, 267, 270,
　　276
　　──‐グロメルの理論　112
　　──‐ド・ハース効果　195
　　──とボーアの論争　188, 266
　　──の物理学観　55
　　──‐ポドルスキー‐ローゼンのパラド
　　ックス　140, 209
アスペの実験　226, 227
アハロノフ　272
アプリオリ確率　266
暗号解読の鍵　36, 39
アンサンブル　264
安定性
　　イオン気体の──　254, 258
　　結晶の──　251
　　真空状態の──　258
　　世界の──　249
　　物質の──　252

イーヴ　99
イオン気体　253
イオン半径　251
石原 純　100
異常ゼーマン効果　196

位相のコントロール　180
位置ベクトル　10
一致の確率　130
犬井鉄郎　52
一般相対性理論　258
因果律　266

ウアマテリー　107
ウィグナー　190
　　──の友人　190, 263
ウィーンの公式　96
ウイーン　55
ウィントナー　102
ウーとシャクノフの実験　274
ウーレンベック　23, 195, 196
運動
　　──のフーリエ分解　35
運動方程式　8, 40

液滴モデル　233, 236
エコール・ポリテクニク　94
エネルギー
　　──の保存則　9
エネルギー準位　17, 20
　　──への磁場の影響　71
　　──への電場の影響　71
エネルギー量子　56
エルミート演算子　124
エーレンフェスト　107, 252
遠隔作用　263
遠距離相関　219

落合鞳一郎　101
オッペンハイマー　90
オブザーバブルの代数　130
オブザーバブルの表現　132

解釈　263
解の特異性　262

カウシュミット　195, 196
科学・技術史博物館（ミュンヘン）　116
科学史家のつらいところ　117
科学哲学　54
角運動量　16
　　——の保存則　9, 274
角振動数　12
　　電磁波の——　34
核分裂　238, 241
確率解釈　218, 261, 262, 264
確率密度　187
確率論　265
　　——的な相関　272
隠れた変数　265, 275
　　局所的な——　275
重ね合わせ　128
重ね合わせの原理　51
加速度運動　120
形のない分子　154
ガーマー　178
神
　　——はサイコロ遊びをしない　264
ガモフ　105, 233
殻　23
　　$l = 0$ の——　23, 30
カルッカー　233
干渉
　　1 次の——　171
　　高次の——　175
　　異なる 2 つの光源からの光の——　174
　　自分自身との——　173
　　2 次の——　175
干渉項　155
　　環境による——の破壊　156
　　——が消えるまでの時間　156
　　——の破壊　155
干渉縞　267
干渉性　181
　　——のよい状態　176
観測とは何か　162
観測の反復可能性　190

規格化　130
幾何光学　64
　　——の正準理論　61
希ガス　23
菊池正士　99, 178

軌道　11
　　$l = 0$ の——　30
軌道運動
　　——の角振動数　34
軌道角運動量　12, 28
軌道素片　19
軌道方程式　19
客観的実在　276
球対称　26
キュリー
　　イレーヌ・——　235
　　マリー・——　95
強磁性　51
共通感覚　261
共立する　129
行列
　　——の積　48
行列力学　48, 121
　　——の端緒　74
極座標表示
　　楕円の——　12
局所性の原理　270
　　——に矛盾　272
　　——の破れ　275
局所的な隠れた変数　223
極大観測　129
極プロット　24, 28
巨視系に量子力学は適用できるか　190
キルヒホッフ　100
『金属と合金の理論』　103

『空間・時間・物質』　111
クライン–仁科の公式　86, 274
クラインのパラドックス　86
クラインポッペン　228
クラウザー　224, 275
グラウバー　183
クラマース　75
クーラン–ヒルベルトの教科書　67
『群論と量子力学』　106, 111, 124

計算の図式　54
啓明会　50
ゲージ理論　107
結合エネルギー　254
ゲッチンゲン大学　74
ゲルマン　117

ゲルラッハ　193
原子
　　——と輻射の相互作用　79
『原子核及び宇宙線の理論』　103
原子核との衝突　20, 30
『原子構造とスペクトル線』　124
原子模型
　　ボーアの——　13
原子論　55
原理
　　パウリの——　252

光学異性体　154, 155
交換関係　27, 75
交換相互作用　51
光子　79
　　——の生成・消滅演算子を正準変換に
　　　79
格子定数　251
光子のかけら　128
光子の裁判　157
公転周期　25
光量子　95
小谷正雄　52
コッククロフト–ウォルトンの装置　99
古典電磁気学　14
古典物理学　56
古典力学　8, 14, 56
古典力学の諸関係の量子力学的な転釈　75
コヒーレント状態　176
コペンハーゲン　74
コモ　84
コモ会議（ヴォルタ没後百年記念）　84
固有関数
　　——の対称性と粒子の統計性　79
固有状態　132
固有値　132, 169
ゴルドン　85, 86
コンプトン　196
　　——効果　74, 80

歳差運動　195
最小作用の原理　65
坂井卓三　101
坂田昌一　90
佐野静雄　73
作用量子　13

塩見研究所　52
次元　16
思考実験　269
時刻の測定　269
自然認識
　　——への確率の導入　264
実験
　　シュテルン–ゲルラッハの——　84, 208
実験装置　268
　　排他的な——　268
実験と比べられる結果　128
実在　261
実在の要素　217
自伝　116
自発放射係数　265
シモニー　224
シュウィンガー　117
周期律　22
集団運動　232
重力が中性子にもはたらく　180
シュタルク効果　58
シュテファン　115
シュテルン　193
　　——–ゲルラッハの実験　84, 208
シュトラスマン　235
主量子数　20
シュレーディンガー　56, 59, 185, 262
　　——芸術にも興味　55
　　——の書庫　115
　　——の猫　60, 190, 263
　　——の波動方程式　54, 67, 264
　　ボーア研究所で講演　76
　　——ボーアとの討論　77
常識　261
状態　129
状態の重ね合わせ　152
状態 ψ の表現　132
正田建次郎　106
シラード　116
振動数条件　186

水素原子　13, 67
　　2 次元空間の——　288
　　——のエネルギー準位　70
杉浦義勝　99
スタンダード・モデル　107
スピン磁気能率　89

スピンはめぐる　51, 79
スペクトル　13

正準変数　79
生成・消滅　126
生成・消滅演算子　166
静電自己エネルギー　186
生命とは何か　61
ゼノンのパラドックス　93
ゼーマン効果　4, 71, 194
遷移　32
　　――角振動数　44
　　――確率　36, 132
　　――振幅　36, 39, 40, 43, 47
前期量子論　35
線形性　210
線スペクトル　32

相関
　　遠隔作用的な――　274
　　量子力学的な――　274
相互作用
　　――の局所性　215
相対性原理　263
相対論的波動方程式
　　――の物理的解釈　88
相補性　84, 189, 218, 268
素過程　265
測定　272
速度ベクトル　10
曽根 武　51
ソルヴェイ会議　96, 188, 190, 263, 266,
　　268
存在確率密度　123
ゾンマーフェルト　70, 113

第 1 次大戦　112
対応原理　35, 71
　　――の立場から見た電磁力学と波動力学
　　82
滞在時間　25
対称性　107
ダイソン　253, 259
太平洋戦争　3
ダーウィン　85
楕円　12
　　――の長半径　12

　　――の離心率　12
楕円軌道　27, 34
武谷三男　98
玉木英彦　90
田丸卓郎　73
ダランベール　184
断熱定理　187

遅延選択の実験　226
地球自転の検出　180
チャドウィック　231
『抽象代数学』　106
調和振動子　12, 186
直交　130

ツァイリンガー　139
通俗科学書　117
ツェッペリン飛行船　52
冷たい星の半径と質量の関係　244
強い相互作用　258

ディラック　75, 85, 108, 111, 113, 123,
　　125, 164, 173, 190, 197, 276
　　――統計　79
　　――の相対論的波動方程式　88, 90
　　――の日本訪問　50
ティリング　259
デヴィッソン　178
定常状態　14, 31
定常波　18
デトーシュ　94
デニソン　78
寺田寅彦　73
電気伝導　51
電子の相対論的理論　51
電子配置　22
電場のエネルギー密度　170

同位体効果　85
等極分子　78
統計　79
統計法則　264
透磁率　66
等速円運動　15, 32
東洋の神秘主義　113
どの道を通ったか　139
外村 彰　163, 181
トビトビ　14

ド・ブロイ　17, 57, 91, 262
　　——の量子条件　17, 18
　　——波長　17, 66, 250
トムソン
　　G. P.——　178
　　J. J.——　99
朝永振一郎　2, 52, 90, 100, 157, 181, 196
　　『量子力学 I』　101
トンネル効果　38
　　——の最中の運動エネルギーは正？　86
トンプソン　275

長岡半太郎　73, 76, 99
ナチズム　55

西川　99
西島　117
仁科芳雄　50, 73, 241
　　——帰国　88
　　——とクラインの共同研究　85, 87
　　——ラビとの共同研究　85
　　理研に——研究室　89
『仁科芳雄往復書簡集』　134
二重解の理論　112
入射波　206
ニュートン
　　——の運動方程式　31
　　——の力学　4, 33
ニールス・ボーア研究所　50

ヌオーヴォ・チメント　110

ネーター　74
「熱の諸理論」　106
熱輻射の公式　57
熱輻射論　100
熱力学の公理論的基礎づけ　106

ノイマン　100, 110
ノーベル賞　2, 57, 95

パイエルス　241
ハイゼンベルク　31, 52, 59, 74, 75, 107,
　　113, 190, 196
　　——の核理論　89
　　——の日本訪問　50
　　——ボーアと緊張状態　82
パイス　117, 213

排他律　78, 251, 253, 258
ハイトラー　90
バイプリズム　159
ハウトシュミット　23
パウリ　23, 51, 86, 108, 113, 252
　　——の原理　253
ハーゼンエール　55
波束
　　——の収縮　218, 263
　　——の超光速の収縮　188
波動
　　——は確率を与える　60
波動性　135
　　$C_{44}H_{30}N_4$ の——　135
　　$C_{60}F_{48}$ の——　135
　　中性子の——　179
　　ナトリウム原子の——　135
　　物質の——　250
　　ヨード分子の——　136
波動と粒子の関係　127
波動場の量子力学　51, 103
　　——の適用限界　107
波動方程式　15, 54
波動力学　122
『波動力学研究序説』　109
『波動力学的補巻』　102, 124
バーネット効果　195
場の古典論　114
場の理論　258, 262
ハミルトン　58
　　——の主関数　64
　　——–ヤコビの方程式　66
パラ酒石酸　154
パラドックス　184
　　アインシュタイン–ポドルスキー–ローゼ
　　ンの——　273
パラメトリック・ダウン・コンヴァージョン
　　140
パルマー系列　13, 78
ハーン　235
反線形性　210
半導体技術　54

非因果的　265
非可換　40
非可換代数　79
光の状態ベクトル　165

『秘訣集』 115
非線形 107
非調和振動子 43
ヒルベルト 74
非連続的 265

ファインマン 117, 163, 181
ファン・デア・ヴェルデン 74, 196
フェルマの原理 65
フェルミ 108, 110, 113, 239
　　──–ディラック 79
　　──統計 259
　　──粒子 79, 253
フォン・ノイマン 263
不確定算術 103
不確定性 51
　　──原理 27, 93, 190, 247, 266, 268
　　──を破る 213, 269
複合核 232
輻射 13
　　──場 13
複素虚 130
複素共役 131
『不思議の国のトムキンス』 105
藤岡由夫 99
　　──の『現代物理学』 100
伏見物理 114
フックの法則 185
『物質の構造』 103
物理学
　　──と文学 112
物理学講座（岩波書店） 101
物理学と哲学 113
物理的実在
　　──の量子力学的記述 270
フライ 275
　　──とトンプソンの実験 275
ブラウン（L. M. ブラウン） 134
ブラ・ケット記法 126
プラズマ研究所 114
プランク 13, 56, 100, 106, 276
　　──の公式 97
　　──の定数 256
フランク–ヘルツの実験 265
フランスの物理の伝統 96
フリッシュ 241
フリードマン 275

ブリルアン 97, 98
プルースト 92
フレネル 96
ブロッホ 51
分散公式 75
フント 78, 156

平面波 206
平面偏光 127
ヘヴェシー 76
ベクトル・ポテンシャル 71
バーテ 113, 233
ペラン 95
ヘリゴーランド島 74
ベル（J. S. ベル） 61, 275
　　──の不等式 223, 225, 275, 276
ベルクソン 92
変換理論 31, 123, 197
　　ヨルダン–ディラックの── 197
偏極 127
偏光 124

ボーア 4, 31, 56, 74, 120, 189, 231, 238,
　　241, 263, 265, 268, 273
　　──京大での講演 100
　　──–クラマース–スレーター理論 84,
　　95
　　原子と分子の構造 31
　　──日本訪問 89, 90
　　──の原子模型 4, 13
　　──の反論 218
　　──の量子条件 16, 97
　　──半径 16, 251
ポアッソン括弧 75
ポアンカレ 92
方向量子化 191
放射能 265
ボース 57
　　──–アインシュタイン統計 79
　　──統計
　　　　──と波動性 57
保存則
　　エネルギーの── 9
　　角運動量の── 9, 274
ボーテ 89, 97
ポドルスキー 270
ボーム 215, 272, 273, 275

堀 健夫　78
ポーリング（L. ポーリング）　61
ボルツマン　55, 115
　　　——マッハと論争　55
ポール・テアター　114
ボールマン効果　179
ボルン　54, 74, 75
　　　——の確率解釈　60

マイトナー　235
マクスウェル
　　　——の電磁気学　33
マッハ　55, 115
　　　——ボルツマンと論争　55
マーデルンク　78
　　　——の定数　250
マンデル　174

右手のしていることを左手に　184, 266
ミステリー　82

メーラ　77, 90
面積速度　24

ヤコブセン　89
山内恭彦　107
山本喜久　183
ヤン　98
ヤングの実験　164

誘電率　66
誘導放射係数　265
幽霊場　187
湯川秀樹　98, 100
ユング　110

陽電子　90
ヨルダン　75, 190, 196, 197

ラウエ　96
ラザフォード　3, 73, 99, 231
　　　——散乱　63, 187
ラビ　85, 239
ラプラス変換　68
ランジュヴァン　92, 95, 109

理化学研究所　52, 100
力学
　　　——と光学の関係　58

　　　ハミルトン–ヤコビの——　62
力学の関係式
　　　——のハイゼンベルクの読み替え　35
離散的　264
リープ　259
リュードベリ（Ry）　256
　　　——原子　25
　　　——定数　33
量子条件　4, 15, 41, 262
　　　ゾンマーフェルトの——　191
　　　ド・ブロイの——　17
　　　ボーアの——　16
　　　——の読み替え　37
量子電磁力学　51
量子飛躍　61
量子物理学講座（共立出版）　101
『量子力学』　104
量子力学　35
　　　——計算の図式　54
　　　——的確率　265
　　　——による現象の記述は不完全　54
　　　——の基本方程式　75
　　　——の成立　31
　　　——の物理的解釈　82
『量子力学 I』　104
『量子力学史』　104
「量子力学の基礎」　106
『量子力学の諸原理』　125
『量子力学の数学的基礎』　100
『量子論諸問題』　134
『量子論の物理的原理』　125
理論物理学者　2

「リチェルカ・シアンティフィカ」　110
ルーズベルト　240
ルプランス–ランゲ　96

零点エネルギー
　　　——と重力　85
　　　輻射の——　85
レッシュンベルク　77, 90
レナード　259
連続の中の不連続　103

ロシュミット　115
ローゼン　270
ローゼンフェルト　239

『ろば電子』　104
ローレンス　105
ローレンツ　59, 186

ワイツェッカー　233
ワイル　67, 110, 125
　　　『群論と量子力学』　101
　　　──のゲージ理論　98, 111
渡辺（慧）　91

●プロフィール

江沢 洋 （えざわ・ひろし）

1932 年　東京に生まれる.

旧制中学 1 年から新制高校 (群馬県立太田高校) 第 2 学年まで, 群馬県の今でいう邑楽郡大泉町で過ごし, 高校 3 年の春, 東京都立両国高校に転校.

1951 年　東京大学理科一類に入学.

1955 年　東京大学理学部物理学科を卒業.

1960 年　東京大学大学院数物系研究科物理学課程を修了.「超高エネルギー核子衝突による中間子多重発生の理論」により理学博士. 4 月より東京大学理学部助手.

1963 年 9 月より 1967 年 2 月まで, アメリカのメリーランド大学, イリノイ大学, ウィスコンシン大学, ドイツのハンブルク大学理論物理学研究所などで, 研究生活を送る.

帰国後, 東京大学理学部講師.

1967 年 4 月より学習院大学助教授, 1970 年 4 月より学習院大学教授を務める.

1998 年 3 月　学習院大学を定年退職. 名誉教授.

1995 年 9 月より 1 年間, 日本物理学会会長.

1997 年 7 月より 2005 年 9 月まで (第 17 期〜第 19 期), 日本学術会議会員.

主な著書：

『だれが原子をみたか』, 岩波科学の本, のちに岩波現代文庫, 岩波書店.

『量子と場 —— 物理学ノート』, ダイヤモンド社.

『物理学の視点 —— 力学・確率・量子』『続・物理学の視点 —— 時空・量子飛躍・ゲージ場』, 培風館.

『理科を歩む —— 歴史に学ぶ』『理科が危ない —— 明日のために』, 新曜社.

『物理法則はいかにして発見されたか』, ファインマン著, 江沢 洋訳, 岩波現代文庫, 岩波書店.

『現代物理学』, 朝倉書店.

『物理は自由だ 1 (力学)』『物理は自由だ 2 (静電磁場の物理)』, 日本評論社.

『力学 —— 高校生・大学生のために』, 日本評論社.

『解析力学』, 新物理学シリーズ, 培風館.

『量子力学 I, II』, 湯川秀樹監修, 豊田利幸らと共著, 岩波講座・現代物理学の基礎, 岩波書店.

『量子力学 (I), (II)』, 裳華房.

『相対性理論とは？』, 日本評論社.

『相対性理論』, 基礎物理学選書, 裳華房.

『場の量子論と統計力学』, 新井朝雄と共著, 日本評論社.

『場の量子論の数学的基礎』, ボゴリューボフ他, 亀井 理らと共訳, 東京図書.

『フーリエ解析』, 朝倉書店.

『漸近解析入門』, 岩波書店.

『ボーア革命 —— 原子模型から量子力学へ』, ローゼンフェルト著, 江沢 洋著・訳, 日本評論社.

『素粒子の世界を拓く —— 湯川秀樹・朝永振一郎の人と時代』, 佐藤文隆監修, 湯川・朝永生誕百年企画展委員会編集, 部分執筆, 京都大学学術出版会.

上條隆志 (かみじょう・たかし)

1947 年　群馬県に生まれる.
1971 年　東京教育大学理学部物理科を卒業.
1973 年　同大学大学院理学研究科修士課程を修了.
その後，東京都立高校の教諭を務め，
2008 年 3 月　定年退職. 現在はフリーター.
1973 年より東京物理サークルにて活動を続けている. また全国高校生活指導研究協議会 (高生研) の代表を務めた.

主な編著書:
『物理なぜなぜ事典 [増補版]』上・下，江沢 洋・東京物理サークル編著，日本評論社.
『たのしくわかる物理 100 時間』上・下，東京物理サークル編著，日本評論社.
『益川さん，むじな沢で物理を語り合う —— 素粒子と対称性』，益川敏英・東京物理サークル共著，日本評論社.
『教室からとびだせ 物理 —— 物理オリンピックの問題と解答』，江沢 洋・上條隆志・東京物理サークル編著，数学書房.
『《ノーベル賞への第一歩》物理論文国際コンテスト —— 日本の高校生たちの挑戦』，江沢 洋監修，上條隆志・松本節夫・吉埜和雄編，亀書房発行，日本評論社発売.
『考える武器を与える授業』，高生研編，明治図書.

山本義隆 (やまもと・よしたか)

1941 年　大阪市に生まれる.
1964 年　東京大学理学部物理学科を卒業.
　　　　　東京大学大学院理学系研究科博士課程を中退.
現在　　　学校法人駿台予備学校に勤務. 科学史家.

主な著書:
『重力と力学的世界 —— 古典としての古典力学』，現代数学社.
『演習詳解 力学』，江沢洋・中村孔一と共著，東京図書；第 2 版，日本評論社.
『熱学思想の史的展開 —— 熱とエントロピー』現代数学社；新版，全 3 巻，ちくま学芸文庫，筑摩書房.
『古典力学の形成 —— ニュートンからラグランジュへ』，日本評論社.
『解析力学 I』『解析力学 II』，中村孔一と共著，朝倉物理学大系，朝倉書店.
『磁力と重力の発見』全 3 巻 (パピルス賞・毎日出版文化賞・大佛次郎賞受賞，英訳 *The Pull of History*, World Scientific)，『一六世紀文化革命』全 2 巻，『世界の見方の転換』全 3 巻，いずれもみすず書房.
『力学と微分方程式』，数学書房選書，数学書房.
『幾何光学の正準理論』，数学書房.
『近代日本一五〇年 —— 科学技術総力戦体制の破綻』，岩波新書，岩波書店. 科学ジャーナリスト賞 2019 を受賞.
『小数と対数の発見』，日本評論社.

江沢 洋 選集　第III巻　量子力学的世界像

2019 年 8 月 30 日　第 1 版第 1 刷発行

編　者⋯⋯⋯⋯⋯⋯⋯江沢 洋・上條隆志 ©

著　者⋯⋯⋯⋯⋯⋯⋯江沢 洋・上條隆志・山本義隆 ©

発行所⋯⋯⋯⋯⋯⋯⋯株式会社 日本評論社
　　　　　　　　　〒170−8474 東京都豊島区南大塚 3−12−4
　　　　　　　　　TEL：03−3987−8621［営業部］　https://www.nippyo.co.jp/

企画・制作⋯⋯⋯⋯⋯亀書房［代表：亀井哲治郎］
　　　　　　　　　〒 264−0032 千葉市若葉区みつわ台 5−3−13−2
　　　　　　　　　TEL & FAX：043−255−5676　　E-mail: kame-shobo@nifty.com

印刷所⋯⋯⋯⋯⋯⋯⋯三美印刷株式会社

製本所⋯⋯⋯⋯⋯⋯⋯株式会社難波製本

装　訂⋯⋯⋯⋯⋯⋯⋯銀山宏子（スタジオ・シープ）

組版・図版⋯⋯⋯⋯⋯亀書房編集室

ISBN 978−4−535−60359−2　　Printed in Japan

JCOPY ＜(社)出版者著作権管理機構 委託出版物＞

本書の無断複写は著作権法上での例外を除き禁じられています．
複写される場合は，そのつど事前に，
　(社) 出版者著作権管理機構
　TEL：03−5244−5088，FAX：03−5244−5089，E-mail：info@jcopy.or.jp
の許諾を得てください．
また，本書を代行業者等の第三者に依頼してスキャニング等の行為によりデジタル化することは，
個人の家庭内の利用であっても，一切認められておりません．

物理の見方・考え方

江沢 洋・上條隆志 [編]　　江沢 洋 選集 I

物理や科学の雑誌・啓蒙書・入門書・教科書などで健筆を揮ってきた江沢洋のエッセンスを伝える初めての著作選。◎《寄稿エッセイ》「時間をかけて」……田崎晴明　　◆本体3,500円+税／A5判

相対論と電磁場

江沢 洋・上條隆志 [編]　　江沢 洋 選集 II

物理や科学の雑誌・啓蒙書・入門書・教科書などで健筆を揮ってきた江沢洋のエッセンスを伝える初めての著作選の第2巻。◎《寄稿エッセイ》「江沢さんとの教科書づくり」……小島昌夫
◆本体3,500円+税／A5判

ボーア革命　原子模型から量子力学へ

L.ローゼンフェルト[著]　江沢 洋[著・訳]

ニールス・ボーアは1913年に革命的な原子模型の論文を提出した。その理論と、当時の時代背景、科学者たちの反応を豊かに解説。
◆本体2,200円+税／四六判

古典力学の形成

山本義隆[著]　ニュートンからラグランジュへ

Newtonの『プリンキピア』からLagrangeの『解析力学』にいたるまでの、力学理論の形成と発展の過程を歴史的に記述したものである。「Newton力学」は「Newtonの力学」の単なる書き直しではないことが分かる。　　◆本体6,000円+税／A5判

小数と対数の発見

山本義隆[著]

《60進の小数》《10進位取り記数法》《1が数であること》《10進小数の誕生》そして《対数》…"科学的知"の根本を支え、解析学への途を拓いたこれらの概念はどのように発見され、展開されたのだろうか？ 科学史家によって描き出される壮大な物語！◆本体2,800円+税／A5判

日本評論社
https://www.nippyo.co.jp/